普通高等教育"十四五"系列教材

城市水环境管理

（第 2 版）

夏季春　夏天　编著

中国水利水电出版社
www.waterpub.com.cn
·北京·

内 容 提 要

《城市水环境管理》（第2版）运用管理学知识，将城市水环境的政策、组织、规划、供水、污水、中水及雨水、地下水、垃圾渗滤液、河湖水、生态湿地、临海水、节水等有机串联起来，管理＋技术＋创新＋实战，以培养"水利＋管理""市政＋管理""环境＋管理"类复合型实战人才为导向，力求拓宽学生知识面，提高其职业生涯发展技能，增强就业竞争力。第2版重新优化，新增了3章、12个案例、小组情景讨论和思考题，丰富了数字化的素材，充分体现了融合学科的特点，是一本新兴的交叉学科教材。

本书可作为高等学校水利水电工程、水文与水资源工程、水务工程、水利科学工程、土木水利与海洋工程、地下水科学与工程、水土保持与荒漠化防治、环境生态工程、资源环境科学、水质科学与技术、工程管理、海洋资源与环境、土木工程、给排水科学与工程、市政工程、环境科学、环境工程、农业水利工程、地理工程、系统工程、城市规划、城市园林、城市管理、行政管理、工商管理、公共事业管理、技术经济等相关专业的本科高年级学生、研究生教材或教学参考书，也可作为有关管理、技术人员的培训教材或自学参考书。

图书在版编目（ＣＩＰ）数据

城市水环境管理 / 夏季春，夏天编著. -- 2版. --
北京：中国水利水电出版社，2023.11
普通高等教育"十四五"系列教材
ISBN 978-7-5226-1914-9

Ⅰ．①城… Ⅱ．①夏… ②夏… Ⅲ．①城市环境－水环境－环境管理－高等学校－教材 Ⅳ．①X143

中国国家版本馆CIP数据核字(2023)第215322号

书　　　名	普通高等教育"十四五"系列教材 **城市水环境管理 （第 2 版）** CHENGSHI SHUIHUANJING GUANLI	
作　　　者	夏季春　夏　天　编著	
出 版 发 行	中国水利水电出版社 （北京市海淀区玉渊潭南路 1 号 D 座　100038） 网址：www.waterpub.com.cn E-mail：sales@mwr.gov.cn 电话：（010）68545888（营销中心）	
经　　　售	北京科水图书销售有限公司 电话：（010）68545874、63202643 全国各地新华书店和相关出版物销售网点	
排　　　版	中国水利水电出版社微机排版中心	
印　　　刷	天津嘉恒印务有限公司	
规　　　格	184mm×260mm　16 开本　13.75 印张　335 千字	
版　　　次	2013 年 12 月第 1 版第 1 次印刷 2023 年 11 月第 2 版　2023 年 11 月第 1 次印刷	
印　　　数	0001—2000 册	
定　　　价	**42.00 元**	

第 2 版前言

在"双碳"目标大背景下，强化城市水环境管理日益重要。人的因素最活跃，而水是人类赖以生存的基本条件。人要活得好、有质量、有品位，对水的要求自然更高。怎样使与人类息息相关的城市水环境更美丽、养眼、清香，徜徉其间爽快、有滋有味、诗意盎然，是值得思考的话题。

《城市水环境管理》（第 1 版）作为普通高等教育"十二五"规划教材，内容包含新兴的复合型交叉学科知识，在高校使用已有十年，深受广大师生喜爱。《城市水环境管理》（第 1 版）2014 年获连云港市人民政府颁发的"第二届连云港市自然科学优秀学术成果奖"二等奖（证书号：LYG－2014－D2－R27）。为更好满足需求，与时俱进，作者根据近年企业管理亲身体会，与团队一道，十年间将一个总资产 500 万元的 F 小环保水务公司做到超百亿元规模，为某市新建的国家级石化产业园区服务，涵盖河湖管理、应急备用水源管理、自来水处理、市政污水处理、工业废水处理、脱盐反渗透（reverse osmosis，RO）浓水处理、再生水回用、生态湿地、达标尾水深海排放、海水淡化、水质监测、省级研发中心、管网建设和管理、智慧水务等方面业务，结合最新环保水务企业技术、管理和科研知识，为第 2 版的修订提供了扎实的市场化实践基础。改版是原版的一次升华、凝练，要想修订好，令读者满意，使自己称心，确实不易。一本自然学科与管理学科交叉的复合型教材，既要考虑自然学科的严谨，又要照顾管理学科的艺术；既要有广度，又要有深度；既要通俗易懂，又要有底蕴积淀；既要照顾到原版的诸多精华，又要有创新和前瞻性……所有这些，无不对作者提出了更高的要求和巨大的挑战。

《城市水环境管理》（第 2 版）从城市水环境的技术和管理角度展开，创新与实战结合。第 2 版对第 1 版的大部分内容重新整合和改写，增加了 3 章内容，新增了 12 个案例及讨论、若干思考题和数字化素材，以期达到丰富多彩、融会贯通的教学效果，使教材更全面、更完善。力求让学生在通读全书后，对城市水环境管理有概括全面的了解和认知。以培养"水利＋管理""市政＋管理""环境＋管理"类复合型实战人才为导向，力求拓宽学生知识面，增加就业竞争力，指导其职业生涯良性发展。尤其是对即将踏上工作岗位的大学高年级学生或研究生的职业生涯规划，配备了高能量的实战技能，使之学以致用，尽快融入社会大环境中去。

《城市水环境管理》（第 2 版）结合城市各种水环境既紧密联系又自成体系的特点，

通过管理学知识将水环境的政策、组织、规划、供水、污水、中水及雨水、地下水、垃圾渗滤液、河湖水、生态湿地、临海水、节水等有机串联起来，按照学科体系特点，逐一展开。全书总共十二章，包括第一章城市水环境管理政策、第二章城市水环境管理组织、第三章城市水环境规划管理、第四章城市供水环境管理、第五章城市污水环境管理、第六章城市中水及雨水环境管理、第七章城市地下水环境管理、第八章城市垃圾渗滤液环境管理、第九章城市河湖水环境管理、第十章城市生态湿地水环境管理、第十一章城市临海水环境管理、第十二章城市节水环境管理。

《城市水环境管理》（第2版）可作为高等学校水利水电工程、水文与水资源工程、水务工程、水利科学工程、土木水利与海洋工程、地下水科学与工程、水土保持与荒漠化防治、环境生态工程、资源环境科学、水质科学与技术、工程管理、海洋资源与环境、土木工程、给排水科学与工程、市政工程、环境科学、环境工程、农业水利工程、地理工程、系统工程、城市规划、城市园林、城市管理、行政管理、工商管理、公共事业管理、技术经济等相关专业的本科高年级学生、研究生教材或教学参考书，也可作为有关管理、技术人员的培训教材或自学参考书。

《城市水环境管理》（第2版）的作者夏季春，教授级高工、博士，科技部专家库专家，南京大学MBA兼职导师，江苏省研究生导师类产业教授；曾有世界500强的法国企业（环境领域）高管任职背景，现为江苏方洋水务有限公司经营管理层成员，兼任江苏省石化废水（污泥）处理工程技术研究中心主任，实战经验丰富；出版著作6本（其中4本获省、市级政府奖），发表论文36篇，授权专利21件。香港科技大学（广州）的夏天参与了本书的编写。

鉴于作者水平有限，书中难免会有考虑不周之处，敬请各位批评指正。

作者

2023年10月15日

第 1 版前言

水为万物之母，善养万物而不争。

中华民族之发展，从黄河文化到长江文化，再到海洋文化，乃至太空银河文化，更至外太空文化，无不与水息息相关，和水环境相生相伴，冉冉发展，逐级递进，一路走来。然而，如果摸不透水之规律，也会反受其害。《史记·夏本纪》载："当帝尧之时，鸿（洪）水滔天，浩浩怀山襄陵，下民其忧。"禹奉尧命，"命诸侯百姓兴人徒以傅土，行山表木，定高山大川。禹伤先人父鲧功之不成受诛，乃劳身焦思，居外十三年，过家门不敢入。……以开九州，通九道，陂九泽，度九山。"

谈到水，就离不开水环境。水环境一般是指河流、湖泊、沼泽、水库、地下水、冰川、海洋等地表储存水体中的水本身及水体中的悬浮物、溶解物质、底泥，甚至还包括水生生物等。广义的水环境还应包括与水体密切相连周边一定的范围。目前，水环境的区域已从狭义的向广义的方向发展，趋势为：单个城市（乡村）水环境→地区水环境→国家水环境→地球某个地区水环境→地球水环境→银河系水环境→太空水环境→外太空水环境。

水是生命之源，没有水，就没有未来。近年来，随着中国经济的飞速发展，城市水环境也发生了很大变化，怎样尊重水，用好水、治好水，与水真诚交流，达到人与水环境的和谐融合，已成为最热门的话题之一。

1994 年，我国就从可持续发展战略的角度，发布了《中国 21 世纪议程：中国 21 世纪人口、环境与发展白皮书》。近年来，我国沿海地区的发展-污染-治理的老套路不断在欠发达地区重演，许多企业借产业转移之名，行污染转移之实，有些重污染的工业项目转向中西部，转到了重要的水源如长江、黄河的上游。如果治理污染措施不力，则会产生失衡的连锁反应，GDP 上去一倍，伴随的是成百倍的高污染也上去了，代价不可估量。

要想有个好的可持续发展局面，就得对水环境进行科学管理。目前，我国的各个城市都在采取积极的措施和对策，促进水资源的合理开发和利用，治理水环境污染、解决水资源短缺、保证水资源的质量，以适应人类可持续发展的需要。

水环境问题是指由于自然的或人为的原因，使水文特征或水量和水质朝着不利于人类的发展方向演变。自然原因造成的水环境问题主要有洪、涝、旱灾、土地盐碱化、地方病、泥石流和沙漠化等。人为原因造成的水环境问题主要有水污染公害、湖泊富营养化、水土流失、土壤次生盐碱化、河湖萎缩、功能衰退、水荒、地下水位下降以至枯竭、地面沉陷、水质恶化、海水入侵等环境问题，以及建坝对生态环境的影响等。大气环境污染造成的雾霾，使有毒粉尘散落各地，或在初雨阶段形成的酸雨，也会对水环境造成很大的伤害。

面临如此严峻的形势和挑战，就不能单纯从治理水环境的技术层面"头痛医头，脚痛医脚"来解决问题，而是迫切需要通过管理这一手段来解决。比如，从全国来说，就要充分关注流域治理，流域内的城市都有责任和义务互相协作，管理好自己辖区内的河段、湖段、江段或海段。对于自己城市范围内的水环境就更应该义不容辞，"谁家的孩子谁抱走"，财政预算要到位，执行力度要大，监督管理要跟上。

本书重点讨论的是中国的城市水环境管理问题。

城市水环境领域是一个大的、宽泛的概念，国内外专家以往多是从水环境的技术角度来提出对策和研究方法，从管理层面，尤其是从具有实际经验方面系统地涉猎则是凤毛麟角，本书恰恰是从水环境的技术和管理的实践角度来展开、分析和讨论的。当然，其中难免存在一些不足之处，衷心希望各位专家和读者朋友批评指正，在此一并感谢！

夏季春

2013 年 12 月

目录

数 字 资 源 目 录

第一章　城市水环境管理政策

第一节　城市水环境管理发展概述

一、水环境概念

水环境是指自然界中水的形成、分布和转化所处空间的环境，是指围绕人群空间可直接或间接影响人类生活和发展的水体及其正常功能的各种自然因素和有关的社会因素的总体。有的也指相对稳定的、以陆地为边界的天然水域所处空间环境。水在地球上处于不断循环的动态平衡状态。天然水的基本化学成分和含量，反映了它在不同自然环境循环过程中的原始物理化学性质，是研究水环境中元素存在、迁移、转化和环境质量（或污染程度）与水质评价的基本依据。水环境主要由地表水环境和地下水环境两部分组成。地表水环境包括河流、湖泊、水库、海洋、池塘、沼泽、冰川等，地下水环境包括泉水、浅层地下水、深层地下水等。更宽泛的城市水环境，包括但不局限于城市供水、污水、中水及雨水、地下水、垃圾渗滤液、河湖水、生态湿地水、临海水等。

智慧水环境的内涵主要有：①新信息通信技术的应用。即信息传感及物联网、移动互联网、云计算、大数据、人工智能等技术的应用。②多部门多源信息的监测与融合。包括气象、水文、农业、海洋、市政等多部门，天上、空中、地面、地下等全要素监测信息的融合应用。③系统集成及应用。集信息监测分析、情景预测预报、科学调度决策与控制运用等功能于一体。信息是智慧水环境的基础；知识是智慧水环境的核心；能力提升是智慧水环境的目的。

二、水环境特性

水环境是一个复杂的，具有时、空、量、序变化的动态系统和开放系统。系统内外存在着物质和能量的变化和交换，表现出水环境对人类活动的干扰与压力，具有不容忽视的特性。

1. 整体性

自然界中所有的水都是流动的，地表水、地下水、土壤水、大气水之间可以相互转化，这是由水自身的物理性质决定的。这一特性还使地球上所有水体形成一个整体，构成水环境的整体性。

2. 可恢复性

自然界的水不仅可流动，还可补充更新，处于永无止境的循环之中。水的循环特性，使水环境系统在水量上损失（如蒸发、流失、取用等）后或水体被污染后，通过大气降水和水体自净（或其他途径），可以得到恢复和更新。可恢复性是水环境系统自我调节能力的体现。

3. 有限性

虽然水环境是在不断恢复和更新的，但水环境对污染物的自净能力是有限的。当人类向水环境排放的污染物数量超过水环境容量时，水体就无法自净恢复到以前状态，水质变差，水体使用功能降低，甚至无法使用。

4. 滞后性

除突发性污染与破坏可直观后果，日常水环境污染与破坏的后果显现需要经过一段时间。

5. 持续性

水环境污染不但影响当代人健康，还持续造成世世代代的遗传隐患。

三、城市水环境情况

随着我国经济的飞速发展和城市化进程的不断加速，大到直辖市、小到县级市甚至乡镇，水环境被破坏的情况经常出现，其自净能力不断减弱。由水环境破坏引起各类污染和疾病时有所见。水环境核心问题表现在对水资源的开发、利用和保护。有的地方资源性缺水或水质性缺水，伴随着水资源浪费严重和对水体的人为破坏，已直接影响社会的和谐稳定。良好的水环境会正面影响生态环境，是人类赖以生存、延续和发展的基础。

我国水资源在时空上分布不均匀，属于缺水性国家。水资源使用和管理上，面临水资源短缺与水浪费并存、洪涝灾害与生态失衡并存、水环境污染与水管理不善并存的突出矛盾。我国七大江河水系普遍受到不同程度的污染，尤以海河和辽河流域污染为重。水资源不合理开发利用、水污染不断加重，导致有些地方严重缺水以及生态被破坏。造成水环境污染的重要原因：①工业污染。②城市生活污水污染。③面源污染，即农田施用化肥、农药及水土流失造成氮、磷等污染。

国务院在 2015 年 4 月 16 日发布的《水污染防治行动计划》（简称"水十条"）要求，到 2030 年，力争全国水环境质量总体改善，水生态系统功能初步恢复。很多城市适时做出详细的实施方案。比如 W 市，到 2030 年，全市水环境质量总体改善，水生态系统功能基本恢复，实现河流湖泊长治久清，为建设国家中心城市和实现全市人民安居乐业提供良好的水生态环境，彰显滨江滨湖特色的城市魅力。科学配置水资源，建立健全水资源资产产权制度，完善水价形成机制，培育和规范水市场，提高水资源利用效率与效益。强化需水管理，以用水总量和用水效率指标为核心，确定水资源需求。建立以水生态安全为核心的水量和水质联合优化调度方案，开展全市水权分配试点，初步探索水权交易制度，培育水权交易市场。落实节水优先，构建节水型社会。突出节水降耗，严格工业企业用水定额管理，促进企业节水降污；推进城镇节水，对城市范围内使用年限超过 50 年和材质落后的供水管网进行更新改造；推进污水处理厂尾水等非常规水源的深度综合利用，加快城市污水处理回用管网建设，逐步提高城市污水处理回用比例。加快城镇污水处理设施提标改造，适时研究基于水环境质量目标的城镇生活污水厂出水排放指标及要求，按阶段实施全市城镇污水处理厂提标升级改造工程。

生态环境部为实施"水十条"，会同各地区、各部门，以改善水环境质量为核心，出台配套政策措施，加快推进水污染治理，落实各项目标任务，切实解决一批群众关心的水污染问题，全国水环境质量总体保持持续改善势头。一是全面控制水污染物排放，工业集聚区建成污水集中处理设施并安装自动在线监控装置。二是全力保障水生态环境安全，持续推进全国集中式饮用水水源地环境整治。三是强化流域水环境管理，健全和完善分析预警、调度通报、督导督察相结合的流域环境管理综合督导机制。生态环境部将会同有关部门按照方向不变、力度不减的总要求，坚持问题导向、目标导向、结果导向，突出精准治污、科学治污、依法治污，继续加强协调督促，确保完成各项任务目标。

随着我国城市化进程加快，中小城镇发展迅速，其污水处理设施和运营状况不容乐观。中小城镇有别于大城市的特点是从业人员的技术水平和管理水平较低，这在一定程度上对污水处理厂运行操作的难易程度提出了要求。污水处理是能源密集型的综合技术，污水处理的能耗与所处理的污水量、水质、工艺方法、运行方式、处理程度及操作管理有关。目前，中小城镇的污水排放量约占全国污水排放总量的一半以上。随着未来小城镇建设的快速发展，生活污水和工业污水的排放量将会成倍增长，加速冲击恶化水环境。中小城镇和大城市水系相通，往往处于大城市的上游，中小城镇的污水治理工作做不好，大城市污水处理率即使达到很高水平，水环境的质量也不会有明显改善。因此，要改善我国水环境被污染和继续恶化的状况，保护紧缺的水资源，除对大城市的污水进行处理外，中小城镇污水处理也不容忽视。

根据《中国水资源公报》，1997 年以来我国用水效率明显提高，全国万元国内生产总值用水量和万元工业增加值用水量均呈显著下降趋势，耕地实际灌溉亩均用水量总体呈缓慢下降趋势，年人均综合用水量基本维持在 $400\sim450\mathrm{m}^3$。根据生态环境部资料，2022 年以来，我国几千个国家地表水考核断面中，水质优良（Ⅰ～Ⅲ类）断面比例逐年增加。

四、城市水环境管理存在问题

1. 有的水环境规划没有及时修编

水环境规划是城市发展总体规划的重要组成部分，有时候由于各种原因，优化调整滞后，需要及时修编。

2. 有的没有形成统一的管理机制

有的城市对水环境管理没有形成统一的机制。虽然每个城市也都采取河湖长制措施，但有些管理交叉界面及负责人员变动大，尚存在模糊地带。

3. 水环境污染较严重

我国每年工业废水和生活污水未经处理直接排入江海河湖，未达标处理污水偷排、漏排时有所见。同时，城市水污染治理滞后，城市污水处理厂建设或提标跟不上城市发展。有的污水处理厂虽然建成，但成为摆设或应付检查。垃圾无害化处理不到位、污泥二次污染、垃圾渗滤液处理不好等，加剧水环境污染。

4. 水污染事故时有发生

不少化工等重污染企业建在大江、大河或滨海沿岸，有的甚至位于城市饮用水源地附近或人口密集区。有的地方水环境频繁遭到农业面源污染。偶尔还存在船载危险化学品倾覆导致河流污染现象，直接影响城市的取水水源。

5. 水资源过度开发利用

淮河、辽河、海河等水资源开发利用率明显超出国际上的水生态警戒线标准。部分城市由于地下水长期超采，引发地面下沉、污水倒灌，对地下水水质、城市公共设施和管线造成很大影响。

6. 供水安全存在隐患

城市供水安全隐患较多，涉及水源、药剂投加、消毒副产物、净水达标、输配、水压、存储等。

7. 水生态系统退化严重

城市排水截流管网不完善，或漏接、脱落、老化等导致污水渗漏。城市河道淤泥清疏、处理、处置不力等。氮、磷增加，富营养化加重，导致城市水生态系统退化。

五、对城市水环境管理的认知

我国经济发展从粗放到集约，污染性企业产业转移也从东南沿海逐步向中西部展开。中西部是水源上游及发源地，如果污染转移而水环境没有很好治理，破坏是灾难性的，后期治理成本将呈几何级增加，难以恢复原状。要有科学的国家水环境管理战略规划和实施步骤，摒弃地方上的各地为政行为，消除多龙治水的不良局面和影响，真正实现人类和水环境和谐相处。对城市水环境管理的认知是一个渐进过程，在规划、建设和管理中需要做到以下几点。

1. 和谐共处

城市水环境管理与回归自然相结合，增进人与自然和谐共处的氛围。对水环境减少人为修饰和雕刻，保护生物多样性，打造自然生态。

2. 提高品位

城市水环境管理与城市防洪、改造、美化相结合，体现地方文化特色，提高城市品位。增加城市调蓄雨洪水的能力，适量建设绿地、透水路面、透水广场和地下蓄水池，截流屋顶雨水，减少地面径流，增加可利用水源。

3. 有机结合

城市水环境管理与城市交通、娱乐场所建设相结合，成为有机整体，拓宽市民活动、休闲的水景空间。

4. 实施节水措施

城市水环境管理要科学合理地实施生活节水、工业节水等措施。确定产业结构和发展规模，在发展第三产业的同时，要注意控制洗车、洗浴等商业用水大户的营业性审批。

5. 制定水资源保护规划

城市水环境管理与推动城市经济、社会进步相结合，促进生态平衡和可持续发展。以保护和改善生态环境为根本，制定水资源保护规划，实现水资源的可持续利用。

6. 加强城市周边的湿地保护

城市水环境管理要加强城市周边的湿地保护和宣传。提高责任部门和公众对湿地功能、价值和效益的认识，从各环节来保护湿地。制定湿地保护政策和法律法规，使湿地保护有章可循、有法可依、有法必依。严防湿地污染，保障湿地水源质量，将湿地生态用水纳入政府责任部门的工作计划。为湿地芦苇、香蒲、沙草和盐生植物等植被创造生存条件，充分发挥其防涝、防洪、防污、防旱和减污、减毒、净化水体、调节气候的重要作用。对因城市建设取土形成一定规模的坑塘，因地制宜改造，形成新的湿地和水系景观。

7. 改革用水工艺

城市水环境管理要改革用水工艺，提倡一水多用，循环使用。提高工业污水、城市污水的处理回收利用技术和污水资源化水平。合理布局污水处理设施，集中与分散处理相结合，合理匹配规模，使其功能得到良好的发挥。

8. 自备和应急水源管理

城市水环境管理要做好自备和应急水源工作。利用现有水库、河湖、蓄滞洪区等调蓄工程，增加调蓄水量。

9. 加强地下水资源管理

城市水环境管理要加强地下水资源管理。合理开采利用地下水资源，做好地下水回补，做到采补平衡。通过对地上、地下和外调水源的合理调配，加大向生态环境供水，涵养地下水，遏止水环境恶化。

第二节　城市水环境管理法制建设

一、为什么要依法治理水环境

法律是国家和人民意志的集中体现，是治国理政最大的规矩，是社会共同遵守的最大公约数，其权威毋庸置疑。保护生态环境，必须依靠法治、遵循法律。政府引领绿色发展，企业加快生态转型，公众践行低碳生活，全社会增强法治意识、生态意识、环保意识、节约意识，形成崇尚生态文明、保护生态环境的良好氛围。

依法治理水环境，事关环境质量改善和城市品质提升，事关公众的生活质量，是一项刻不容缓的环保任务、民生任务。充分发挥法律的规范、引领、推动、保障作用，依法治理水污染，保护水环境，绘就新时代美丽中国新画卷。

我国水环境法制体系还存在一些短板和不足，主要是：法律规范体系不够完备，重点领域、新兴领域相关法律制度存在薄弱点和空白区；法制实施体系不够高效，执法司法职权运行机制不够科学；法制监督体系不够严密，各方面监督没有真正形成合力；法制保障体系不够有力，法治专门队伍建设有待加强等。

通过立法重新界定利益边界，建立协调各种利益关系的规则。要理顺各级政府权力之间的关系、市场主体之间权利的关系、权力和权利之间的关系。为水环境立法绝非简单赋予管理权问题，也不能"头痛医头，脚痛医脚"，立法要解决的根本问题是建立不同利益的协调平衡机制，通过法律调整尽可能将各种有冲突的利益进行排序，形成协调稳定的社会秩序。要摒弃就保护谈保护、就政府部门职责谈立法，充分考虑水环境保护涉及的各种利益诉求，统筹保护与发展的关系，采用综合立法模式。

"立善法于天下，则天下治；立善法于一国，则一国治。""天下之事，不难于立法，而难于法之必行。"推进水环境法治体系建设，重点和难点在于通过严格执法、公正司法、全民守法，推进法律正确实施，将"纸上的法律"变为"行动中的法律"。深化水环境法治领域改革，加强水环境法治理论研究和宣传，加强对我国水环境法治的原创性概念、判断、范畴、理论的研究，加强水环境领域中国特色法学学科体系、学术体系、话语体系建设。

二、我国水环境保护法律体系

"法度者，正之至也。"有法可依、有法必依、执法必严、违法必究，坚持依法治国、依法执政、依法行政共同推进，坚持法治国家、法治政府、法治社会一体建设，全面深化法治领域改革，统筹推进法律规范体系、法治实施体系、法治监督体系、法治保障体系。深入贯彻新时期生态文明思想，统筹推进生态环境领域立法修法工作，加快完善中国特色社会主义生态环境保护法律体系，为促进经济社会发展全面绿色转型、建设人与自然和谐共生的现代化提供有力法治保障。在推进生态文明建设的实践中，要揭示人与自然是生命共同体的根本规律，揭示经济发展与生态环境保护的辩证关系，揭示生态产品的本质属性，揭示生态是统一、平衡的自然系统，揭示生态系统是相互依存、紧密联系的有机链条。

1. 宪法统领

我国水法规层次多，集中了从中央到地方、从各级国家权力机关到各级国家行政机关、从各级人民政府到其所属工作部门的集体智慧，内容完整而丰富。我国立法体制保障水法规体系的统一。其一，各级人民政府所属各工作部门的立法统一于该人民政府，各级人民政府的立法统一于它的权力机关和它的上一级人民政府，各级国家权力机关的立法统一于它的上一级国家权力机关，地方各级国家权力机关的立法统一于中央。其二，国务院所属各部、各委员会的立法统一于国务院，国务院的立法统一于全国人民代表大会及其常务委员会，全国人民代表大会及其常务委员会的立法统一于宪法，宪法由国家最高权力机关以比其他任何法律都更严格的程序加以制定和修改。

在保证立法权统一于国家最高权力机关的原则下，中国的水法规立法充分发挥国家各级权力机关和行政机关及其所属各工作部门、中央和地方的积极性和创造性，很好体现根据地方具体情况因地制宜管理水事务的特色，符合我国国情。

2. 遵守水法规

水法规是一切国家机关、武装力量、各社会团体和各社会组织、全体公民在水事活动中都必须遵守的法律。国家机关制定法律后，要严格执行和模范遵守。但是，由于国家政策是法的制定依据，法是国家政策的系统和具体化，在法没有做出具体规定或者规定尚不十分明确时，国家政策起到法的作用或者对法的补充作用；国家为修订法律，往往先以政策指导具体的实践活动，然后在总结实践经验的基础上，将国家政策上升为法律，其间，国家政策也起到法的作用。因此，各级国家机关的水政策是其制定的水法规的重要补充。以政策补法之不足，体现了水法规的灵活性。

3. 技术法规

技术法规在其内容上仍属技术规范，只是由于相应的法律规范规定了它的法律效力，才使其上升为技术法规。因此，技术法规是相应法规的组成部分。

4. 各级政府作用

各级政府在水法规中发挥了重大作用。许多水法都有"××由国务院（或者××人民政府）制定具体办法""国务院（或者××人民政府）组织有关部门""国务院（或者××人民政府）有关部门，结合各自的职责"的规定，体现了立法的技巧性，同时也体现了法律赋予各级人民政府的权力，便于各级政府根据实际情况适时制定和修改相应法规，便于各级政府以对其所属各工作部门职责分工来灵活地实施相应的法规。

5. 内容涵盖

水法规对水资源的所有权、水的开发利用、城市供水、水的重复利用与节约用水、污水的处理和排放、水环境的保护等各环节都做出了详细的规定。所规定内容涵盖从国家规划、流域规划，到城市区域规划，从跨流域、跨行政区域的水量分配管理，到城市用水定额管理，直至居民卫生洁具、节水管理等各方面。

6. 明确界限

国务院所属的水利、生态环境、住房城乡建设等主管部门，根据各自的职责划分，对城市水资源、水污染防治等进行管理；国务院卫生行政主管部门，负责城市饮用水的卫生监督。为此，这些主管部门对其所属各部门的职责分工要明确界限，立法严谨。

7. 完善优化

有的法律之间存在相互冲突或者潜在的相互冲突，需要不断完善优化。

8. 管理机构

水的管理机构多，效能有待提高。在相当多的水法规中，都有"由有关部门"行使"有关职责"的规定，使多部门重叠行使水管理职权，低效能管理水事务，容易产生新的不应有的水管理部门。

9. 责任规定

在水法规中，水管理机构及其工作人员的法律责任规定较少，容易产生水管理机构的不廉洁行为，滋长少数工作人员滥用职权、玩忽职守、营私舞弊的现象。

三、我国水环境保护法制建设进程

我国水环境保护法制从无到有，从原则性大法到专门水法和详细法规，越来越健全和完善。

提高排污费收费标准和罚款数额，扭转违法成本低的现象发生。充分发挥民事诉讼法和刑事诉讼法在水环境保护方面的作用，将水环境纳入民法刑法保护体系，完善水环境的民事公诉立法，明确赋予检察机关以水环境民事公诉权，并规定具体的诉讼程序和规则，使检察院能作为公诉人，向法院提起公诉，进一步追究水环境违法个人或企业的民事或刑事责任。对一些领导干部承担的水环境责任做出具体规定，纳入执法环节，对未履行水环境保护责任或者履行不力的，给予行政处分，情节严重的，可追究刑事责任。

我国水环境保护已有相关法律法规，但存在以下问题：①这些法律法规有的缺少系统性，相互之间存在交叉、重叠甚至冲突。②我国水环境保护缺乏明确的监督主体，监督系统单一，舆论和社会组织对水环境保护关注较少，政府部门相对介入较多。③我国水环境保护的相关法律大部分是原则性规定，实施较困难，在司法监督上环境公益诉讼较少。同时，水环境保护执法常采取事后处罚的措施，事前监督仅靠政府，渠道单一。

政府必须严格执行污染物总量控制制度、工业污水排污许可制度。所有排污单位必须向环境保护行政主管部门进行排污申报，申领排污许可证，禁止无证或超量排污并将排放方式和排放总量公告，接受社会监督。严格执行限期治理制度，政府坚持每年列出一批重点排污企业实行挂牌整治。根据污染物排放全面达标的要求，对不达标、不能稳定达标和超总量的排污单位实行限期治理。限期治理期间，排污企业必须限产、限排。对逾期未完成治理任务的企业实施停产整治或关闭。建立健全环境监测、监察、监控预警体系，制定完善突发环境事件应急预案。加大执行排污费征收力度和处罚力度，防止出现污染违法成本低的现象。流域内各级政府要各负其责、加强协调、强化联动、整体推进。上下游地区密切配合、加强沟通。上游地区对下游地区造成严重污染事故的，应当承担赔付补偿责任。

完善执法主体，也应发挥其他执法主体的作用。目前，我国水环境保护制度似乎就是政府部门的事，公众和企业被动遵守政府规定，缺乏自觉机制。水环境保护已经给政府的财政造成了极大的负担，也影响了政府的执行力度。不仅要充分加大执法力度，更要发挥公众及企业执法守法的综合作用，他们是间接执法者，是政府执法的辅助者。通过舆论宣传，发挥公众对企业的监督，发挥企业与企业之间的监督，积极有效地配合政府执法工作。

法律的作用不仅是强制的，更要融合社会经济的各个方面的发展，起激励的作用。有必要在城市水环境保护中引入竞争与激励机制，利用法律来引导行政执法者对权力能动、积极与正当行使。法律的利导性是法律的基本属性之一，可通过立法设定。利益是企业最大的追求之一，可从法律上引导企业减少污染物的排放，注重城市水环境保护，清洁生产。采用一定的财政补贴方式，帮助企业建立排污处理工程设施，减少污水排放；在环保政策上，可将企业的纳税与排污直接挂钩，排污量大的企业，纳税比例高，反之则纳税低；企业的竞争不仅包括价格等硬性实力的竞争，还包括企业形象等软实力的竞争，通过舆论宣传对排污少、环保效益好的企业给予表彰，宣传企业形象，增强企业竞争软实力。

不断增强立法的系统性、整体性、协同性，使生态环保法律体系更加科学完备、协调统一。①抓紧填补空白点、补强薄弱点。对现有生态环保法律进行梳理，需要新制定、修改的系统谋划，通盘考虑，加快推进。②提升法律制度设计的科学性和专业性。深入研究论证，注重听取专家学者等的意见建议，将情况和问题摸清楚、研究透，把握科学规律，提高立法质量，确保法律管用有效。③加强法律体系协同配套工作。加强和改进行政法规、地方性法规制定、修改、清理等工作，认真做好相关法规、规章、司法解释、国家标准、规范性文件制定修改工作，增强法律体系整体功效。

水法律法规不断健全。我国陆续颁布出台了《中华人民共和国水法》《中华人民共和国防洪法》等法律，也修订了《中华人民共和国河道管理条例》等行政法规，完善了《水利工程建设监理规定》等规章及规范性文件。以《中华人民共和国水法》为核心的水法规制度体系，涵盖了水资源开发利用与保护、水域管理与保护、水土保持、水旱灾害防御、工程建设管理与保护、执法监督管理等方面，为全面依法治水管水奠定了坚实的制度基础。

水行政执法工作持续完善。从无到有、从点到面、从单一到综合、从零散到规范，创新健全水行政执法体制机制，建立健全执法制度，落实执法责任，推进执法信息化，严格公正执法，在不平凡的历程中取得了显著成绩。

水政监察力量不断加强。我国已成立很多水政监察队伍，专兼职水政监察人员多达几万人，构建了流域、省（自治区、直辖市）、市、县四级执法网络，年均查处水事案件几万起。推行"互联网＋水政执法"，运用卫星遥感监测、无人机航拍、视频监控等信息技术，查处违法水事案件的比例很大。

水法治建设成效显著。健全水法治建设成效考评奖惩机制，推动落实法治政府建设任务，实行政务决策、执行、管理、服务、结果"五公开"。不断健全水事矛盾纠纷防范化解机制，完善水事矛盾纠纷排查化解制度和应急预案，年均调处水事纠纷几千余起，依法有效维护水事稳定。妥善办理行政复议行政应诉，一批违法、不当的行政行为及其依据的规范性文件得到纠正，有力维护了行政相对人的合法权益。持续推进涉水"放管服"改革，涉水行政审批事项大量减少，各类变相审批和许可得到有效防范。

全民守法是全面推进依法治国的基础工程，是依法治水管水的关键环节。全社会尊崇水法规、学习水法规、遵守水法规、运用水法规的良好氛围基本形成，贯彻落实"水环境工程补短板、水环境行业强监管"的措施，营造了很好的水环境改革发展总基调的法治环境。

第三节　城市水环境管理政策梳理

一、环境保护是一项基本国策

国策是立国、治国之策。环境保护是对国家经济建设、社会发展和人民生活具有全局性、长期性和决定性影响的策略，因此，国家把环境保护定为一项基本国策。自然环境是人类赖以生存的基本条件，是带有全局性的问题。大气、水、土地、矿藏、森林、草原、野生动物、野生植物、水生生物等自然环境，缺少哪一方面，人类都将难以生存，并对国家的经济建设、社会发展和人民生活产生直接或间接的影响。

环境保护具有长期性特点。我国人口多，面积大，耕地、草地、森林较少，如果农业生态环境遭到破坏，后果严重。防治环境污染，维护生态平衡是保证农业生产的前提。如果水体破坏、污染严重，工业也难以迅速发展。环境好坏直接影响公众和子孙后代的健康，制约经济发展和人民物质文化生活的提高。

环境保护是我国现代化建设中的一项战略任务，是可持续发展战略的必然要求。因此，要做到既发展经济，又保护环境，既取得良好的经济效益、社会效益，又取得良好的环境效益，使经济、社会和环境协调发展，使我国环境状况同社会发展相适应。

1973年，我国召开的第一次全国环保会议，标志着中国人环保意识的觉醒。

1978年，中共中央在批转国务院环境保护领导小组工作汇报时指出，消除污染，保护环境是进行社会主义建设，实现四个现代化的一个重要组成部分，我们绝不能走先污染、后治理的弯路。这是中共党史上第一次以中央的名义对环境保护做出重要指示。

1983 年，我国召开的第二次全国环境保护会议，宣布将环境保护确定为基本国策。

1989 年，我国召开的第三次全国环境保护会议，提出谁污染谁治理，排污收费，地方政府对辖区环境质量负责等制度和政策。这些变化昭示中国的环境管理由口头号召变成制度规范。

21 世纪已过去一段时间，虽然各地加大环保力度，取得一些成绩，但是污染的速度一直与经济发展速度赛跑，有的地方环境污染触目惊心，修复很难。

要坚持走生产发展、生活富裕、生态良好的文明发展道路，建设资源节约型、环境友好型社会，实现速度和结构质量效益相统一，经济发展与人口资源环境相协调，使公众在良好生态环境中生产生活，实现经济社会永续发展。

资源环境是人类赖以生存发展的基本条件。自然资源大都具有不可再生性，尤其水生态环境一旦破坏，恢复难度很大，付出代价昂贵，有些甚至不可逆。我国人均水资源相对紧缺，环境承载力较弱。随着经济总量扩大和人口不断增加，能源、淡水、土地、矿产等战略性资源不足的矛盾越来越尖锐。长期形成的高投入、高消耗、高污染、低产出、低效益的状况仍未根本改变，由此带来的水质、大气、土壤等污染严重，化学需氧量、二氧化硫等主要污染物的排放量居世界前列。不解决好这些问题，我们的资源支撑不住，环境容纳不下，社会承受不起，经济发展也不可持续。

发达国家在两百多年工业化进程中分阶段出现的资源环境问题，我国现阶段集中显现；发达国家在经济高速发展后花几十年解决的问题，我们要在短时间内逐步解决，难度之大前所未有。加强资源节约和环境保护，犹如逆水行舟，不进则退。必须把这两项工作融入经济社会发展全局，切实抓紧抓好，努力实现节约发展、清洁发展、可持续发展。

二、城市水环境保护基本方针

《中华人民共和国环境保护法》中所称的环境，是指影响人类生存和发展的各种天然的和经过人工改造的自然因素的总体，包括大气、水、海洋、土地、矿藏、森林、草原、野生生物、自然遗迹、人文遗迹、自然保护区、风景名胜区、城市和乡村等。

城市水环境保护是采取法律、行政、经济、科技和宣传教育等方面的措施，保护和改善水生态环境和生活环境，合理利用自然资源，防治污染和其他公害，使之适合人类的生存与发展。各城市具有相对独立性，城市水环境也具有明显的地区性特点。用环保促进经济结构调整，成为经济发展的必然趋势。改善城市环境是发展生产力的一部分，如何协调城市水环境与经济的关系，建设人与自然和谐相处的现代文明，是坚持实现保护环境的基本国策的关键。

污染者治理是指对水环境造成污染的组织或个人，有责任对被污染的环境进行治理。在法律上进一步明确污染者治理的原则，目的在于明确水污染者的责任，促进企业的污染治理，保护环境。利用者补偿，是指开发利用水环境资源者，应当按照国家有关规定承担经济补偿的责任。破坏者恢复，是指因开发水资源而造成环境资源破坏的单位和个人，对其负有恢复整治的责任。

城市水环境保护要做到以下几点。

1. 城市水环境保护的重要性和紧迫性

加强城市水环境保护，提高各水体水质，事关公众生命健康、经济发展、生态文明建设。城市的水库、河湖、江河等水体,在供水、防洪、灌溉、发电、养殖、生态等方面发挥了重要作用。经济社会快速发展对水资源的需求日益加大,供需矛盾日趋紧张。农业面源与畜禽养殖场污染、旅游开发和农家乐餐饮兴起,对水生态的破坏日益显现,导致水体污染、富营养化加剧,直接影响人们的生产生活。各责任部门要从全局和战略的高度,充分认识加强城市水环境保护的重要性和紧迫性,采取有效措施保护。

2. 明确指导思想和总体目标

(1) 指导思想。以保护城乡供水安全为核心,以污染物减排和综合治理为重点,综合运用经济、技术、法律和必要的行政手段,坚持不懈地推进全面、系统、科学、严格的污染治理,让水域休养生息,水生态系统根本改善,城乡供水安全全面提高,水资源得到充分利用,努力实现经济社会和环境协调可持续发展。

(2) 总体目标。饮用水源:短期目标,水体富营养化加重的趋势得到遏制,污染物治理全面加强,水质全面达到Ⅱ类标准;远期目标,水体达到贫营养化状态,污染物得到根治,水质达到Ⅰ类标准。其他水域:短期目标,水体富营养化加重的趋势得到遏制,污染物治理普遍加强,水质明显改善;长期目标,水体达到中营养化状态或贫营养化状态,污染物治理全面加强,水质符合水生态功能区标准。

3. 全面落实城市水环境保护各项任务

(1) 治理生活污染物。加快城市污水处理厂的建设、提升和运行,全面推进污水管网建设和改造。污水管网覆盖的区域,全部实行污水集中收集和处理,提高污水纳管率,实现雨污分流。污水管网无法覆盖的饮用水源集水区内的农村和其他区域,短期内全部建成生活污水处理设施,经处理达标后排放。饮用水源保护区内严禁填埋生活垃圾,全面推行严格的垃圾集中收集处置机制,实现无害化处理。

(2) 控制面源污染。整治畜禽养殖污染,饮用水水源集水区内禁止新上畜禽养殖场项目。大力发展循环农业,加强农村技术服务和指导,全面推广测土配方施肥,鼓励使用商品有机肥,有效控制化肥用量。推广病虫害综合防治、生物防治和精准施药等技术及生物制剂,严禁使用高毒、高残留农药,选用高效、低毒、低残留农药。积极发展节水农业,优化种植结构,发展旱粮生产,加大喷、滴、微灌技术的推广,降低农药肥料流失率。

(3) 深化无投饲清洁养殖。强化渔业养殖污染控制,推行清洁养殖。发展保水节水渔业,通过人工放养鲢、鳙等滤食性鱼类,增殖保护土著水生生物资源,改善水域生物群落,保持水体生物链平衡,消耗水中富营养化物质。

(4) 加大水域保洁力度。加强水面污染物清理工作,营造良好的城市水生态环境。加大水域保洁的政策扶持,每年安排水域保洁专项资金。依法打击向水体倾倒工业废渣、生活垃圾、粪便和其他废弃物等破坏水体的违法行为,维护水体生态健康。

(5) 强化城市水生态环境的保护和修复。建设生态保护和修复系统。划定饮用水源地生态涵养区,积极开展生态工程建设,加快生态修复。在水库主要支流、水岸带,建设生态湿地系统,种植浮水、挺水、沉水植物,营造水生植物带。积极开展环库截污治污工作,切实减少水体外来污染。

(6) 控制旅游和农家餐饮污染。科学规划饮用水水源地旅游业发展,根据水环境承受能力,控制旅游开发,防止破坏生态环境。在饮用水水源一级保护区内,禁止新上旅游开发项目，禁止设置游泳区。在饮用水水源二级保护区内，严格限制新上旅游项目，已建排放污染物的旅游设施要限期拆除或搬迁。加强旅游业和农家餐饮规范管理，旅游开发项目必须严格执行环境影响评价和"三同时"制度，农家餐饮实行规范管理。饮用水水源集水区内所有旅游开发项目和农家餐饮饭店必须配备污水处理设施，污水经过处理后达标排放，对不达标排放的坚决予以取缔。加强对游客的宣传教育，引导公众树立保护水资源的意识。

（7）完善城市水环境的预警应急体系建设。建设水环境监测系统，加强水环境监测监控。加快水环境应急体系建设。推进饮用水水源水质自动监测站建设，推广建设水质安全在线生物预警系统，建成全天候实时监测的水环境质量监控体系。每月发布水资源质量通报，建立水环境预警指标体系和预警信息统一发布制度，为水环境安全预警提供保障。建立健全水环境保护应急体系，完善突发水污染事件应急预案，落实相应应急措施，全面提高水环境危机应对处置能力。自来水厂要加强应急物资和技术储备，增强制水能力和突发事件水处理能力，确保供水安全。

4. 城市水环境保护工作的保障

（1）职责分明。加强组织领导，建立城市水环境保护工作机制。建立水源保护协调机制和部门分工管理机制，明确部门职责，定期召开协调会。各镇街是当地水环境保护的责任主体，负责落实水环境保护的各项政策措施。生态环境部门负责城市水环境保护监督、指导，做好水质监测和环保执法工作。水务部门负责组织实施清洁养殖、水域保洁、水土保持等工作，加强重要水域的水质监测。执法、公安、农业、林业、国土、工商、农办、旅游、建设、交通、经发、公用事业等单位各负其责，密切协作，齐抓共管，形成城市水环境保护工作的合力。

（2）规划及投入。严格执行水功能区规划和生态环境功能区规划，加强水环境相关规划的整合利用，提升城市水环境保护规划的严肃性、科学性和可操作性，落实城市水环境保护措施。加大财政在水环境保护方面的资金投入，积极运用财政、价格等经济措施，促进水资源合理配置和利用，建立饮用水水源保护长效机制。

（3）执法与监管。制定饮用水源保护管理办法，强化依法治水。加大环境执法力度，切实加强对污染源的监管，依法及时查处企业偷排、漏排等环境违法行为，对未按规定限期关闭或搬迁的污染企业和养殖场，挂牌督办，限期整改。

（4）宣传教育。高度重视水环境保护工作，加大宣传教育力度，充分利用各种媒体和形式，广泛宣传水环境保护的重要意义、方针政策、法律法规知识，营造浓厚的舆论氛围，增强全社会的水环境保护意识，鼓励和引导公众参与和监督水环境保护工作，共同推进生态文明建设。

三、水环境保护基本政策

我国颁布一系列水环境法律法规、部门规章及规范性文件，为水环境管理的落实与执行提供了执法依据。

1. 水环境主要相关法律

《中华人民共和国环境保护法》《中华人民共和国水法》《中华人民共和国水污染防治

法》《中华人民共和国海洋环境保护法》《中华人民共和国水土保持法》《中华人民共和国环境影响评价法》《中华人民共和国防洪法》《中华人民共和国长江保护法》《中华人民共和国黄河保护法》《中华人民共和国湿地保护法》等。

2. 水环境主要相关的行政法规及法规性文件

《中华人民共和国河道管理条例》《长江河道采砂管理条例》《中华人民共和国水污染防治法实施细则》《中华人民共和国水土保持法实施条例》《取水许可制度实施办法》《建设项目环境保护管理条例》《排污许可管理条例》《中华人民共和国城市供水条例》等。

3. 水环境主要相关的部门（地方）规章及规范性文件

《饮用水水源保护区污染防治管理规定》《取水许可水质管理规定》《城市供水水质管理规定》《污水处理设施环境保护监督管理办法》《官厅水系水源保护管理办法》《珠江河口管理办法》《水土保持生态环境监测网络管理办法》《水利部水文设备管理规定》《内蒙古自治区境内黄河流域水污染防治条例》《江西省生态文明建设促进条例》等。

第四节　城市水环境管理制度

一、"三同时"制度

《中华人民共和国环境保护法》规定：建设项目中防治污染的措施，必须与主体工程同时设计、同时施工、同时投产使用。防治污染的设施必须经原审批环境影响报告书的环境保护部门验收合格后，该建设项目方可投入生产或者使用。这一规定在我国环境立法中通称为"三同时"制度。它适用于在中国领域内的新建、改建、扩建项目（含小型建设项目）和技术改造项目，以及其他一切可能对环境造成污染和破坏的工程建设项目和自然开发项目。它与环境影响评价制度相辅相成，是防止新污染和破坏的两大"法宝"，是我国预防为主方针的具体化、制度化。

根据《中华人民共和国环境保护法》，违反"三同时"制度涉及的法律责任规定，建设项目的防治污染设施没有建成或者没有达到国家规定的要求，投入生产或者使用的，由批准该建设项目的环境影响报告书的环境保护行政主管部门责令停止生产或者使用，可以并处罚款。未经环境保护行政主管部门同意，擅自拆除或者闲置防治污染的设施，污染物排放超过规定的排放标准的，由环境保护行政主管部门责令重新安装使用，并处罚款。

二、环境影响评价制度

环境影响评价制度是在进行对环境有影响的建设和开发活动时，对该活动可能给周围环境带来的影响进行科学预测和评估，制定防止或减少环境损害的措施，编写环境影响报告书或填写环境影响报告表，报经环境保护部门审批后再进行设计和建设的各项规定的总称。其中，水环境影响评价是相当重要的一个要素。

环境影响评价制度是防止产生环境污染和生态破坏的法律措施，最早由美国的《国家环境政策法》提出推行。1979 年，《中华人民共和国环境保护法（试行）》正式建立环境影响评价制度，《中华人民共和国环境保护法》自 2015 年 1 月 1 日起施行。2018 年 12 月

29 日第二次修正《中华人民共和国环境影响评价法》。根据时间顺序，环境影响评价一般分为环境质量评价（主要为环境现状质量评价）、环境影响预测和评价以及环境影响后的评价。这是一个不断评价和不断完善决策的过程。根据开发建设活动的规模和种类，可分为战略环境影响评价、区域开发活动环境影响评价、建设项目环境影响评价、技术和产品发展规划环境影响评价。按评价要素不同，可分为大气环境影响评价、水环境影响评价、土壤环境影响评价、生态环境影响评价等。

专项规划环境影响报告书一般包括：实施该规划对环境可能造成影响的分析、预测和评估；预防或者减轻不良环境影响的对策和措施；环境影响评价的结论。建设项目的环境影响报告书包括：建设项目概况；建设项目周围环境现状；建设项目对环境可能造成影响的分析、预测和评估；建设项目环境保护措施及其技术、经济论证；建设项目对环境影响的经济损益分析；对建设项目实施环境监测的建议；环境影响评价的结论。涉及水土保持的建设项目，还必须有经水行政主管部门审查同意的水土保持方案。

三、环境保护税制度

《中华人民共和国环境保护税法实施条例》自 2018 年 1 月 1 日起与《中华人民共和国环境保护税法》同步施行。这部法律对于保护和改善环境，减少污染物排放，推进生态文明建设，具有十分重要的意义。为保障环境保护税法顺利实施，制定实施条例，细化征税对象、计税依据、税收减免、征收管理的有关规定，进一步明确界限、增强可操作性。根据《中华人民共和国环境保护税法》第二十七条规定，自该法 2018 年 1 月 1 日施行之日起，不再征收排污费。

环境保护税是中国首个明确以环境保护为目标的独立型环境税税种。其"企业申报，税务征收，环保监测，信息共享"的多部门协作全新税收征管模式也有别于传统税种。作为完善"绿色税制"的重要一步，开征环境保护税的一个重要原则是实现排污费制度向环境保护税制度的平稳转移。因此，就整体框架体系而言，相较原来的排污物征收使用管理办法，纳税主体、课税对象、计税依据等税收要素，基本平移自原排污费制度下的缴费主体、收费对象、计费依据等收费要素。环境保护税的根本目的在于环保，而税只是手段。环境保护税的收入总体规模并不大，排污费改税的主要目的不在于筹集财政收入，而在于通过税收杠杆，引导排污单位减少污染物排放，为公众创造良好的生产生活环境。

排污多，税收高；排污少，税收低。作为推进生态文明建设在财税领域的重大举措，环境保护税的开征进一步完善我国的绿色税收体系，其环保意义远远大于财政收入意义。从总体影响来看，短期，环境保护税的执行有助于实现对重点污染物的减排目标；长远期，通过税收的激励导向作用，有利于鼓励企业利用节能、环保和低碳技术走清洁生产的道路，改善环境，提升公众幸福指数。

"费改税"的主要挑战是协同共管。相较于其他税收种类，环境保护税征收的专业性、综合性、实时性要求更高。一是专业性，环境保护税涉及污染物判定、检测、计量、换算等理工类专业技术知识；二是综合性，环境保护税既涉及税收、化学、工程等综合知识，也涉及数据监测、信息交换等综合手段；三是实时性，污染物排放具有不可事后检测的特点，无法事后评估核查。以上三方面的特性，对政府相关职能部门在环境保护税征收工作中提出非常高的协同共管的要求。针对上述难点，税务部门与环保部门要完成排污信息共享数据传递，建立环境保护税纳税人税源数据库。环境保护税的征收，就是为了促进经济结构调整，实现绿水青山，促进企业的绿色发展，是利国利民利企的好事情。

四、水环境目标责任制度

《中华人民共和国水污染防治法》规定，国家实行水环境保护目标责任制和考核评价制度，将水环境保护目标完成情况作为对地方人民政府及其负责人考核评价的内容，真正落实地方政府保护水环境的责任，更好地保证该法的贯彻执行。

水环境保护要求实行目标责任制，通过设定目标，确定各级政府在水环境保护中的具体任务。水环境保护目标责任制具有以下内容：一是明确提出保护水环境是各级政府的职责，各级政府都要对其管辖的水环境质量负责。二是每届政府在其任期内都要采取措施，使水环境质量达到某一预定的目标。三是水环境目标是根据水环境质量状况及经济技术条件，在经过充分研究的基础上确定的。目标责任制通常是由上一级政府与下一级政府签订水环境目标责任书，完成目标任务的给予鼓励，没有完成的则给予处罚。四是各级政府为实现水环境目标，通常要进行目标分解，把目标所定的各项内容分解到各个部门，甚至下达到有关企业逐一落实。鉴于水环境目标要定量化管理，因此，实行水环境保护目标责任制又可带动环境监测、科研、污染治理等各项工作的深入开展，其意义在于切实把水环境保护纳入各级政府的工作日程。

五、排污许可制度

从推进生态文明建设全局出发，将排污许可制度作为生态文明制度改革的重要内容，我国排污许可制度以加快改善环境质量为核心，完善固定污染源环境管理核心制度。

排污许可制度包括：一是衔接整合相关环境管理制度，推动衔接环境影响评价制度、企事业单位污染物总量控制制度、排污权交易、环境保护税、环境统计等多项制度，解决多套数据、重复申报的问题。二是对排污单位实行分类管理，根据污染物产生量、排放量以及环境危害程度不同，将排污单位分为重点管理、简化管理、登记管理三种类别的管理形式。三是实行"一证式"管理，在一张排污许可证上载明排污单位应当遵守的环境管理要求和法律责任，对每个主要的产排污设施和每个排放口实施多污染物协同控制，将水、气、固废的环境管理内容纳入一张许可证内，实现系统化、精细化、科学化的综合许可管理。四是建立完善信息化管理体系，建成全国统一的排污许可证管理信息平台，支撑许可证的申请、核发和日常监管工作，实现"让数据多跑路，让企业少跑路甚至不跑路"的目的。发布《排污单位编码规则》（HJ 608—2017），统一固定污染源、排污许可证、污染治理设施和排放口的编码，为固定污染源排放相关的大数据统计和分析奠定坚实基础。五是强化环境监管执法，通过排污许可证核发和清理整顿工作，全面摸清固定污染源底数。2021年3月1日，《排污许可管理条例》施行，为排污许可制度的发展完善奠定了法治基础，标志着对污染物排放的管理从过去以准入为主的管理向既抓审批又抓事中事后监管的全流程管理转变，有利于进一步加强生态环境部门环境监管执法力度，督促企业持证排污、按证排污，落实排污许可证规定的环境管理要求。

第五节　城市专项水环境管理

一、水专项背景

水体污染控制与治理科技重大专项（简称水专项），是为实现中国经济社会又好又快发展，调整经济结构，转变经济增长方式，缓解我国能源、资源和环境的瓶颈制约，根据当时《国家中长期科学和技术发展规划纲要》（2006—2020 年）设立的十六个重大科技专项之一，旨在为中国水体污染控制与治理提供强有力的科技支撑。

根据要求，按照"自主创新、重点跨越、支撑发展、引领未来"的环境科技指导方针，水专项从理论创新、体制创新、机制创新和集成创新出发，立足中国水污染控制和治理关键科技问题的解决与突破，遵循集中力量解决主要矛盾的原则，选择典型流域开展水污染控制与水环境保护的综合示范。针对解决制约我国社会经济发展的重大水污染科技瓶颈问题，重点突破工业污染源控制与治理、农业面源污染控制与治理、城市污水处理与资源化、水体水质净化与生态修复、饮用水安全保障以及水环境监控预警与管理等水污染控制与治理关键技术和共性技术。将通过湖泊富营养化控制与治理技术综合示范、河流水污染控制综合整治技术示范、城市水污染控制与水环境综合整治技术示范、饮用水安全保障技术综合示范、流域水环境监控预警技术与综合管理示范、水环境管理与政策研究及示范，实现示范区域水环境质量改善和饮用水安全的目标，有效提高我国流域水污染防治和管理技术水平。

水专项精心设计，循序渐进，分三个阶段进行组织实施：第一阶段目标主要突破水体"控源减排"关键技术，第二阶段目标主要突破水体"减负修复"关键技术，第三阶段目标主要突破流域水环境"综合调控"成套关键技术。水专项是新中国成立以来投资最大的水污染治理科技项目，总经费概算 300 多亿元。

在国务院领导和国家科教领导小组协调指导下，水专项领导小组充分发挥牵头组织部门生态环境部、住房城乡建设部的作用，充分发挥领导小组成员单位的行政资源，发挥地方政府的责任主体作用，精心组织，合力推进，共同做好水专项。

二、水专项主题及管理

1. 湖泊主题

（1）主题目标。全面掌握流域污染源和社会经济发展情况及其与湖泊水质变化、富营养化之间的相应关系，初步提出解决我国湖泊水污染和富营养化治理的基本理论体系框架，研发不同类型湖泊水污染治理和富营养化控制自主创新的关键技术，形成湖泊水污染和富营养化控制的总体方案。研究具有全局性、带动性的水污染防治与富营养化控制关键技术。选择太湖流域作为综合示范区，其他不同类型典型湖泊和水库作为本专项技术示范区，有效控制示范湖泊、水库的富营养化，实现研究示范区水质显著改善，同时形成符合国情的湖泊流域综合管理体系，为我国湖泊水污染防治与富营养化全面控制、水环境状况的根本好转奠定技术基础。为确保湖泊流域污染物排放总量得到有效削减、水环境质量得到明显改善、饮用水安全得到有效保障，提供成套技术与成功经验。

（2）主要研究内容。我国湖泊富营养化及流域水污染问题十分突出，严重影响湖区人民的生产生活与饮用水安全，极大制约区域社会经济可持续发展。鉴于我国湖泊类型众多，且位于不同地理区域并处于经济发展不同阶段，处在不同的富营养化发展过程并具有各自的生态特征，选择富营养化类型、营养水平、湖泊规模、形成机理和所处地区不同的典型湖泊，开展综合诊断，制定与湖泊营养水平、类型、阶段和地区经济水平相适应的富营养化湖泊综合整治方案，选择具有典型性和代表性的湖泊水域及流域重点集水区开展工程示范。逐步实现由湖泊及其集水区的重点控源与局部湖区水质改善向湖泊整体水环境质量明显改善转变的国家水专项的战略目标。为大规模开展不同类型湖泊富营养化治理提供成套技术与管理经验。

（3）研究示范区的选择。我国是一个多湖泊国家，富营养化类型多，营养水平差异大，选择湖泊水污染与富营养化共性关键技术开展研究与示范。按照国家确定的水污染防治重点流域，选择太湖流域开展湖泊流域水污染控制与湖泊富营养化治理综合示范；选择云贵高原湖区的湖泊滇池、中部地区大型湖泊巢湖开展重污染湖泊研究、治理与工程示范；选择大型水库三峡水库，开展水污染与水华控制技术示范。

2. 河流主题

（1）主题目标。针对我国河流水污染严峻的现状，选择不同地域、类型、污染成因和经济发展阶段不同特征的典型河流，创立符合不同水质目标和功能目标的河流管理支撑技术体系，制定与我国不同区域经济水平和基本水质需求相适应的污染河流（段）水污染综合整治方案；重点突破一批清洁生产、水循环利用以及点、面源污染负荷削减关键技术及集成技术，污染河流（段）治理与生态修复的集成技术，以及河流污染预防、控制、治理与修复的技术系统；选择具有典型性和代表性的河流开展工程示范。通过分阶段、分重点实施，实现由河流水质功能达标向河流生态系统完整性过渡的国家河流污染防治战略目标。

（2）主要研究内容。针对我国主要流域水系经济发展的阶段性特点，以影响我国河流水功能与水生态系统健康的主要污染物耗氧有机物、氮磷营养物、重金属、有机有毒污染物为控制与治理目标，选择不同污染程度、不同污染源类型、不同主要污染物种类、不同水体功能和河流生态功能各不相同的河流水系或典型河流河段，综合分析河流点、面污染负荷，河流水质演变过程，水体功能和水生态系统退化的特征；建立围绕水质功能和水生态保护目标的河流水质综合管理技术体系；开发重点行业和不同类型农业面源污染物削减关键技术；研发河流污染治理、生态修复和生物多样性保育的工程技术系统；通过技术集成和综合示范，达到大幅度削减入河污染物负荷、显著改善河流水质、初步恢复水生态系统功能结构的目标；总结形成不同经济发展阶段下我国不同地域河流污染防治和综合治理的技术体系。

（3）研究示范区的选择。选择松花江作为高风险污染源较多、跨国界、跨省界污染的河流水污染防治技术示范区；选择辽河流域作为工业密集、污染负荷高的河流水污染防治的技术示范区；选择海河流域作为水量紧缺、水源补给复杂、水环境严重恶化的河流、草型湖泊水污染综合治理技术示范区；选择淮河作为闸坝控制、水污染事件多发、防洪防污矛盾突出的河流污染控制示范区和南水北调东线输水湖泊生态保育示范区。

3. 城市主题

（1）主题目标。通过实施城市水污染控制与水环境综合整治关键技术研究与示范主题，识别我国城市水污染的时空特征和变化规律，建立不同使用功能的城市水环境和水排放的标准与安全准则。

（2）主要研究内容。针对我国城镇污水处理设施不足、水循环系统脆弱、水环境质量下降、水功能退化等问题，在水环境保护的国家重点流域，选择若干个在新时期经济建设中具有重要战略地位、不同经济发展阶段与特点、不同污染成因与特征的城市与城镇群，结合国家水污染物排放总量削减目标、示范城镇水污染控制与水环境质量改善发展目标，以降低化学需氧量、氨氮、总氮和总磷排放总量为核心指标，系统分析研究影响城镇水环境质量的突出因素、控制途径和解决方案，开展城市水环境系统决策规划与管理、城镇污水收集与处理、地表径流污染控制、工业园区污染源控制、城市水功能恢复与生态景观建设、城市水环境设施监控管理等方面的技术研发、技术集成和综合示范，突破城市水环境综合整治系统的整体设计、全过程运行控制和水体生态修复技术，形成一系列基于城市水环境系统良性循环理念的综合整治技术方案，初步建立我国城市水污染控制与水环境综合整治的关键技术体系、运营与监管技术支撑体系，建立相应的研发基地、产业化基地和管理平台，为实现跨越发展，构建新一代城市水环境系统提供强有力的技术支持和管理工具。

（3）研究示范区的选择。结合上述关键技术的研究与开发，选择环太湖河网地区、海河流域典型城市、三峡库区城市和巢湖流域城市 4 类综合示范区，开展技术的集成创新与综合示范，并开展城市水环境整治的共性技术和综合管理技术研究。

4. 饮用水主题

（1）主题目标。针对我国饮用水水源普遍污染、水污染事件频繁发生、饮用水监管体系不健全、饮用水安全保障存在严重缺陷等突出问题，以国家相关饮用水标准为依据，结合典型区域的水源污染和供水系统的特征，通过关键技术研发、技术集成和应用示范，构建针对水源保护、净化处理和输配全过程的饮用水安全保障技术；集水质监控、风险评估、运行管理、应急处置于一体的标准和监管管理体系，为全面提升我国饮用水安全保障技术水平、促进相关产业发展以及强化政府监管能力提供科技支撑。通过技术研发、技术集成和综合示范，持续提升我国饮用水安全保障能力，为保障人民群众的饮水安全和身体健康提供技术支撑。

（2）主要研究内容。基于我国水体普遍遭受污染的现实状况，针对不同水源类型、不同水质特征和不同供水系统存在的安全隐患，研究构建集水源保护、净化处理、安全输配、水质监测、风险评估、应急处置于一体的饮用水安全保障技术和监管体系。

（3）研究示范区的选择。围绕"三河、三湖、一江、一库"地区，选择部分典型城市和村镇，开展饮用水安全保障共性和适用技术示范。选择山东省济南市、浙江省杭州市、广东省东莞市等，开展国家、省、市三级饮用水监测、预警和应急体系建设示范。选择无锡作为代表太湖饮用水源的示范区，选择上海作为黄浦江、长江等河流饮用水源的示范区，选择嘉兴作为河网饮用水源的示范区。针对引黄水库饮用水源的污染问题和当地水源的水质特性，选择济南、青岛、东营三个城市作为综合示范区。针对珠江下游地区饮用水水源污染的季节性变化特征，选择广州、深圳、东莞三个城市作为综合示范区。

5. 监控预警主题

（1）主题目标。针对我国流域水环境问题，通过实施"流域水污染防治监控预警技术与综合示范"研究，促进流域水污染防治监控的理念创新、技术创新和管理创新。以流域水质保障与水生态安全为目标，以强化流域水质系统管理、形成监控、预警能力为重点，开展流域水生态功能区划、流域水质目标管理、水环境监测、水环境风险评估、水环境预警和流域水污染防治综合决策等技术研究。构建适合我国水污染特征的流域水污染防治综合管理体系，建立水污染控制技术评估系统和评估技术平台，支撑流域水环境管理和决策，从而保障国家环境与经济、社会的协调可持续发展。实现面向水生态系统安全保障的流域水环境管理模式和管理体制的转变。形成基于流域水生态功能分区水污染控制、水环境监测、水环境质量预警、水环境监察与监管的水质目标管理成套技术方法与规范。

（2）主要研究内容。针对我国水环境管理技术体系不健全的紧迫问题，结合国家污染物总量控制与监控需要的三大体系建设的技术需求，系统开展流域水生态功能区划理论与方法研究，建立水生态功能区划分指标体系，建立全国水生态功能分区技术框架，完成重点流域水生态功能一级、二级区划，完成示范流域三级区划和污染控制单元划定方案。建立具有分区差异性的水质基准与标准制定技术框架，结合示范流域水环境质量管理目标，制定特征污染物的基准与标准。通过对流域水生态功能分区、水质目标管理、水环境监控预警和水污染治理综合决策等技术综合集成，构建我国流域水环境管理技术体系，在全国七大流域形成确保水生态系统安全的流域水环境监控管理模式。

（3）研究示范区的选择。按照国家确定的水污染防治重点流域，选择太湖、滇池、巢湖、辽河、淮河、海河、松花江、三峡库区流域等开展综合示范。

6. 战略与政策主题

（1）主题目标。以提高水环境管理效能和水专项示范区域水质改善目标为导向，围绕构建水环境管理决策技术平台、理顺水环境管理"生产关系"、提高水环境管理政策"生产力"等三大支撑，明确国家中长期水污染控制路线图，提出水环境管理体制创新、制度创新、政策创新主要方向，改进和完善水污染控制管理机制，增强市场经济手段在水污染控制中的作用，明确政府、企业在水环境保护中的责任，提高水污染控制的投入和效率，强化监督管理和政策执行能力，提高经济政策的实施效果和执行效率，为实现水专项示范区水质改善和国家水污染防治目标提供长效管理体制和政策机制。全面构建适合我国国情的水环境综合管理技术体系，构建完整的国家环境管理基础平台、水环境综合管理体制、水环境长效政策手段，全面提升流域水污染管理和政策执行能力，确保示范区域污染物排放总量得到有效削减、水环境质量得到明显改善、饮用水安全得到有效保障，促进流域社会经济可持续发展；培养一批不同层次、高水平的专业人才，涌现出一批具有世界水平的水环境管理和政策研究专家。

（2）主要研究内容。针对水污染防治工作中涉及的决策支持、体制机制、环境政策问题，从流域、河流、城市水环境管理制度设计以及水资源配置、污水处理到环境资源配置等各个环节，研究适用于我国经济社会特点的财政、税收、价格、投资、处罚、补偿和信息公开等水环境管理政策体系，为流域水污染控制目标的实现提供经济技术保障。主要开展水环境保护战略决策、水环境管理制度设计、流域水污染防治投融资政策、流域水污染防治的价格与税费政策、排污许可证制度、跨界污染协同管理、流域水污染赔偿和生态补偿设计、水污染防治的公众参与和信息公开制度、流域农业面源污染防治政策法规体系、城市水污染治理基础设施建设与产业发展政策、饮用水安全保障管理政策体系等研究。

（3）研究示范区的选择。选择太湖流域、辽河流域和苏州市研究示范区。

三、水专项成果

水专项是我国首个系统解决环境问题的重大科技工程和民生工程，围绕京津冀协同发展、碧水保卫战等国家战略，建立了流域水污染治理、水环境管理和饮用水安全保障技术体系，并在太湖、京津冀等流域（区域）开展了综合示范。

经过各团队的精心研究，水专项成果丰硕，其中有 15 项亮点成果，包括京津冀协同发展区域生态廊道构建、太湖蓝藻水华预警与处理处置、钢铁行业水污染全过程控制、城镇污水高标准处理和再生回用、"从源头到龙头"饮用水安全保障等关键核心技术，以及新一代移动供水水质监测车、城市排水管渠数字化诊断设备等一批产品装备，通过实物、模型、视频、展板等不同形式，系统展示了水专项在支撑重点流域水质改善、保障饮水安全、促进环保产业发展等方面取得的显著成效。水专项在总结验收上坚持目标导向，切实强化成果成效总结。突出技术成果的先进性、创新性和集成性，注重绩效，从更高站位、更宽视野总结专项实施对满足国家重大战略需求、推动经济社会高质量发展的战略影响。水专项实施后，突破一批关键核心技术和装备，建立了适合我国国情的流域水污染治理、水环境管理和饮用水安全保障技术体系，为我国重点流域区域水质由不断恶化转为持续向好、让老百姓喝上放心水提供了强有力的科技支撑。

复 习 思 考 题

1. 城市水环境管理存在哪些问题？
2. 为什么要依法治理水环境？
3. 你能列出不少于 5 个水环境保护方面的法律法规吗？
4. 你能谈谈水体污染控制与治理科技重大专项意义是什么吗？
5. 小组情景讨论：小组成员分为甲方、乙方，甲方代表《中华人民共和国长江保护法》，乙方代表《中华人民共和国黄河保护法》，讨论这两部法律的异同点及立法必要性。

案例 1　生态环境部等 18 部门印发《关于推动职能部门做好生态环境保护工作的意见》

第二章　城市水环境管理组织

第一节　城市水环境管理组织体系

一、组织概念

组织是由若干个人或群体所组成的、有共同目标和一定边界的社会实体。它包含三层意思：一是组织必须是以人为中心，将人、财、物合理配合为一体，并保持相对稳定而形成的一个社会实体。二是组织必须具有为本组织全体成员所认可并为之奋斗的共同目标。三是组织必须保持一个明确的边界，以区别于其他组织和外部环境。这是组织存在的必要条件。

组织是在一定环境中，为实现某种共同目标，按照一定结构形式、活动规律结合，具有特定功能的开放系统。简言之，组织是两个以上的人、目标和特定的人际关系构成的群体。组织是两个以上的人在一起为实现某个共同目标而协同行动的集合体。它是以目的为导向的社会实体，具有特定结构化的活动系统。因此，一个组织是由各子系统组成的系统，并由来自环境的分界来画出轮廓要求，尽量了解各子系统内部及各子系统之间的关系，以及组织和环境之间的关系，并且要求尽量明确各变量的关系和结构模式。现代管理强调组织变化无常的性质，并且了解组织在不同条件下和特定条件下如何运转。

在管理学中，组织的涵义可以从静态与动态两方面来理解。从静态方面看，指组织结构，即反映人、职位、任务以及它们之间的特定关系的网络。这一网络可以把分工的范围、程度、相互之间的协调配合关系、各自的任务和职责等用部门和层次的方式确定下来，成为组织的框架体系。从动态方面看，指维持与变革组织结构，以便完成组织目标的过程。通过组织机构的建立与变革，将生产经营活动的各要素、环节，从时间、空间上科学地组织起来，使每个成员都能接受领导、协调行动，从而产生新的、大于个人和集体功能简单加总的整体职能。

二、水环境管理组织现状

我国水环境管理组织现状为：生态环境部对水污染防治工作实行统一监督管理，组织拟订和监督实施国家确定的重点流域水污染防治规划和饮用水水源地环境保护规划等职能。按有关法律规定，国务院各相关部门结合各自的职责，协同生态环境部门对水环境保护实施监督管理。比如：水利部门负责水资源开发利用和保护工作；住建部门负责城市污水处理厂的建设运营等工作；面源污染控制由农业部门负责；船舶污染防治由交通部门负责等。虽然这种管理组织方式起到很大的积极作用，但随着社会进步与发展，其条块分割、职责交叉、重资源利用轻污染防治等负面管理影响日益彰显。因而，科学设置水环境管理组织架构，引进现代科学的管理方式，尤为重要。

三、生态环境部历史沿革

新中国成立以来，我国生态环境部经过了以下的历史沿革及不断完善过程。

1974 年 10 月，国务院环境保护领导小组正式成立，主要职责是：负责制定环境保护的方针、政策和规定，审定全国环境保护规划，组织协调和督促检查各地区、各部门的环境保护工作。

1982 年 5 月，将国家基本建设委员会、国家城市建设总局、国家建筑工程总局、国家测绘局、国务院环境保护领导小组办公室合并，组建城乡建设环境保护部，内设环境保护局。

1984 年 5 月，成立国务院环境保护委员会，研究审定有关环境保护的方针、政策，提出规划要求，领导和组织协调全国的环境保护工作。委员会主任由副总理兼任，办事机构设在城乡建设环境保护部（由环境保护局代行）。

1984 年 12 月，城乡建设环境保护部环境保护局改为国家环境保护局，仍归城乡建设环境保护部领导，同时也是国务院环境保护委员会的办事机构，主要任务是负责全国环境保护的规划、协调、监督和指导工作。

1988 年 7 月，将环保工作从城乡建设部分离出来，成立独立的国家环境保护局（副部级），明确为国务院综合管理环境保护的职能部门，作为国务院直属机构，也是国务院环境保护委员会的办事机构。

1998 年 6 月，国家环境保护局升格为国家环境保护总局（正部级），是国务院主管环境保护工作的直属机构。撤销国务院环境保护委员会。

2008 年 7 月，国家环境保护总局升格为环境保护部，成为国务院组成部门。

2018 年 3 月，组建生态环境部，不再保留环境保护部。

2018 年 4 月 16 日，中华人民共和国生态环境部揭牌。

四、水环境管理组织梯级

我国水环境管理组织大致分为以下几个梯级。

1. 第一梯级

中华人民共和国生态环境部、中华人民共和国水利部、中华人民共和国住房和城乡建设部等。

2. 第二梯级

省属生态环境厅、水利厅、住房城乡建设厅，水利部长江水利委员会，水利部太湖流域管理局，安徽省巢湖管理局等。

3. 第三梯级

设区市所属生态环境局、水利局（水务局、水务管理局）、住房城乡建设局，昆明市滇池管理局等。

4. 第四梯级

区（县）所属生态环境局、水利局、水务局、住房城乡建设局等。

城市水环境管理，是由第三、四梯级的管理部门具体在属地执行，因各地城市情况不同，管理的结果也不同。有时由于职责交叉，或衔接区域模糊，部门之间也会相互扯皮，甚至行政不作为，加大了城市水环境管理成本。

第二节　城市水环境管理有关部门职责

环境保护是我国的基本国策，关系到中华民族的生存发展。目前，我国面临严峻的环境压力，污染物减排任务十分艰巨。必须按照科学发展的要求，加大环境治理和生态保护力度，加快建设资源节约型、环境友好型社会。必须进一步健全和完善城市水环境管理工作机构，实行"治污先治政"，形成职能清晰、分工合理、治理到位、监管有效的机制。

一、国家级行政管理部门主要职责

以生态环境部为例，其主要职责如下。

（1）负责建立健全生态环境基本制度。会同有关部门拟订国家生态环境政策、规划并组织实施，起草法律法规草案，制定部门规章。会同有关部门编制并监督实施重点区域、流域、海域、饮用水水源地生态环境规划和水功能区划，组织拟订生态环境标准，制定生态环境基准和技术规范。

（2）负责重大生态环境问题的统筹协调和监督管理。牵头协调重特大环境污染事故和生态破坏事件的调查处理，指导协调地方政府对重特大突发生态环境事件的应急、预警工作，牵头指导实施生态环境损害赔偿制度，协调解决有关跨区域环境污染纠纷，统筹协调国家重点区域、流域、海域生态环境保护工作。

（3）负责监督管理国家减排目标的落实。组织制定陆地和海洋各类污染物排放总量控制、排污许可证制度并监督实施，确定大气、水、海洋等纳污能力，提出实施总量控制的污染物名称和控制指标，监督检查各地污染物减排任务完成情况，实施生态环境保护目标责任制。

（4）负责提出生态环境领域固定资产投资规模和方向、国家财政性资金安排的意见，按国务院规定权限审批、核准国家规划内和年度计划规模内固定资产投资项目，配合有关部门做好组织实施和监督工作。参与指导推动循环经济和生态环保产业发展。

（5）负责环境污染防治的监督管理。制定大气、水、海洋、土壤、噪声、光、恶臭、固体废物、化学品、机动车等的污染防治管理制度并监督实施。会同有关部门监督管理饮用水水源地生态环境保护工作，组织指导城乡生态环境综合整治工作，监督指导农业面源污染治理工作。监督指导区域大气环境保护工作，组织实施区域大气污染联防联控协作机制。

（6）指导协调和监督生态保护修复工作。组织编制生态保护规划，监督对生态环境有影响的自然资源开发利用活动、重要生态环境建设和生态破坏恢复工作。组织制定各类自然保护地生态环境监管制度并监督执法。监督野生动植物保护、湿地生态环境保护、荒漠化防治等工作。指导协调和监督农村生态环境保护，监督生物技术环境安全，牵头生物物种（含遗传资源）工作，组织协调生物多样性保护工作，参与生态保护补偿工作。

（7）负责核与辐射安全的监督管理。拟订有关政策、规划、标准，牵头负责核安全工作协调机制有关工作，参与核事故应急处理，负责辐射环境事故应急处理工作。监督管理核设施和放射源安全，监督管理核设施、核技术应用、电磁辐射、伴有放射性矿产资源开发利用中的污染防治。对核材料管制和民用核安全设备设计、制造、安装及无损检验活动实施监督管理。

（8）负责生态环境准入的监督管理。受国务院委托对重大经济和技术政策、发展规划以及重大经济开发计划进行环境影响评价。按国家规定审批或审查重大开发建设区域、规划、项目环境影响评价文件。拟订并组织实施生态环境准入清单。

（9）负责生态环境监测工作。制定生态环境监测制度和规范、拟订相关标准并监督实施。会同有关部门统一规划生态环境质量监测站点设置，组织实施生态环境质量监测、污染源监督性监测、温室气体减排监测、应急监测。组织对生态环境质量状况进行调查评价、预警预测，组织建设和管理国家生态环境监测网和全国生态环境信息网。建立和实行生态环境质量公告制度，统一发布国家生态环境综合性报告和重大生态环境信息。

（10）负责应对气候变化工作。组织拟订应对气候变化及温室气体减排重大战略、规划和政策。与有关部门共同牵头组织参加气候变化国际谈判。负责国家履行联合国气候变化框架公约相关工作。

（11）组织开展中央生态环境保护督察。建立健全生态环境保护督察制度，组织协调中央生态环境保护督察工作，根据授权对各地区各有关部门贯彻落实中央生态环境保护决策部署情况进行督察问责。指导地方开展生态环境保护督察工作。

（12）统一负责生态环境监督执法。组织开展全国生态环境保护执法检查活动。查处重大生态环境违法问题。指导全国生态环境保护综合执法队伍建设和业务工作。

（13）组织指导和协调生态环境宣传教育工作，制定并组织实施生态环境保护宣传教育纲要，推动社会组织和公众参与生态环境保护。开展生态环境科技工作，组织生态环境重大科学研究和技术工程示范，推动生态环境技术管理体系建设。

（14）开展生态环境国际合作交流，研究提出国际生态环境合作中有关问题的建议，组织协调有关生态环境国际条约的履约工作，参与处理涉外生态环境事务，参与全球陆地和海洋生态环境治理相关工作。

（15）完成党中央、国务院交办的其他任务。

（16）职能转变。生态环境部要统一行使生态和城乡各类污染排放监管与行政执法职责，切实履行监管责任，全面落实大气、水、土壤污染防治行动计划，大幅减少进口固体废物种类和数量直至全面禁止洋垃圾入境。构建政府为主导、企业为主体、社会组织和公众共同参与的生态环境治理体系，实行最严格的生态环境保护制度，严守生态保护红线和环境质量底线，坚决打好污染防治攻坚战，保障国家生态安全，建设美丽中国。

2023 年 10 月 13 日，中国机构编制网发布中共中央办公厅、国务院办公厅关于调整生态环境部职责机构编制的通知，列出 3 项职责、机构、编制调整事项，提升了生态环境保护督察的组织势能，强调了"党管督查"的理念。

住房城乡建设部、水利部的主要职责见二维码。

职责 1　住房城乡建设部的主要职责　　职责 2　水利部的主要职责

二、省级行政管理部门主要职责

1. 省生态环境厅

以江苏省生态环境厅为例，其主要职责如下。

（1）负责建立健全生态环境基本制度。贯彻执行国家生态环境的方针政策和法律法规。会同有关部门拟订全省生态环境政策、规划并组织实施，起草生态环境地方性法规和规章草案。会同有关部门编制并监督实施重点区域、流域、海域、饮用水水源地生态环境规划和水功能区划，组织制定全省各类地方生态环境标准、基准和技术规范。

（2）负责组织指导、协调全省生态文明建设工作，组织编制生态文明建设规划，开展生态文明建设考核和评价。

（3）负责重大生态环境问题的统筹协调和监督管理。牵头协调全省范围内重特大环境污染事故和生态破坏事件的调查处理，指导协调各市县政府对重特大突发生态环境事件的应急、预警工作，牵头指导实施生态环境损害赔偿制度，协调解决有关跨区域环境污染纠纷，统筹协调全省重点区域、流域、海域生态环境保护工作。

（4）负责监督指导国家和省减排目标的落实。组织实施陆地和海洋各类污染物排放总量控制、排污许可证制度并监督管理，确定大气、水、海洋等纳污能力，提出实施总量控制的污染物名称和控制指标。监督检查各地污染物减排任务完成情况，实施生态环境保护目标责任制。

（5）负责提出生态环境领域固定资产投资规模和方向、省财政性资金安排的意见，按省政府规定权限审批、核准全省规划内和年度计划规模内固定资产投资项目，配合有关部门做好组织实施和监督工作。参与指导推动循环经济和生态环保产业发展。

（6）负责环境污染防治的监督管理。制定大气、水、海洋、土壤、噪声、光、恶臭、固体废物、化学品、机动车等的污染防治管理制度并监督实施。指导协调和监督农村生态环境保护，会同有关部门监督管理饮用水水源地生态环境保护工作，组织指导城乡环境综合整治工作，监督指导农业面源污染治理工作。监督指导区域大气环境保护工作，组织实施区域大气污染联防联控协作机制。

（7）经省政府授权，统一履行全省范围内太湖水污染防治工作综合监管。协调解决太湖水污染防治工作的重大问题。拟订太湖水污染防治地方性法规、规章草案、标准和政策，参与拟订太湖水污染防治的中长期规划。组织实施国家和省有关太湖流域水环境综合治理方案。根据省政府授权，对省各有关部门和地方人民政府实施太湖水环境保护和治理工作进行监督检查。

（8）指导协调和监督生态保护修复工作。组织编制生态保护规划，监督对生态环境有影响的自然资源开发利用活动、重要生态环境建设和生态破坏恢复工作。组织制定各类自然保护地生态环境监督管理制度并监督执法。监督野生动植物保护、湿地生态环境保护等工作。监督生物技术环境安全，牵头生物物种（含遗传资源）工作，组织协调生物多样性保护工作，参与生态保护补偿工作。

（9）负责核与辐射安全的监督管理。对核技术应用、电磁辐射和伴有放射性矿产资源开发利用中的污染防治实施统一监督管理，会同有关部门负责放射性物质运输的监督管理，参与核事故应急处置，负责辐射环境事故应急处理工作，负责废旧放射源和放射性废物的管理，组织辐射环境监测。配合生态环境部对省内核设施安全、核材料管制和民用核安全设备实施监督管理。

（10）负责生态环境准入的监督管理。按国家和省规定组织审查重大经济和技术政策、发展规划以及重大经济开发计划的环境影响评价文件，按国家和省规定审批或审查重大开发建设区域、规划、项目环境影响评价文件。拟订并组织实施生态环境准入清单。

（11）负责生态环境监测工作。组织实施生态环境监测制度、规范和标准，建立生态环境监测质量管理制度并组织实施。会同有关部门统一规划全省生态环境质量监测站点设置，组织实施生态环境质量监测、污染源监督性监测、温室气体减排监测、应急监测。组织对全省生态环境质量状况进行调查评价、预警预测，负责全省生态环境监测网的建设和管理。

（12）组织开展生态环境监察和督察工作。统一行使全省生态环境监察职能。建立健全生态环境保护督察制度，组织协调省级生态环境保护督察工作。根据省委安排，经省政府授权，对省有关部门和市、县（市、区）生态环境保护法律法规、标准、政策、规划执行情况，生态环境保护党政同责、一岗双责落实情况，以及环境质量责任落实情况进行监督检查，并提出问责意见。

（13）统一负责生态环境监督执法。指导全省生态环境保护综合执法工作，组织开展全省生态环境保护执法检查活动，查处重大生态环境违法问题。

（14）负责生态环境信息化工作。建设和管理生态环境信息网。建立和实行生态环境质量公告制度，统一发布全省生态环境综合性报告和重大生态环境信息。

（15）组织指导和协调生态环境宣传教育工作。制定并组织实施生态环境保护宣传教育纲要，推动社会组织和公众参与生态环境保护。开展生态环境科技工作，组织生态环境重大科学研究和技术工程示范，推动生态环境技术管理体系建设。

（16）开展应对气候变化和生态环境对外合作交流工作。组织实施中央应对气候变化及温室气体减排的战略、规划和政策。归口管理全省生态环境国际合作和利用外资项目，组织协调省内有关生态环境国际条约的履约工作。

（17）完成省委、省政府交办的其他任务。

（18）职能转变。统一行使生态和城乡各类污染排放监督管理与行政执法职责，切实履行监管责任，全面落实大气、水、土壤污染防治行动计划，大幅减少进口固体废物种类和数量直至全面禁止洋垃圾入境。对设区市生态环境部门实行以省生态环境厅为主的双重管理体制，加强全省生态环境系统党的建设，构建政府为主导、企业为主体、社会组织和公众共同参与的生态环境治理体系，实行最严格的生态环境保护制度，严守生态保护红线和环境质量底线，坚决打好污染防治攻坚战，保障全省生态安全，为推进"两聚一高"新实践，建设"强富美高"新江苏奠定坚实生态环境基础。

2. 省住房城乡建设厅

以广东省住房城乡建设厅为例，其主要职责如下。

（1）贯彻执行国家和省有关住房和城乡建设工作的方针政策和法律法规，组织起草有关地方性法规、规章草案，组织编制相关规划和年度计划，拟订相关政策、标准并指导和监督实施。

（2）承担推进住房改革与发展和保障城镇低收入家庭住房的责任。指导全省住房制度改革工作，会同有关部门做好省级财政廉租住房保障资金安排并监督各地组织实施。

（3）负责住房公积金监督管理，确保公积金的有效使用和安全。会同有关部门拟订住房公积金政策并组织实施，制定住房公积金缴存、使用、管理和监督制度，监督全省住房公积金和其他住房资金的管理、使用和安全。

（4）承担规范房地产市场秩序、监督管理房地产市场的责任。指导城镇土地使用权有偿转让和开发利用工作，提出全省房地产行业发展规划和产业政策。

（5）承担指导城市建设的责任。指导城市供水、节水、燃气、污水和生活垃圾处理等市政公用设施的建设、安全和应急管理，会同文物行政部门负责历史文化名城（镇、村）保护的监督管理工作。

（6）承担规范、指导村镇建设的责任。指导村镇建设和农村住房建设，指导小城镇和村庄人居环境的改善工作。

（7）监督管理建筑市场，规范建筑市场各方主体行为。指导全省工程建设、建筑业的行业改革发展，制定和发布工程建设全省统一定额、工期定额和有关技术标准并监督和指导实施，负责推进工程勘察设计业的改革发展。

（8）承担建筑工程质量安全监管的责任。负责全省工程质量和安全生产工作的指导和监督检查，指导编制工程质量安全事故应急救援预案，组织或参与重大工程质量安全事故调查和处理，承担人防工程建设质量监管管理相关职责，指导建设工程消防设计审查验收工作。

（9）承担推进建筑节能减排和行业科技发展的责任。组织科技项目研究开发，指导建设科技成果转化推广，负责散装水泥和商品混凝土的管理工作，指导行业注册师执业资格管理工作，会同有关部门组织行业的职称改革及专业技术职称评审工作，组织制定地方工程建设标准、规范、规程并监督实施。

（10）开展住房和城乡建设方面的对外经济技术交流与合作。

（11）承办省人民政府与住房城乡建设部交办的其他事项。

3. 省水利厅

以湖北省水利厅为例，其主要职责如下。

（1）负责保障水资源的合理开发利用。起草有关地方性法规、省政府规章草案，组织编制全省水资源战略规划、重要江河湖泊流域综合规划、防洪规划等重大水利规划。

（2）负责生活、生产经营和生态环境用水的统筹和保障。组织实施最严格水资源管理制度，实施水资源的统一监督管理。拟订全省和跨区域水中长期供求规划、水量分配方案并监督实施。负责重要流域、区域以及重大调水工程的水资源调度。组织实施取水许可、水资源论证和防洪论证制度，指导开展水资源有偿使用工作。指导水利行业供水和乡镇供水工作。

（3）按规定制定水利工程建设有关制度并组织实施。负责提出全省水利固定资产投资规模、方向、具体安排建议并组织指导实施。按照省政府规定权限，审批、核准规划内和年度计划规模内固定资产投资项目，提出水利资金安排建议并负责项目实施的监督管理。

（4）指导水资源保护工作。组织编制并实施水资源保护规划。指导饮用水水源保护有关工作，指导地下水开发利用和地下水资源管理保护。组织指导地下水超采区综合治理。

（5）负责节约用水工作。拟订节约用水政策措施，组织编制节约用水规划并监督实施，组织制定有关标准。组织实施用水总量控制等管理制度，指导和推动节水型社会建设工作。

（6）指导水文工作。负责水文水资源监测、水文站网建设和管理。对江河湖库和地下水实施监测，发布水文水资源信息、情报预报和全省水资源公报。按规定组织开展水资源、水能资源调查评价和水资源承载能力监测预警工作。

（7）指导水利设施、水域及其岸线的管理、保护与综合利用。组织指导水利基础设施网络建设。指导江河湖泊及河口的治理、开发和保护。指导河湖水生态保护与修复、河湖生态流量水量管理以及河湖水系连通工作。指导全面推行河湖长制工作。

（8）指导监督水利工程建设与运行管理。组织实施具有控制性的和跨区域跨流域的重要水利工程建设与运行管理。组织提出并协调落实三峡工程运行、南水北调工程运行和后续工程建设的有关政策措施。指导实施地方配套工程建设。指导监督南水北调有关工程安全运行，组织有关工程验收工作。

（9）负责水土保持工作。拟订水土保持规划并监督实施，组织实施水土流失的综合防治、监测预报并定期公告。负责建设项目水土保持监督管理工作。指导国家和省重点水土保持建设项目的实施。

（10）指导农村水利工作。组织开展大中型灌排工程建设与改造。指导农村饮水安全工程建设与管理工作，指导节水灌溉有关工作。指导农村水利改革创新和社会化服务体系建设。指导农村水能资源开发、小水电改造和水电农村电气化工作。

（11）指导水利工程移民管理工作。拟订水利工程移民有关政策措施并监督实施，组织实施水利工程移民安置验收、监督评估等制度。指导监督水库移民后期扶持政策的实施，指导三峡工程、南水北调工程移民后期扶持工作，协调推动对口支援等工作。

（12）负责重大涉水违法事件的查处，协调和仲裁跨市（州）水事纠纷，指导水政监察和水行政执法。依法负责水利行业安全生产工作，组织指导水库、水电站大坝、农村水电站的安全监管。指导水利建设市场的监督管理，组织实施水利工程建设的监督。

（13）开展水利科技、信息化和对外交流合作工作。组织开展水利行业质量监督工作，拟订水利行业的技术标准、规程规范并监督实施。组织编制水利信息化发展规划并组织实施。组织开展水利行业对外交流合作工作。

（14）负责落实综合防灾减灾规划相关要求，组织编制洪水干旱灾害防治规划和防护标准并指导实施。承担水情旱情监测预警工作。组织编制重要江河湖泊和重要水工程的防御洪水抗御旱灾调度及应急水量调度方案，按程序报批并组织实施。承担防御洪水应急抢险的技术支撑工作。承担台风防御等极端天气期间重要水工程调度工作。

（15）完成上级交办的其他任务。

（16）职能转变。省水利厅要切实加强水资源合理利用、优化配置和节约保护。坚持节水优先，从增加供给转向更加重视需求管理，严格控制用水总量和提高用水效率。坚持保护优先，加强水资源、水域和水利工程的管理保护，维护河湖健康美丽。坚持统筹兼顾，保障合理用水需求和水资源的可持续利用，为经济社会发展提供水安全保障。

4.水利部长江水利委员会

水利部长江水利委员会主要职责如下。

（1）负责保障流域内水资源的合理开发利用。组织编制并监督实施流域和流域内跨省（自治区、直辖市）江河湖泊的综合规划和有关专业、专项规划，依法依规开展有关评估、评价、审查工作。

（2）负责流域内生活、生产经营和生态环境用水的统筹和保障，统筹农业、工业、航运等用水需求。组织实施最严格水资源管理制度，依法实施流域范围内水资源的统一监督管理。按照规定或授权负责所管辖范围内取水许可制度的组织实施和监督管理，组织开展水资源论证、水资源调度等工作。

（3）按照规定或授权组织开展流域控制性水利项目、跨省（自治区、直辖市）重要水利项目与中央水利项目的有关前期工作，组织实施洪水影响评价类审批。

（4）根据国务院确定的部门职责分工，指导流域内水资源保护和水文工作。组织编制并实施流域水资源保护规划。指导河湖水生态保护与修复、河湖水系连通、地下水开发利用以及地下水资源管理保护工作，组织实施河湖生态流量水量管理、保障工作。负责或指导水文水资源监测和水文站网建设和管理。

（5）组织实施流域内节约用水工作。指导、监督流域内节水型社会建设工作，组织实施用水总量控制制度和用水效率控制制度，指导、监督计划用水和定额管理等制度实施。

（6）指导流域内江河湖泊及河口的治理、开发和保护。指导水利设施、水域及其岸线的管理、保护与综合利用有关工作。负责长江宜宾以下干流河道采砂的监督管理，组织编制采砂规划。根据授权负责河道管理范围内建设项目工程建设方案审批及监督管理有关工作。

（7）按照规定或授权指导监督流域内水利工程建设与运行管理。组织实施具有控制性的和跨省（自治区、直辖市）的重要水利工程建设与运行管理有关工作。组织指导水利基础设施网络建设。

（8）负责或指导流域内水土保持监督管理工作。组织编制流域水土保持规划并监督实施，组织开展水土流失监测预报，指导水土流失综合防治。

（9）组织编制流域内洪水干旱灾害防治规划和防护标准并指导实施。承担水情旱情监测预警工作。按照规定和授权组织编制并实施流域及重要水工程的防御洪水、抗御旱灾调度以及应急水量调度方案。负责防御洪水应急抢险的技术支撑工作。负责承办长江防汛抗旱总指挥部日常工作，负责流域内防汛抗旱协调指导和监督管理工作。

（10）组织指导流域内水政监察和水行政执法工作，负责省际水事纠纷的调处工作。指导水利建设市场的监督管理，组织实施水利工程建设监督工作，指导水库、水电站大坝、农村水电站的安全监管。

（11）指导流域内农村水利及农村水能资源开发有关工作，指导农村饮水安全工程建设管理等有关工作。在授权范围内参与指导监督流域内大中型水利工程移民安置和水库移民后期扶持政策的实施。

（12）开展水利科技和外事工作。承办有关国际河流涉外事务。

（13）完成水利部交办的其他任务。

5. 水利部太湖流域管理局

水利部太湖流域管理局是水利部派出的流域管理机构，在太湖流域、钱塘江流域和浙江省、福建省（韩江流域除外）区域内依法行使水行政管理职责，为具有行政职能的事业单位。其主要职责如下。

（1）负责保障流域水资源的合理开发利用。受部委托组织编制流域或流域内跨省（自治区、直辖市）的江河湖泊的流域综合规划及有关的专业或专项规划并监督实施；拟订流域性的水利政策法规。组织开展流域控制性水利项目、跨省（自治区、直辖市）重要水利项目与中央项目的前期工作。根据授权，负责流域内有关规划和中央水利项目的审查、审批以及有关水工程项目的合规性审查。对地方大中型水利项目进行技术审核。负责提出流域内中央水利项目、水利前期工作、直属基础设施项目的年度投资计划并组织实施。组织、指导流域内有关水利规划和建设项目的后评估工作。

（2）负责流域水资源的管理和监督，统筹协调流域生活、生产和生态用水。组织开展流域水资源调查评价工作，按规定开展流域水能资源调查评价工作。按照规定和授权，组织拟订流域内省际水量分配方案和流域年度水资源调度计划以及旱情紧急情况下的水量调度预案并组织实施，组织开展流域取水许可总量控制工作，组织实施流域取水许可和水资源论证等制度，按规定组织开展流域和流域重要水工程的水资源调度。

（3）负责流域水资源保护工作。组织编制流域水资源保护规划，组织拟订跨省（自治区、直辖市）江河湖泊的水功能区划并监督实施，核定水域纳污能力，提出限制排污总量意见，负责授权范围内入河排污口设置的审查许可；负责省界水体、重要水功能区和重要入河排污口水质状况监测；指导协调流域饮用水水源保护、地下水开发利用和保护工作。组织开展太湖流域水环境综合治理有关工作。指导流域内地方节约用水和节水型社会建设有关工作。

（4）负责防治流域内的水旱灾害，承担流域防汛抗旱总指挥的具体工作。组织、协调、监督、指导流域防汛抗旱工作，指导、协调并监督防御台风工作。按照规定和授权对重要的水工程实施防汛抗旱调度和应急水量调度。组织实施流域防洪论证制度。组织制定流域防御洪水方案并监督实施。指导、监督流域内蓄滞洪区的管理和运用补偿工作。按规定组织、协调水利突发公共事件的应急管理工作。

（5）指导流域内水文工作。按照规定和授权，负责流域水文水资源监测和水文站网的建设和管理工作。负责流域重要水域、直管江河湖库及跨流域调水的水量水质监测工作，组织协调流域地下水监测工作。发布流域水文水资源信息、情报预报和流域水资源公报。

（6）指导流域内河流、湖泊及河口、海岸滩涂的治理和开发；按照规定权限，负责流域内水利设施、水域及其岸线的管理与保护以及重要水利工程的建设与运行管理。指导和协调流域内所属水利工程移民管理有关工作。负责授权范围内河道范围内建设项目的审查许可及监督管理。负责直管河段及授权河段河道采砂管理，指导、监督流域内河道采砂管理有关工作。指导流域内水利建设市场监督管理工作。

（7）指导、协调流域内水土流失防治工作。组织有关重点防治区水土流失预防、监督与管理。按规定负责有关水土保持中央投资建设项目的实施，指导并监督流域内国家重点水土保持规划建设项目的实施。受部委托组织编制流域水土保持规划并监督实施，承担国家立项审批的大中型生产建设项目水土保持方案实施的监督检查。组织开展流域水土流失监测、预报和公告。

（8）负责职权范围内水政监察和水行政执法工作，查处水事违法行为；负责省际水事纠纷的调处工作。指导流域内水利安全生产工作，负责流域管理机构内安全生产工作及其直管的水利工程质量和安全监督；根据授权，组织、指导流域内水库、水电站大坝等水工程的安全监督。开展流域内中央投资的水利工程建设项目稽察。

（9）按规定指导流域内农村水利及农村水能资源开发有关工作。负责开展水利科技、外事和质量技术监督工作。承担有关水利统计工作。

（10）按照规定或授权负责流域控制性水利工程、跨省（自治区、直辖市）水利工程等中央水利工程的国有资产的运营或监督管理；研究提出直管工程和流域内跨省（自治区、直辖市）水利工程供水价格及其直管工程上网电价核定与调整的建议。

（11）承办水利部交办的其他事项。

6. 安徽省巢湖管理局

以安徽省巢湖管理局为例，由于其特殊性，安徽省机构编制委员会《关于印发安徽省巢湖管理局主要职责内设机构和人员编制规定的通知》（皖编〔2012〕2号）中规定的主要职责如下。

（1）贯彻执行国家、省有关巢湖治理保护的方针政策和法律法规；参与拟订相关地方性法规规章草案及相应的配套办法。

（2）根据授权或委托，编制并组织实施巢湖治理、保护整体规划；协调指导流域内相关地方政府及有关部门制定相关区域规划和专项规划。

（3）负责统一管理巢湖水利、环保、渔政、航运、旅游等事务。

（4）负责巢湖闸、凤凰颈、新桥、裕溪、铜闸等巢湖流域主要控制设施的管理、维护和运行。

（5）负责巢湖治理保护的对外宣传及新闻发布工作；指导相关地方政府及有关部门开展巢湖治理保护的各类宣传教育活动。

（6）承办省、市党委政府和上级部门交办的其他事项。

合肥市机构编制委员会《关于进一步明确安徽省巢湖管理局工作职责的通知》（合编〔2013〕8号）中规定的主要职责如下。

（1）贯彻落实党中央、国务院，省委、省政府和市委、市政府关于巢湖治理与保护工作的方针政策及重大决策部署；贯彻执行国家、省有关法律法规；拟定巢湖流域保护治理、开发利用管理的相关规定。

（2）根据授权或委托，编制流域治理、保护、开发、利用的整体规划；协调指导流域内相关地方政府及省级有关部门制定区域规划和专项规划；参与巢湖治理与保护的对外宣传及新闻发布工作。

（3）根据授权或委托，负责直接管理范围有关规划和涉水项目的审查；参与对巢湖及其骨干河流新建、扩建、改建的涉水建设项目进行工程质量与安全监管；负责流域开发项目、建设项目环境影响评价及环湖公路、水路固定资产投资项目的审查、监管；负责直接管理范围的旅游投资项目、旅游开发项目，渔政、林地、湿地及重要基础设施的建设项目的审查、监管。

（4）根据授权或委托，负责巢湖重大项目的调研、编制、申报工作；对直接管理范围的水利、环保、农林水产、交通、旅游和引进外资等重大项目，经市政府同意后，报省级相关部门并实行计划单列；组织或参与重大项目建设、监督和管理；参与流域综合治理重大外资项目的引进和监管。

（5）研究提出巢湖保护治理的目标任务，报市政府同意，列入地方政府目标考核，并对有关县（市）区政府和市级有关部门巢湖保护治理目标任务的完成情况进行考核。

（6）负责直管水利工程管理运行调度；负责巢湖及骨干河流的河道、堤防、岸线、滩涂及重要水利工程的管理、保护与建设项目的审查；开展流域水资源调查评价，负责水功能区的划分并监督管理；拟订流域水资源年度调度计划、水量分配方案、应急调水预案，报经批准后组织实施；按照授权，组织实施取水许可制度；依照调度方案和命令，做好直接管理的水利工程防汛抗旱调度，指导协调流域水文工作。

（7）根据授权或委托，负责对巢湖流域生态环境有影响的自然开发利用活动以及重要生态环境建设和生态破坏恢复活动的监督检查；核定巢湖水域纳污能力；提出限制排污总量意见和水污染综合防治意见，并督查落实情况；在授权范围内，负责入湖入河排污口设置许可、排污费的征收、管理和使用；参与巢湖流域重大水污染事故的应急处置和查处的组织协调工作。

（8）组织开展水土保持和生态修复工作；提出流域内农业产业结构调整意见，报经批准后组织实施；负责直接管辖范围内的渔港、林地、湿地、农田及重要基础设施的管理和保护。

（9）负责巢湖水域及其主要支流水路运政、规费征稽、船舶设施检验，组织或参与水上交通安全监督及事故调查处理；参与巢湖水域岸线及周边规划区环湖公路的建设和管理。

（10）负责管辖范围内旅游资源的开发、利用和保护以及旅游项目的管理工作；负责管辖范围内旅游行业、旅游市场的监督管理工作。

（11）根据授权或委托，负责巢湖管理涉及的相关行政执法工作；按照国家和省相关法律、法规，拟订巢湖管理的行政处罚实施细则，报经批准后组织实施。

（12）承办市委、市政府和上级部门交办的其他事项。

合肥市机构编制委员会《关于调整省巢湖管理局机构职责等有关事项的通知》（合编〔2015〕5号）同意省巢湖管理局增加"负责水环境一级保护区内水污染防治的监督管理；参与拟订流域重点水污染物排放总量控制指标；根据巢湖流域水污染防治规划和行动计划，组织实施水环境一级保护区水污染防治措施；承担巢湖湖体、主要出入巢湖河流的出入湖口断面的水环境质量及湖体蓝藻的监测；依法查处巢湖水污染相关违法行为"等职责，其他职责事项，仍按省编委《关于印发安徽省巢湖管理局主要职责内设机构和人员编制规定的通知》（皖编〔2012〕2号）执行。

三、市级水行政管理部门主要职责

1. 市生态环境局

以连云港市生态环境局为例，其主要职责如下。

（1）负责建立健全生态环境基本制度。贯彻执行国家生态环境的方针政策和法律法规。会同有关部门拟订全市生态环境政策、规划并组织实施，起草生态环境地方性法规和规章草案。会同有关部门编制并监督实施重点区域、流域、海域、饮用水水源地生态环境规划和水功能区划。

（2）负责组织指导、协调全市生态文明建设工作，组织编制生态文明建设规划，开展生态文明建设考核和评价。

（3）负责重大生态环境问题的统筹协调和监督管理。牵头协调全市范围内重特大环境污染事故和生态破坏事件的调查处理，指导协调各县（区）政府对重特大突发生态环境事件的应急、预警工作，指导实施生态环境损害赔偿制度，协调解决市内跨区域环境污染纠纷，统筹协调全市重点区域、流域、海域生态环境保护工作。

（4）负责监督指导国家和省市减排目标的落实。组织实施陆地和海洋各类污染物排放总量控制、排污许可证制度并监督管理，确定大气、水、海洋等纳污能力，提出实施总量控制的污染物名称和控制指标，监督检查各地污染物减排任务完成情况，实施生态环境保护目标责任制。

（5）负责提出生态环境领域固定资产投资规模和方向、市财政性资金安排的意见，按市政府规定权限审批、核准全市规划内和年度计划规模内固定资产投资项目，配合有关部门做好组织实施和监督工作。参与指导推动循环经济和生态环保产业发展。

（6）负责环境污染防治的监督管理。制定大气、水、海洋、土壤、噪声、光、恶臭、固体废物、化学品、机动车等的污染防治管理制度并监督实施。指导协调和监督农村生态环境保护，会同有关部门监督管理饮用水水源地生态环境保护工作，组织指导城乡环境综合整治工作，监督指导农业面源污染治理工作。监督指导区域大气环境保护工作，组织实施区域大气污染联防联控协作机制。

（7）指导协调和监督生态保护修复工作。组织编制生态保护规划，监督对生态环境有影响的自然资源开发利用活动、重要生态环境建设和生态破坏恢复工作。组织制定各类自然保护地生态环境监督管理制度并监督执法。监督野生动植物保护、湿地生态环境保护等工作。监督生物技术环境安全，牵头生物物种（含遗传资源）工作，组织协调生物多样性保护工作，参与生态保护补偿工作。

（8）负责核与辐射安全的监督管理。对核技术应用、电磁辐射和伴有放射性矿产资源开发利用中的污染防治实施统一监督管理，会同有关部门负责放射性物质运输的监督管理，参与核事故应急处置，负责辐射环境事故应急处理工作，负责废旧放射源和放射性废物的管理，组织辐射环境监测。配合上级生态环境部门对市内核设施安全、核材料管制和民用核安全设备实施监督管理。

（9）负责生态环境准入的监督管理。按规定组织审查重大经济和技术政策、发展规划以及重大经济开发计划的环境影响评价文件，审批或审查重大开发建设区域、规划、项目环境影响评价文件。拟订并组织实施生态环境准入清单。

（10）负责环境监测体系建设。组织实施环境执法监测、污染源监测、温室气体减排监测、环境应急预警监测。会同有关部门统一规划全市重点污染源监测站点设置，组织对全市重点污染源状况进行调查评价、预警预测，加强全市重点污染源监测网的建设和管理。

（11）组织开展生态环境督察工作。组织协调市级生态环境保护督察工作。统一负责生态环境监督执法，查处生态环境违法问题。根据市委安排，经省生态环境厅和市政府授权，对市有关部门、各县区党委和政府及其相关部门执行生态环境保护法律法规、标准、政策、规划情况，生态环境保护党政同责、一岗双责落实情况，以及环境质量责任落实情况进行监督检查，并提出问责意见。

（12）负责生态环境信息化工作。建设和管理生态环境信息网。建立和实行生态环境质量公告制度，统一发布全市生态环境综合性报告和重大生态环境信息。

（13）组织指导和协调生态环境宣传教育工作。制定并组织实施生态环境保护宣传教育纲要，推动社会组织和公众参与生态环境保护。开展生态环境科技工作，组织生态环境重大科学研究和技术工程示范，推动生态环境技术管理体系建设。

（14）开展应对气候变化和生态环境对外合作交流工作。组织实施中央及省、市应对气候变化及温室气体减排的战略、规划和政策。归口管理全市生态环境国际合作和利用外资项目。

（15）完成市委、市政府交办的其他任务。

（16）职能转变。依法行使各类污染物排放监督管理与行政执法职责，全面落实大气、水、土壤污染防治行动计划。对县区生态环境部门实行垂直管理，加强全市生态环境系统党的建设。构建政府为主导、企业为主体、社会和公众共同参与的生态环境治理体系，实行最严格的生态环境保护制度，严守生态保护红线和环境质量底线，坚决打好污染防治攻坚战，保障全市生态安全，为推进全市高质量发展、后发先至提供坚强生态环境保障。

2. 市水利局

以桂林市水利局为例，其主要职责如下。

（1）负责保障全市水资源的合理开发利用。拟订全市水利战略规划和政策，起草有关规范性文件，组织编制全市水资源战略规划、重要江河湖泊流域综合规划、防洪规划等重大水利规划。

（2）负责全市生活、生产经营和生态环境用水的统筹和保障。组织实施最严格水资源管理制度，实施全市水资源的统一监督管理，拟订全市水中长期供求规划、水量分配方案并监督实施。负责重要区域以及重大水利工程的水资源调度。组织实施取水许可、水资源论证和防洪论证制度，指导开展水资源有偿使用工作。指导水利行业供水和乡镇供水工作。

（3）按规定制定全市水利工程建设有关制度并组织实施，负责提出全市水利固定资产投资规模、方向、具体安排建议并组织指导实施，按市政府规定权限审核国家、自治区、市规划内和年度计划规模内固定资产投资项目，提出中央、自治区、市水利资金安排建议并负责项目实施的监督管理。

（4）指导全市水资源保护工作。组织编制并实施全市水资源保护规划。指导饮用水水源保护有关工作，指导地下水开发利用和地下水资源管理保护。组织指导地下水超采区综合治理。

（5）负责全市节约用水工作。拟订全市节约用水政策，组织编制节约用水规划并监督实施，组织制定有关标准。组织实施用水总量控制等管理制度，指导和推动节水型社会建设工作。

（6）指导全市水利设施、水域及其岸线的管理、保护与综合利用。组织指导全市水利基础设施网络建设。指导全市重要江河湖泊的治理、开发和保护。指导全市河湖水生态保护与修复、生态流量水量管理以及水系连通工作。

（7）指导监督全市水利工程建设与运行管理。指导具有控制性的和跨县（市、区）的重要水利工程建设与运行管理。指导监督病险水库、水闸、江河堤防的除险加固。指导直属水库工程运行管理。

（8）负责全市水土保持工作。拟订全市水土保持规划并监督实施，组织实施水土流失的综合防治、监测。负责生产建设项目水土保持监督管理工作，指导全市水土保持建设项目的实施。

（9）指导全市农村水利工作。组织开展大中型灌排工程建设与改造。指导农村饮水安全工程建设管理工作，指导节水灌溉有关工作。指导农村水利改革创新和社会化服务体系建设。指导全市农村水能资源开发、小水电改造和水电农村电气化工作。

（10）组织全市重大涉水违法事件的查处，协调跨县（市、区）水事纠纷，指导水政监察和水行政执法。组织开展水利行业质量监督工作。依法负责水利行业安全生产工作，组织指导水库、水电站大坝、农村水电站的安全监管。组织指导全市水利建设市场的监督管理和水利建设市场信用体系建设，组织实施水利工程建设的监督。

（11）开展全市水利科技工作。负责水利科学技术管理工作，组织开展水利行业质量技术监督工作，监督实施水利行业的技术标准、规程规范。

（12）承担全市全面推行河长制湖长制相关工作。承担市河长制办公室的日常工作事务，组织指导全市河长制湖长制实施和监督考核。督促落实市河长会议议决事项和市总河长、河长交办的其他工作。

（13）负责落实综合防灾减灾规划相关要求，组织编制全市洪水干旱灾害防治规划和防护标准并指导实施。组织编制重要江河湖泊和重要水工程防御洪水抗御旱灾调度及应急水量调度方案并组织实施。承担防御洪水应急抢险的专业技术支撑。承担台风防御期间重要水工程调度工作。

（14）完成市委、市政府交办的其他任务。

（15）职能转变。市水利局应切实加强水资源合理利用、优化配置和节约保护。坚持节水优先，从增加供给转向更加重视需求管理，严格控制用水总量和提高用水效率。坚持保护优先，加强水资源、水域和水利工程的管理保护，维护河湖健康美丽。坚持统筹兼顾，保障合理用水需求和水资源的可持续利用，为全市经济社会发展提供水安全保障。

（16）有关职责分工。与市行政审批局的职责分工。市水利局将承担的行政审批及相关事项划入市行政审批局，市行政审批局统一实施市政府确定列入集中审批的行政审批事项及相关事项的依法受理、审查、审批及决定送达，并承担相应的法律责任。行政审批职能划转后，市水利局切实履行监管职责，加强并做好事中事后监管工作。市水利局和市行政审批局建立管理审核互动和信息双向反馈机制，确保审批和监管无缝对接。

3. 市水务局

以大同市水务局为例，其主要职责如下。

（1）负责保障全市水资源的合理开发利用，拟订全市水利战略规划和政策，起草有关地方性法规、规章草案，组织编制全市水资源战略规划、重要河湖流域综合规划、防洪规划等重大水利规划。

（2）负责生活、生产经营和生态环境用水的统筹和保障。组织实施最严格水资源管理制度，实施全市水资源的统一监督管理，拟订全市中长期供水规划、水量分配方案并监督实施。负责全市重要流域、区域以及调水工程的水资源调度。组织实施取水许可、水资源论证和防洪论证制度，指导开展水资源有偿使用工作。指导全市水利行业供水和乡镇供水工作。

（3）按规定制定全市水利工程建设有关制度并组织实施，负责提出全市水利固定资产投资规模、方向、安排意见，并组织指导实施。按市政府规定权限审核、审批规划内和年度计划规模内固定资产投资项目。提出全市水利资金安排建议并负责项目实施的监督管理。

（4）指导全市水资源保护工作。组织编制并实施全市水资源保护规划。指导全市地下水开发利用、地下水资源管理保护。组织指导全市地下水超采区综合治理。

（5）负责全市节约用水工作。拟订节约用水政策，组织编制全市节约用水规划并监督实施，组织制定节约用水相关标准。组织实施用水总量控制等管理制度，指导和推动节水型社会建设工作。

（6）负责全市水文水资源监测。对全市河湖库和地下水实施监测，发布全市水文水资源信息、情报预报和全市水资源公报。按规定组织开展水能资源调查评价和水资源承载能力监测预警工作。

（7）指导水利设施、水域及其岸线的管理、保护与综合利用。负责组织指导全市河湖长制工作。组织指导全市水利基础设施网络建设。指导全市重要河湖及河口、河岸滩涂的治理、开发和保护。指导全市河湖水生态保护与修复、河湖生态流量水量管理以及河湖水系连通工作。

（8）指导监督全市重要水利工程建设与运行管理。组织实施具有控制性的和跨县跨流域的水利工程建设与运行管理。指导县域小水网建设及运行管理。组织指导水利工程验收有关工作。指导水利建设市场的监督管理和水利建设市场信用体系建设。

（9）负责水土保持工作。拟订全市水土保持规划并监督实施。组织实施全市水土流失的综合防治、监测预报并定期公告。负责建设项目水土保持监督管理工作，指导全市重点水土保持建设项目的实施。

（10）指导农村水利水电工作。组织开展全市大中型灌排工程建设与改造。指导全市农村饮水安全工程建设管理及节水灌溉工作。指导全市农村水利改革创新和社会化服务体系建设。指导全市农村水能资源开发、小水电改造和水电农村电气化工作。

（11）指导全市水利工程移民管理工作。组织实施水利水电工程移民安置验收、监督评估等制度。指导监督水库移民后期扶持政策的实施工作。

（12）负责全市重大涉水违法事件的查处，协调跨县区水事纠纷，指导全市水政监察和水行政执法。监督水利重大政策、决策部署和重点工作的贯彻落实。组织实施全市水利工程质量和安全监督。依法负责全市水利行业安全生产工作。组织指导全市水库、水电站大坝、农村水电站的安全监管。

（13）开展水利科技和外事工作。组织开展全市水利行业质量技术监督工作。贯彻执行水利行业的技术标准、规程规范并监督实施。指导全市水利信息化建设管理，组织水利信息化建设项目的审查并监督实施，办理有关水利涉外事务。

（14）负责落实综合防灾减灾规划相关要求，组织编制全市洪水干旱灾害防治规划和防护标准并指导实施。承担水情旱情监测预警工作。组织编制全市重要河湖和重要水工程的防御洪水抗御旱灾调度及应急水量调度方案，按程序报批并组织实施。承担防御洪水应急抢险的技术支撑工作。

（15）完成市委、市政府交办的其他任务。

（16）职能转变。市水务局应切实加强水资源合理利用、优化配置和节约保护，强化水利行业监督管理。坚持节水优先，从增加供给转向更加重视需求管理，严格控制用水总量和提高用水效率。坚持保护优先，加强水资源、水域和水利工程的管理保护，维护河湖健康美丽。坚持统筹兼顾，保障合理用水需求和水资源的可持续利用，为全市经济社会发展提供水安全保障。

4. 市水务管理局

以青岛市水务管理局为例，其主要职责如下。

（1）贯彻执行水务工作法律法规，保障水资源的合理开发利用。起草有关地方性法规、政府规章草案，拟订全市水利发展中长期规划、水务发展综合规划、流域综合规划、防洪规划和政策措施并组织实施。

（2）负责拟订运用市场机制优化配置水资源、解决水问题、引导社会资本参与资源供给等政策措施，研究提出有关水务价格、税费、基金、信贷等政策建议并协调落实。负责培育、引导、扶持水务行业协会发展，推进行业协会自律，发挥服务国家、服务社会、服务群众、服务行业的作用。推动政府向社会力量购买服务。

（3）负责全市水资源的统一规划和配置，实施水资源统一监督管理，统筹和保障生活、生产经营、生态环境等用水。组织实施最严格水资源管理制度，拟订全市水中长期供求规划、水量分配方案并组织实施。制定和完善水资源调度方案、预案和计划，对水资源实行统一调度和配置。组织实施水资源论证、取水许可等制度以及水资源有偿使用工作。负责中水、海水淡化、城市污水处理回用等非常规水资源和雨洪资源开发利用工作。

（4）负责组织实施并监督指导水务改革发展工作，参与成效考核。提出水务固定资产投资规模和方向、财政性资金安排建议，提出水务建设投资安排建议，管理权限内水务固定资产投资项目。按照规定负责市级水务资金和水务国有资产监督管理工作。负责对水务领域公共资源交易依法履行监督管理职责。指导水务行业行政事业性收费征收管理工作。

（5）负责水资源保护工作。会同有关部门组织编制水资源保护规划，负责饮用水水源保护、地下水开发利用和地下水资源管理保护等工作。负责组织开展水资源评价有关工作，按照规定组织水资源承载能力预警等工作，组织发布水资源公报。

（6）负责节约用水工作。负责节约用水的统一管理和监督工作，拟订节约用水政策，组织编制节约用水规划和标准规范并组织实施。负责用水总量控制的监督管理工作，指导推动节水型社会建设和节水型城市建设工作。

（7）负责供水行业管理工作。拟订供水行业专项规划、标准规范和政策措施并组织实施。建立完善行业监督管理体系，加强事中事后监管。指导村镇供水管理工作。提出供水产品价格和服务收费标准的建议。组织发布供水水质等相关公告。对供水企业进行业务指导与监管。

（8）负责排水与污水处理行业管理。拟订排水与污水处理行业专项规划、标准规范和政策措施并组织实施。建立完善行业监督管理体系，加强事中事后监管。对排水与污水处理企业进行业务指导与监管，指导村镇排水与污水处理工作。

（9）负责水务工程设施、水域及其岸线的管理保护与综合利用。组织指导水务基础设施网络建设。指导河道、湖泊、河口、海岸滩涂等治理、开发和保护。指导河湖水生态保护与修复、河湖生态流量水量管理以及河湖水系连通工作。负责推进河长制湖长制组织实施工作，承担市河长制办公室的日常工作。

（10）负责水务工程建设与管理工作。组织落实水务工程建设与安全管理有关制度。负责具有控制性的或者跨区（市）、跨流域的重要水务工程的建设与运行管理。负责供水、排水、污水处理等设施的建设与运行管理等工作。指导防潮堤建设与管理。指导监督区（市）和功能区水务工程建设与管理工作。

（11）负责水土保持和水生态建设工作。拟订水土保持和水生态建设规划并组织实施。负责水土流失的综合防治、监测预报并定期公告。组织实施重点水土保持建设项目。负责荒山、荒丘、荒滩、荒沟水土流失治理工作。

（12）负责农村水利工作。组织编制农村水利发展规划和地方行业技术标准并组织实施。负责灌排工程建设管理，组织实施大中型灌区和大中型灌排泵站工程建设与改造。组织实施农村饮用水安全工程建设管理，指导节水灌溉工作。推进农村水利改革创新和基层水利服务体系建设。指导农村水能资源开发和水电农村电气化工作。

（13）负责水利水电工程移民工作。拟订水利水电工程移民有关政策、规划和贯彻落实措施并组织实施。负责管理监督大中型水利水电工程移民安置工作，组织实施水利水电工程移民安置验收、监督评估等工作。组织实施水库移民后期扶持工作，协调监督三峡工程库区移民后期扶持工作。承担市水利工程移民工作领导小组的日常工作。

（14）负责水法治建设工作。组织查处重大涉水违法违规案件，调查处理或者受委托调查处理跨区域水事纠纷。负责水行政执法监督工作，指导水政监察和水行政执法工作。

（15）负责水务行业安全生产和质量监督工作。组织开展行业质量监督工作，组织拟订行业地方技术标准和规程规范并监督实施；负责重点水利工程安全生产监督管理工作。负责水务建设市场的监督管理，组织实施水务工程质量和安全监督。

（16）负责水务科技和交流合作工作。负责组织指导水务科学研究、技术推广和创新服务工作，组织开展对外宣传、交流合作、信息化建设、人才队伍建设、招商引资和招才引智等工作。配合有关部门承担水务领域优化营商环境相关工作。

（17）负责落实全市综合防灾减灾规划相关要求，组织编制洪水干旱灾害防治规划和防护标准并组织实施。负责对土地利用总体规划、城市规划和其他涉及防洪的规划、重大建设项目布局的防洪论证提出意见，指导重要洪泛区、蓄滞洪区和防洪保护区等洪水影响评价工作。承担水情旱情监测预警工作。组织编制重要河道湖泊、重要水工程和涉水市政基础设施的防御洪水抗御旱灾调度以及应急水量调度方案，按照程序报批并组织实施。组织实施城市防汛和防内涝工作。承担防御洪水、城市防汛和防内涝应急抢险的技术支撑工作。承担台风防御期间重要水工程调度工作。

（18）完成市委、市政府交办的其他任务。

5．市住房城乡建设局

以宁波市住房城乡建设局为例，其主要职责如下。

（1）组织编制城镇住房保障发展规划和年度计划并监督实施，拟订城镇住房保障政策并指导实施。负责城镇低收入住房困难家庭基本保障。指导人才安居专用房的建设管理工作。

（2）在法定权限内起草住房和城乡建设的地方性法规、规章草案，拟订住房建设规划、住房政策并指导实施。指导住房建设和住房制度改革，研究住房和城乡建设的重大问题。

（3）负责住房和城乡建设领域资质资格管理，指导或组织对住房和城乡建设领域违法违规行为进行查处。落实建筑活动监管中的生态环境保护要求，按照职责分工指导协调城市建筑工地、城镇基础设施建设涉及的污染防治工作。负责建筑、房地产行业安全生产监督管理，指导城市建设的安全生产管理工作。

（4）制定工程建设地方标准和工程造价计价依据并监督实施，指导监督各类工程建设标准定额实施和工程造价计价，组织发布工程造价信息。

（5）拟订房地产市场监管政策并监督执行，组织开展房地产市场的监测分析，提出房地产业的发展规划和政策建议。拟订城市房地产开发、房屋交易、房屋租赁、房地产估价与经纪、物业管理、房屋征收补偿、房屋使用安全、房屋白蚁防治等管理制度并监督执行。

（6）会同有关部门拟订住房公积金政策、发展规划并组织实施，监督住房公积金和其他住房资金的管理、使用，管理住房公积金信息系统。

（7）拟订城市建设管理的政策、发展规划并指导监督实施。拟订城乡建设考核管理办法并组织实施。参与推进城市化工作，指导城市市政（轨道交通）基础设施建设工作。负责城市轨道交通工程建设质量和安全监督管理。

（8）拟订村镇建设管理政策并指导实施，参与全市农村人居环境提升相关工作，参与乡村振兴战略和美丽乡村建设。指导农房设计、农村住房建设和安全及危房改造。指导全市村镇基础设施建设。

（9）制定建筑业、勘察设计业、监理造价咨询业发展规划、产业政策并组织实施。制定建筑市场制度和信用标准并监督执行。组织推进建筑工业化、工程总承包、全过程工程咨询。指导建筑业企业对外承包工程。

（10）制定建筑工程质量安全发展战略、规划并组织实施。制定建筑工程质量、建筑安全生产和竣工验收备案的政策并监督执行。组织或参与工程重大质量、安全事故的调查处理。制定建筑业技术政策并指导实施，组织推进工程质量安全标准化管理和品牌工程创建工作。

（11）拟订住房和城乡建设的科技发展规划及政策，会同有关部门拟订建筑节能与绿色建筑的政策、规划并监督实施，推进住房和城乡建设领域城镇减排工作。推进建筑新技术、新材料、新产品的推广及应用工作。负责全市砂石市场管理、墙体材料和散装水泥管理以及有关建材产品质量管理工作。

（12）拟订城市更新改造政策并指导实施。组织中心城区城市公共空间和街区更新改造工作。指导城市地下空间开发利用建设管理、历史建筑保护、海绵城市建设等工作。

（13）拟订住房和城乡建设行业人才发展规划并指导实施，负责建筑业、房地产业、勘察设计业和监理造价咨询业等各类人员职业资格管理及执业注册管理。

（14）组织实施住房和城乡建设管理方面的国际金融组织贷款项目和对外交流合作。

（15）完成市委、市政府交办的其他任务。

6. 昆明市滇池管理局

昆明市滇池管理局为市政府工作部门，正县级，加挂昆明市滇池管理综合行政执法局牌子，主要职责如下。

（1）按照国家和省、市的法律、法规，起草有关滇池管理的政府规章及规范性文件，经批准后组织实施。协调、督促有关部门单位履行滇池保护职责。

（2）拟定并组织实施滇池保护和滇池水污染防治总体规划、专项规划、年度计划及综合整治方案的配套办法、措施。

（3）落实滇池保护综合治理目标任务，并组织考核有关县区和部门完成滇池保护综合治理目标任务情况。

（4）负责审查滇池流域内的开发建设项目；指导县区有关部门对滇池流域内开发建设项目进行审查。

（5）依法履行滇池渔业行政主管部门职责，制订滇池渔业发展、捕捞控制计划，组织实施水生生物保护措施。

（6）负责滇池水体范围内水上安全管理及船舶污染水体防治工作。

（7）根据授权负责行使滇池水体范围内水政、渔业、航政、土地、规划、水环境保护、林政、排水管理等方面的部分行政处罚权；负责滇池管理综合行政执法；负责滇池管理综合执法相对集中行政处罚工作的管理、监督、指导、协调。

（8）负责滇池保护治理项目的审查、备案，参与项目业主的确定及项目的监督管理；组织开展或参与滇池治理工程项目建议书、可行性研究报告、初步设计及施工图设计审查等工作。

（9）负责滇池综合治理专家组的管理、联系并提供服务；负责对专家提出的意见、建议和课题研究报告的收集、整理上报；组织滇池治理的科学研究，推广科技成果。

（10）负责滇池保护治理的对外宣传及新闻发布工作；指导有关县区政府和市级有关部门及基层开展滇池保护的各类宣传教育活动。

（11）负责滇池治理对外合作及外资项目的引进并组织实施。负责筹集、管理和监督使用滇池治理基金及其他各项治理经费。

（12）负责滇池水资源及滇池草海、外海出水口节制闸和调节闸的统一管理和科学调度，在市防汛抗旱指挥部的统一领导下，协同市防汛抗旱指挥部办公室、市水务局做好滇池防洪度汛工作。

（13）负责涉及滇池的相关排水行政管理、排水许可审批和排水监测工作。

（14）负责滇池出、入湖河道水环境综合治理的组织、监督和考核工作。

（15）负责涉及滇池的污水收集处理、监督工作，对滇池水污染防治工程项目实施监控。

（16）负责对各县（市）区排水工作进行监督和指导。

（17）指导监督有关县区和滇池投资公司的工作。

（18）承办市委、市政府、市滇池保护委员会和上级机关交办的其他事项。

第三节　城市水环境管理机构建设

一、城市水环境管理机构体制问题及完善

城市水环境管理机构体制存在一些问题，比如：涉水部门有的职权重叠；统管与分管部门有的协调机制不健全；流域管理制度需进一步完善等。水行政管理的很多问题具有系统性、整体性的特点，比如湿地保护、水体的富营养化涵盖了传统的环境、资源、生态问题，比较复杂，不可能仅靠对水污染进行治理得到解决。

水，作为一种可再生资源，水利部门管理的是水的可被利用量；作为一种具有生态价值的环境要素，环境保护部门管理的是水的质量。合理的管理应是水质水量并举，没有水量的水，水质再好也没有环境容量；没有水质的水，水量再丰富也无法利用。

水资源是水质、水量、水体、水生态等要素的结合体，这些要素相互关联、相互影响。因此，对水环境容量、水资源的开发利用，对水质、水量的保护以及对水体的改造和对水生态的维护必须结合起来，做出统一规划和部署。传统的管理模式将水资源的各要素分开，由不同部门分别管理水质、水量等。而水环境与水资源实质上是一体的，水环境受污染破坏必然影响水作为一种自然资源的开发和利用，同样在水资源的开发利用过程中也必然会造成对水环境的影响。不同部门之间的利益冲突对水资源的开发利用和保护都不利。

从国外来看，对水资源和水环境实行统一管理已经是一种普遍的趋势，法国水管理中起主要作用的政府部门是环境部，内设水利司，负责监督执行水法规、水政策；分析、监测水污染情况，制定与水有关的国家标准等。美国水资源管理机构主要包括内政部、陆军工程师兵团、垦务局、流域水资源管理委员会、州水资源局、环境保护局等 16 个机构和部门。其中内政部和环境保护局为联邦政府层面的水务管理机构，隶属于内政部的垦务局和地质调查局与美国水务管理有重要关系，内政部的其他部门也或多或少涉及水务管理的领域。在英国，环境、运输和区域部全面负责制定总的水政策以及涉及有关水的法律等宏

观管理方面的事务，保护和改善水资源，最终裁定有关水事矛盾，监督取水许可证制度的实施及执行情况等。荷兰水务局担负三方面的主要职能：水量，包括地下水管理；水质，包括水污染控制；水调节，包括沙丘、堤坝、河道、水坝和水闸等。韩国环境部下设流域环境办公室、水质管理局，对水按流域进行管理。这些国家的重要经验就是将开发利用水资源、保护水体不受污染置于一个部门的统一管理之下，这样做的好处是可以节约行政成本、提高行政效率，避免双重管理带来的弊端。

要逐步完善水环境管理体制，强化环境保护部门统管水环境与水资源，完善统管与分管部门之间的协调机制，加强流域管理机构职能。

二、城市水环境管理机构的设置

加强水环境管理体制设计，在"两级双层"管理体制下，省生态环境厅在生态环境部的授权和监管下统管全省的水环境保护事务。现有的市（县）生态环境局是主要的执法者，主要履行政策的执行职能，监管辖区内非重点污染源的达标排放，监控点源排放，不断优化污水处理管理体制。

三、国家部委涉水职能

生态环境部、自然资源部、国家林业和草原局、水利部自 2018 年出台"三定方案"后，经过实施，成效显著。生态环境部内设 23 个司局级机构；自然资源部内设 27 个司局级机构；国家林业和草原局内设 17 个司局级机构；水利部内设 22 个司局级机构。职能对比及涉"水"情况如下。

1. 生态环境部

生态环境部是国务院组成部门，为正部级。生态环境部整合原环境保护部的职责，国家发展和改革委员会的应对气候变化和减排职责，原国土资源部的监督防止地下水污染职责，水利部的编制水功能区划、排污口设置管理、流域水环境保护职责，原农业部的监督指导农业面源污染治理职责，原国家海洋局的海洋环境保护职责，以及原国务院南水北调工程建设委员会办公室的南水北调工程项目区环境保护职责。

生态环境部组织机构涉及"水"的主要包括 4 个司。

（1）水生态环境司。负责全国地表水生态环境监管工作。拟订和组织实施水生态环境政策、规划、法律、行政法规、部门规章、标准及规范。拟订和监督实施国家重点流域、饮用水水源地生态环境规划和水功能区划。建立和组织实施跨省（国）界水体断面水质考核制度。统筹协调长江经济带治理修复等重点流域生态环境保护工作。监督管理饮用水水源地、国家重大工程水生态环境保护和水污染源排放管控工作，指导入河排污口设置。参与指导农业面源水污染防治。承担河湖长制相关工作。

（2）土壤生态环境司。负责全国土壤、地下水等污染防治和生态保护的监督管理。拟订和组织实施相关政策、规划、法律、行政法规、部门规章、标准及规范。监督防止地下水污染。组织指导农村生态环境保护和农村生态环境综合整治工作。监督指导农业面源污染治理工作。

（3）海洋生态环境司。负责全国海洋生态环境监管工作。拟订和组织实施全国及重点海域海洋生态环境政策、规划、区划、法律、行政法规、部门规章、标准及规范。负责海洋生态环境调查评价。组织开展海洋生态保护与修复监管，监督协调重点海域综合治理工作。监督陆源污染物排海，监督指导入海排污口设置，承担海上排污许可及重点海域排污总量控制工作。负责防治海岸和海洋工程建设项目、海洋油气勘探开发和废弃物海洋倾倒对海洋污染损害的生态环境保护工作。按权限审批海岸和海洋工程建设项目环境影响评价文件。组织划定倾倒区。监督协调国家深海大洋、极地生态环境保护工作。负责有关国际公约国内履约工作。承担湾长制相关工作。

（4）生态环境监测司。负责生态环境监测管理和环境质量、生态状况等生态环境信息发布。拟订和组织实施生态环境监测的政策、规划、行政法规、部门规章、制度、标准及规范。建立生态环境监测质量管理制度并组织实施。统一规划生态环境质量监测站点设置。组织开展生态环境监测、温室气体减排监测、应急监测。调查评估全国生态环境质量状况并进行预测预警。承担国家生态环境监测网建设和管理工作。负责建立和实行生态环境质量公告制度，组织编报国家生态环境质量报告书，组织编制和发布中国生态环境状况公报。

此外，涉水管理为长江、黄河、淮河、海河、珠江、松辽、太湖流域生态环境监督管理局，作为生态环境部设在七大流域的派出机构，主要负责流域生态环境监管和行政执法相关工作，实行生态环境部和水利部双重领导、以生态环境部为主的管理体制。

2. 自然资源部（含国家林业和草原局）

自然资源部是国务院组成部门，为正部级。自然资源部整合了原国土资源部的职责，国家发展改革委的组织编制主体功能区规划职责，住房城乡建设部的城乡规划管理职责，水利部的水资源调查和确权登记管理职责，原农业部的草原资源调查和确权登记管理职责，原国家林业局的森林、湿地等资源调查和确权登记管理职责，原国家海洋局的职责，和原国家测绘地理信息局的职责。自然资源部要落实中央关于统一行使全民所有自然资源资产所有者职责，统一行使所有国土空间用途管制和生态保护修复职责的要求，强化顶层设计，发挥国土空间规划的管控作用，为保护和合理开发利用自然资源（含水资源）提供科学指引。进一步加强自然资源的保护和合理开发利用，建立健全源头保护和全过程修复治理相结合的工作机制，实现整体保护、系统修复、综合治理。制定激励和约束并举的制度，推进自然资源节约集约利用。进一步精简下放有关行政审批事项、强化监管力度，充分发挥市场对资源配置的决定性作用，更好发挥政府作用，强化自然资源管理规则、标准、制度的约束性作用，推进自然资源确权登记和评估的便民高效开展。

自然资源部主要的涉水职能包括：履行水自然资源资产所有者职责。拟订自然资源等法律法规草案，制定部门规章并监督检查执行情况。负责自然资源（含水资源）调查监测评价。制定自然资源调查监测评价的指标体系和统计标准，建立统一规范的自然资源调查监测评价制度。实施自然资源基础调查、专项调查和监测。负责自然资源调查监测评价成果的监督管理和信息发布。指导地方自然资源调查监测评价工作。负责自然资源（含水资源）统一确权登记工作。制定各类自然资源统一确权登记、权籍调查、争议调处、成果应用的制度、标准、规范。建立健全全国自然资源信息管理基础平台。负责自然资源资料收集、整理、共享、汇交管理等。指导监督全国自然资源确权登记工作。负责自然资源（含水资源）资产有偿使用工作。建立全民所有自然资源资产统计制度，负责全民所有自然资源资产核算。编制全民所有自然资源资产负债表，拟订考核标准。制定全民所有自然资源资产划拨、出让、租赁、作价出资和土地储备政策，合理配置全民所有自然资源资产。负责自然资源资产价值评估管理，依法收缴相关资产收益。负责自然资源（含水资源）的合理开发利用。组织拟订自然资源发展规划和战略，制定自然资源开发利用标准并组织实施，建立政府公示自然资源价格体系，组织开展自然资源分等定级价格评估，开展自然资源利用评价考核，指导节约集约利用。负责自然资源市场监管。组织研究自然资源管理涉及宏观调控、区域协调和城乡统筹的政策措施。负责地质灾害预防和治理，监督管理地下水过量开采及引发的地面沉降等地质问题。

国家林业和草原局是自然资源部管理的国家局，为副部级，加挂国家公园管理局的牌子。国家林业和草原局整合了原国家林业局的职责，原农业部的草原监督管理职责，以及原国土资源部、住房城乡建设部、水利部等的自然保护区、风景名胜区等管理职责。

自然资源部设置了湿地管理司，指导湿地保护工作，组织实施湿地生态修复、生态补偿工作，管理国家重要湿地，监督管理湿地的开发利用，承担国际湿地公约履约工作。生态保护修复司（全国绿化委员会办公室）。承担森林、草原、湿地、荒漠资源动态监测与评价工作。起草国土绿化重大方针政策，综合管理重点生态保护修复工程，指导植树造林、封山育林和以植树种草等生物措施防治水土流失工作。与水利部水土保持司职能有一定的交叉联系。水利部水土保持司职能为承担水土流失综合防治工作，组织编制水土保持规划并监督实施，组织水土流失监测、预报并公告，审核大中型开发建设项目水土保持方案并监督实施。

3. 水利部

水利部是国务院组成部门，为正部级。水利部整合原国务院三峡工程建设委员会及其办公室的职能、原国务院南水北调工程建设委员会及其办公室的职责。

职能变化后，主要指导开展水资源有偿使用工作；指导水资源保护工作；对江河湖库和地下水实施监测；组织指导地下水超采区综合治理；指导河湖水生态保护与修复、河湖生态流量水量管理、河湖水系连通工作以及有关三峡、南水北调工程运行、管理和后续工程建设等职责。参与编制水功能区划和指导入河排污口设置管理工作。负责落实综合防灾减灾规划相关要求，组织编制洪水干旱灾害防治规划和防护标准并指导实施。承担水情旱情监测预警工作。组织编制重要江河湖泊和重要水工程的防御洪水抗御旱灾调度及应急水量调度方案，按程序报批并组织实施。承担防御洪水应急抢险的技术支撑工作。承担台风防御期间重要水工程调度工作。

复 习 思 考 题

1. 我国水环境管理组织分为哪几个梯级？

2. 长江水利委员会在流域管理上主要有哪些职责？

3. 水环境管理机构一般都如何设置？

4. 谈谈市生态环境局的主要职责。

5. 小组讨论：小组成员分为甲、乙、丙三方，分别代表生态环境部、水利部、住房城乡建设部，各自从管理的角度谈谈生态环境部涉水职责的科学性。

案例 2　N 市生态环境局职能、编制和机构

第三章　城市水环境规划管理

第一节　城市水环境规划概述

一、概况

城市水环境规划是将水视为人类赖以生存和发展的环境资源条件，在水环境系统分析的基础上，摸清水质及供需情况，合理确定水体功能，进而对水的开采、供给、使用、处理、排放等各环节做出统筹安排和决策。一般认为，城市水环境规划包括水质控制规划和水资源利用规划，这两个部分相辅相成，缺一不可。前者以实现水体功能质量要求为目标，是基础；后者强调水资源的合理利用和水环境保护，以满足国民经济增长和社会发展对供水的需要为宗旨，是落脚点。

城市水环境规划是在水资源危机日益严重的背景下产生和发展起来的。特别是 20 世纪 90 年代以来，人口激增和经济高速发展，对水量的需求、水质的要求越来越高，而水资源却日益枯竭，水污染日趋严重，水环境问题越来越尖锐。因此，城市水环境规划作为解决这一问题的有效手段，受到普遍的重视。

城市水环境规划是区域规划和城市规划的重要组成部分，必须贯彻经济建设与环境保护相协调的原则。城市水环境规划与目标是社会经济系统对水环境的期望与涉水科学决策准则之间相协调的结果。通过科学手段，将城市水环境规划及管理目标同水环境系统属性、管理措施等联系起来。从类别上看，城市水环境规划与管理目标可分为：水资源利用、水环境保护、水生态建设、社会经济发展四个方面。

二、城市水环境规划内容

1. 明确水环境的主要问题

通过调查和综合分析，找出水环境的主要问题，包括水量、水质、水资源利用等方面的问题，并分析原因。

2. 确定水环境规划目标

根据国民经济和社会发展要求，同时考虑客观条件，从水质和水量方面考量城市水环境规划目标，经过多方案比较和反复论证后确定。

3. 选定规划方法

最优化法和模拟优选法是城市水环境规划中最常用的两类规划方法，应根据水环境规划的具体内容而定，这也是其核心。

4. 拟定规划措施

可供考虑的措施有：调整产业结构与布局，提高水资源利用率，加大污水治理的投入，增加污水处理措施等。

5. 方案比选

综合各种措施提出可供选择的实施方案。在评价、优化的基础上，提出供决策选用的方案。

6. 规划实施

只有规划方案最终被采纳与执行，才能体现其价值与作用，因此，城市水环境规划的实施也是制定规划的重要内容。

三、城市水环境规划原则

城市水环境规划是区域规划的重要组成部分，在规划中必须贯彻可持续发展原则，并根据规划类型和内容的不同而体现一些基本原则：前瞻性和可操作性的原则；突出重点和分期实施的原则；以人为本、生态优先、尊重自然的原则；坚持预防为主、防治结合的原则；水环境保护与水资源开发利用并重、社会经济发展与水环境保护协调发展的原则。

四、城市水环境规划类型

根据研究对象的不同，水环境规划大体分为两类：水污染控制系统规划和水资源系统规划。水污染控制系统规划是水环境规划的基础，以实现水体功能要求为目标。水资源系统规划是水环境规划的归宿，以满足国民经济和社会发展的需要为宗旨。

1. 水污染控制系统规划

水污染控制系统规划是由污染物的产生、排出、输送、处理及其在水体中迁移转化等各种过程和影响因素所组成的系统。水污染控制系统规划以国家的法规、标准为基本依据，以环境保护科学技术和地区经济发展规划为指导，以水污染控制系统的最佳综合效益为总目标，以最佳适用防治技术为实施对策，统筹考虑污染发生、防治、污水处理、水体质量及其与经济发展、技术改进和加强管理之间的关系，进行系统的调查、监测、评价、预测、模拟和优化决策，寻求整体最优化的近、远期污染控制规划方案。根据水污染控制系统的不同特点，水污染控制系统规划可分为流域水污染控制系统规划、区域水污染控制系统规划和水污染控制设施规划三个层次。

2. 水资源系统规划

水资源系统是以水为主体，构成的一种特定的系统，是一个相互联系、相互制约及相互作用的若干水资源工程单元和管理技术单元所组成的有机体。水资源系统规划是指应用系统分析的方法和原理，在某区域内为水资源的开发利用和水患的防治所制定的总体措施、计划和安排。根据水资源系统规划的范围不同，可分为流域水资源规划、地区水资源规划和专业水资源规划三个层次。

五、城市水环境规划措施

城市水环境规划方案是由许多具体技术措施构成的组合方案。这些技术措施涉及水资源的开发利用和水污染控制等方面。

1. 节约用水

综合防治水污染最有效的方法之一是节约用水，提高水资源的利用率。坚持开源与节流并重，节流优先、治污为本、科学开源、综合利用。

各区域要根据本地区水资源状况和水环境容量，合理确定城市规模，优化调整产业结构和布局；以创建节水型社会为目标，节约用水要坚持建设项目的主体工程与节水措施同时设计、同时施工、同时投入使用；取水单位必须做到用水计划到位、节水目标到位、节水措施到位和管水制度到位；缺水地区要限期关停一批耗水量大的企业，严格限制高耗水型工业项目和农业粗放型用水，尽快形成节水型经济；加大推行各种节水技术政策和技术标准的贯彻执行力度，制定并推行节水型用水器具的强制性标准；改造城市供水管网，降低管网漏损率；发展工业用水重复和循环利用系统；开展城市废水的再生和回用；改进农业灌溉技术；加强管理，减少跑冒滴漏等。这些都是缓解水资源短缺、减少污水排放量的有效措施。

2. 加强生活饮用水水源地保护

组织制定饮用水水源地保护规划，依法划定饮用水水源保护区。依照相关法规和标准，禁止在生活饮用水地表水源一级保护区内排放污水、从事旅游、游泳和其他可能污染水体的活动，禁止新建、扩建与供水设施和保护水源无关的建设项目等。

3. 推行清洁生产

清洁生产是指将整体预防的环境战略持续地应用于生产过程、产品和服务中，以期改善生态效率并减少对人类和环境的风险。相对于传统生产，清洁生产表现为节约能源和原材料，淘汰有害原材料，减少污染物和废物的产生与排放，减少企业在环保设施方面的投入，降低生产成本，提高经济效益；对产品而言，清洁生产表现为降低产品全生命周期对环境的有害影响；对服务而言，清洁生产指将污染预防结合到服务业的设计和运行中，使公众有更好的生活空间。

4. 实施污染物排放总量控制制度

水污染物排放总量控制，是根据某一特定区域的环境目标要求，预先推算达到该目标所允许的污染物最大排放量或最小污染物削减量，然后通过优化计算将污染指标分配到各水污染控制单元，各单元根据内部污染源的地理位置、技术水平和经济承受能力，协调分配污染指标到排污单位。

实施污染物排放总量控制，综合考虑环境目标、污染源特点、排污单位技术经济水平和环境承载力，对污染源从整体上有计划、有目的地削减排放量，使环境质量逐步改善。总量控制可分为容量总量控制、目标总量控制和行业总量控制三类：①容量总量控制从受纳水体环境容量出发，制定排放口总量控制指标。容量总量控制以水质标准为控制基点，从污染源可控性、环境目标可达性两方面进行总量控制负荷分配。②目标总量控制从控制区域允许排污量控制目标出发，制定排放口总量控制指标。目标总量控制以排放限制为控制基点，从污染源可控性研究入手，进行总量负荷分配。③行业总量控制从总量控制方案技术、经济评价出发，制定排放口总量控制指标。行业总量控制以能源、资源合理利用为控制基点，从最佳生产工艺和实用处理技术两方面进行总量控制负荷分配。

5. 加大水污染治理力度

对工业企业的水污染治理，要突出清洁生产，从源头减少废水排放，对末端排放废水要优选处理技术，保证污染物稳定达标排放；对生活污水，要提高污水处理率和污水再生回用率；对农业面源污染，要合理规划农业用地，加强农田管理，防止水土流失，合理使用化肥、农药，优化水肥结构，实行节水灌溉，大力发展生态农业。

6. 提高水环境容量

水环境容量是环境的自然规律参数与社会效益参数的多变量函数，反映特定功能条件下水环境对污染物的承受能力。水环境容量是水环境规划的主要环境约束条件，是污染物总量控制的关键参数。水环境容量的大小与水体特征、水质目标和污染物特性有关。水污染控制系统规划的主要目的，是在保证水环境质量的同时，提高水体对污染物的容纳能力，进而提高水环境承载力，减少水环境系统对经济发展的约束。提高或充分利用水环境容量的措施有人工复氧、污水调节和河流流量调控等。

第二节　城市水环境规划顶层设计

早在20世纪70年代，美国就做了详细的城市水环境规划顶层设计。1972年，美国将《水污染防治法》改为《净水法案》。《净水法案》立法目标中提到，1983年以前实现可渔、可游、可猎的国家水质目标。在后来修订的法案中，又明确地下水水质目标是生活饮用水水质标准，即美国地下的每一滴水，都可以随时取出来喝。这是美国水环境规划治理的总体目标和顶层设计。近年来，我国也做了大量工作，制订多项行动计划，并大大推进水污染防治的综合进程，但依然要加强顶层规划设计。

一、顶层设计理念

城市水环境是受人类影响最大、对人类最重要的环境系统。我国水环境整体水质状况还有很大提升空间，城市水环境需要更好的顶层规划设计。

要对水生态环境保护工作做出顶层设计和总体谋划。重点流域水生态环境保护工作立足新发展阶段、贯彻新发展理念、构建新发展格局，坚持水环境、水生态、水资源"三水"统筹，以守护优良水生态环境为总目标，强化美丽河湖创建，补齐环保基础设施短板，重点解决化工等行业污染问题，有效防范水环境风险隐患，在生态文明建设上做出新成绩。实施水生态环境质量提升行动，坚持山水林田湖草沙系统治理，突出精准治污、科学治污、依法治污，深入打好水污染防治攻坚战，不断提升治理体系和治理能力现代化水平，奋力开创百姓富、生态美的新未来。

二、顶层设计原则

1. 生态优先

生态优先，绿色发展。坚持绿色发展理念，以水定城、以水定地、以水定人、以水定产。坚持节约优先、保护优先、自然恢复的方针，形成节约资源和保护环境的空间格局、产业结构、生产方式、生活方式，实现经济社会发展和生态环境保护协同共进。

2. 人水和谐

以人为本，人水和谐。坚持以人民为中心的发展思想，统筹城乡环境治理和改善农村人居环境，着力解决公众身边的水生态环境问题，进一步巩固水环境质量，不断提高公众对优美生态环境的获得感、幸福感和安全感。

3. 系统治理

系统治理，协同联动。坚持山水林田湖草沙系统治理，实施水生态、水环境、水资源等流域要素协同治理、统筹推进，推动流域上下游、左右岸、干支流地区互动协作，构建水生态环境保护新格局。

4. 试点先行

全面推进，试点先行。坚持精准治污、科学治污、依法治污。准确识别问题症结，因地制宜，科学施策，在问题突出的重点区域、重点流域和重点行业先行先试，力争在难点和关键环节率先突破，推进水资源节约、水生态保护和水环境治理。

5. 多元共治

多元共治，落地可行。坚持党委领导、政府主导、企业主体、公众参与的多元共治格局，强化"党政同责""一岗双责"，对目标、问题、措施、组织保障实施清单化、项目化、台账化管理，深入打好水污染防治攻坚战。

三、顶层设计的关键

（1）构建城市水环境的科学评价体系。梳理地表水环境质量、污染程度、水功能区划之间的关系。目前相关法规已不少。《地表水环境质量标准》（GB 3838—2022）由 24 个主要指标组成，水环境质量标准实际是将水分为 5 类 6 档，一类主要适用于源头水、国家自然保护区；二类主要适用于集中式生活饮用水地表水源地一级保护区、珍稀水生生物栖息地、鱼虾类产卵场、仔稚幼鱼的索饵场等；三类主要适用于集中式生活饮用水地表水源地二级保护区、鱼虾类越冬场、洄游通道、水产养殖区等渔业水域及游泳区；四类主要适用于一般工业用水区及人体非直接接触的娱乐用水区；五类主要适用于农业用水区及一般景观要求水区。如果没有城市水环境的顶层设计，就无法处理各治理要素之间的逻辑关系，很多事情无法科学决策。

（2）处理好水环境容量、水量和水质的关系。构建高水质标准且大容量的水环境时，需要对污水处理设施进行极严格的体表改造，水环境容量、入流水量以及入流水质三者要很好地结合起来。基于可利用水量技术经济能达到的水质，合理确定水环境的容量。

（3）处理好排水系统、绿色和灰色设施的关系。基于大城市中简单的分流制或合流制无法同时实现功能要求，绿色基础设施贡献率越低，越要及早规划建设灰色基础设施。

四、顶层设计目标

达到与美丽中国建设相适应的水生态环境目标。水资源和水环境承载能力与生产生活方式总体协调适应。河湖生态流量（水位）得到有效保障，水源涵养功能进一步增强，生物多样性保护水平明显提升。主要污染物排放总量持续削减，城乡黑臭水体全面消除，居民饮水安全得到全面保障，满足人民群众对优美生态环境的需要。

五、减污降碳协同

1. 构建顶层设计

制定减污降碳协同增效实施方案，构建顶层设计。全面梳理重点地区、部门以及行业的环境污染物和碳排放特征，识别关键驱动因素，结合经济社会发展定位，深入分析减污降碳面临的形势、基础和潜力，形成"突出协同增效、强化源头防控、优化技术路径、注重机制创新"的总体思路。形成符合主体功能定位的开发格局，资源循环利用体系建立，构建减污降碳协同增效综合管理体系，实现协同增效、技术突破、管理优化、制度创新。从目标协同、区域协同、领域协同、任务协同、政策协同、监管协同六个方面谋划重点任务，制定建设改革、政策、实践、模式四张清单。

2. 推进水环境治理协同控制

（1）深化水环境治理与温室气体减排协同。统筹水环境治理、水生态保护、水资源利用和减污降碳协同，推进重点行业高碳高污染产业绿色低碳转型，聚焦高污染行业开展减污降碳协同增效试点，推动重点行业减污、节水、废水处理及回用的绿色制造技术改造，实施绿色低碳循环升级工程。

（2）注重集中污水处理减污降碳协同。实施城镇污水零直排区建设攻坚行动，全面推进低浓度城镇污水处理厂系统化整治，实现城镇建成区雨污分流全面覆盖。围绕全过程节能降耗及能源资源回收，探索厌氧消化、氮磷营养物质高效回收、水热资源回收、污水源热泵、过程智能控制等技术和示范项目，探索形成城镇污水处理系统污水和污泥联合处理处置新模式。推进低碳污水处理厂及配套管网建设，鼓励污水处理厂互联互通、削峰填谷。

（3）强化水资源节约集约利用。实行水资源消耗总量和强度双控，健全省、市、县三级区域用水总量、强度控制指标体系。大力实施国家节水行动，全面强化水资源刚性约束，推进污水资源化利用和海水淡化规模化利用。组织开展典型地区再生水利用配置试点工作，构建"截、蓄、导、用"并举的区域再生水循环利用体系，推动建设资源能源综合利用污水处理及再生水厂。推进工业节水减排，推广高效冷却、洗涤、循环用水和废污水再生利用、高耗水生产工艺替代等节水工艺和技术。

3. 创新政策机制

（1）强化固定源减污降碳协同管理。持续开展温室气体排放环境影响评价试点，聚焦火电、钢铁、石化、建材、化工、有色、造纸、印染、化纤等试点行业，深入开展碳排放现状评估，建立重点行业碳排放管理台账，分行业研究单位产品碳排放绩效基准、评价指标、协同治理技术，建立健全温室气体排放环境影响评价技术体系。适时推动区域碳排放量削减替代政策，依托环评审批建立固定源碳排放增量准入机制，推动能耗"双控"向碳排放总量和强度"双控"转变。

（2）推动减污降碳一体化监管试点。探索建立减污降碳一体化监管体系，推动将温室气体管控要求统筹融入环境准入、排放源管理、环境监测和执法监管等全过程以及治水、治气、治土、清废等全要素中。以数字化改革为牵引，构建集源头管控、过程管理、末端评价、服务支持于一体的减污降碳协同增效工作体系，实现减污降碳技术协同、管理优化和制度创新。

（3）建立减污降碳协同评价机制。建立减污降碳协同增效综合评价制度，科学构建评价指标体系，对各城市减污降碳协同增效工作推进情况进行跟踪评估，客观评价各城市环境-气候-经济效益协同、重点措施增效、协同管理提效的实施效果，引导地方政府落实减污降碳行动，推动实现高质量发展。

（4）完善环境资源市场化配置机制。扩大可再生能源、生态系统碳汇等碳减排项目储备。

（5）构建减污降碳协同增效多元激励机制。加大对绿色低碳投资项目和协同技术应用的财政政策支持，做好减污降碳相关经费保障。充分对接减污降碳项目金融需求，建立减污降碳协同增效项目库，出台专项金融支持政策。与金融机构开展战略合作，继续大力发展绿色信贷、绿色保险、绿色证券等金融产品，加快发展减污降碳投融资项目。

六、水生态环境监测顶层设计

加快健全水生态环境监测和评价制度，推进水生态环境监测体系与监测能力现代化。强化水生态环境监测统一监督管理。各级水生态环境部门按照统一组织领导、统一制度规范、统一网络规划、统一数据管理、统一信息发布的要求，加强对本行政区域内水生态环境监测的统一监督管理。推动建立部门合作、资源共享机制，加大监测统筹与协同力度，监督指导有关行业部门按照统一的水生态环境监测站（点）规划设置要求和生态环境监测标准规范，组织实施各自职责范围内的监测工作。

在水环境监管上，监督牵头，监测协同。以中央环保督察、水污染防治行动计划考核为重要抓手，牵头做好各类考核、督导、检查工作；在基础数据监测和获取方面，在不断加强生态环境监测站网建设的同时，加强部门合作，统筹协调并充分利用好其他部门的相关监测数据。履行好水生态环境保护的统一监督管理职能，前提是监测数据能够全面、准确、高效地获取，包括数据获得、数据报送、数据管理、数据分析等整套流程，还要在数据监测主体、方式上加强改革和创新。

七、强化顶层设计

提高政治站位，增强责任感、使命感、紧迫感，坚持问题导向、目标导向、结果导向，精心编制好水环境建设各项规划，以高质量规划引领水环境建设，努力打造文化保护带、生态景观带、全域文化旅游带和助力乡村振兴产业带。

注重科学统筹，强化顶层设计、总体布局和系统谋划，坚持与国家上位规划相衔接，坚持保护传承利用统筹推进，坚持与乡村振兴、城市更新、美丽乡村建设等重点工作相结合，注重科学性、协调性和可操作性，全面摸清、精准把握文化遗产保护、旅游资源开发以及建筑景观风貌、交通体系、生态环境、土地使用等情况，科学优化功能布局，明确各阶段具体任务，形成有机衔接、整体协调的规划体系。注重文化保护，对照文化保护名录，突出全面系统保护，深挖特色文化内涵，增强遗产传承活力。注重生态优先，围绕保持水环境原真性和原生态，将绿色发展理念融入规划设计全过程，科学布局水、岸、堤、路、树、花等生态空间，严把生态红线，守牢生态底线。注重文旅融合，立足特色，创新发展模式，谋划新业态，探索新途径，带动城市更新和乡村全面振兴。

八、水环境流域规划

坚持问题导向，突出实用性。从实际出发，注重深入一线开展调查研究，搞清楚问题在哪里、症结在哪里、对策在哪里、落实在哪里，真正找到接地气的实招解决问题。

坚持目标导向，突出"三水"统筹与生态要素。还给老百姓清水绿岸、鱼翔浅底的景象。充分考虑公众的切身感受和日益增长的水生态需求，坚持山水林田湖草沙系统治理，统筹好水资源、水生态、水环境，力争实现有河要有水、有水要有鱼、有鱼要有草、下河能游泳的目标。水资源方面，以生态流量保障为重点，力争在有河有水上实现突破；水生态方面，按照流域生态环境功能需要，明确生态环境管控要求，力争在有鱼有草上实现突破；水环境方面，以公众对美好环境的向往为导向，有针对性地改善水环境质量，不断满足老百姓的亲水需求，在人水和谐上实现突破。

确保重点流域水生态环境改善，水生态环境保护不仅是生态环境部门一家的工作，涉及很多部门。整合现有科技资源，针对区域再生水循环体系建设、蓝藻水华和湖泊富营养化治理、农业面源污染防治、水环境风险预警与防范、水生态监测评价和保护修复等难点，实现突破和创新。城市水环境变化的核心问题一直是水质，从而衍生出水质与健康、水质与循环、水质与生态之间的问题，并集中反映在发展与保护的矛盾、污染与清洁的胶着、恶化与改善的博弈、提升与下降的涨落。

第三节　城市水环境与人的和谐共生

中国式生态现代化的科学内涵，以人与自然和谐共生为本质内核，以协调生产、生活、生态之间的关系为基本内容，以满足人民日益增长的优美生态环境需要为目标归宿。要建设人与自然和谐共生的现代化，水生态文明现代化则是其中重要一环。

水生态文明是科学配置、节约利用和有效保护水资源以实现其永续利用，有效保护和综合治理水环境以提升其质量，有效保护和系统修复水生态以增强其服务功能的一项系统工程。水生态文明是生态文明最重要、最基础的内容，迫切需要大力推进，以作为生态文明建设的先行领域、重点领域和基础领域。

水生态文明是生态文明的核心内容，是生态文明建设的基础和重要保障。水生态文明建设遵循人水和谐的理念，坚持节约和保护优先的发展方针，以水安全保障、水环境治理、水生态修复、水经济发展、水管理落实以及水文化培育为主要框架，构建人-水-社会和谐可持续发展的资源节约型和环境友好型社会。

一、现代生态环境治理体系基础

随着技术、经济和社会的发展，我国生态环境政策与法律发展日益转向内生需求和内源驱动。2019 年，"治理能力与治理体系"上升到国家重大政策层面。"治理"强调程序正义保障和社会各方力量互动，形成多层次、多主体的良性互动，是在多元价值体系和风险预防下的现代生态环境保护。从整体来看，现在的生态环境保护工作仍以调整人与人的关系为核心。正确处理人与自然的关系，最终体现为保护大多数人对优美环境的利益需求、限制一部分人破坏生态环境行为，落实到包含代际公平和全球正义理念的生产、生活方式上来。反映在生态环境治理工作上，是从补救到应对以及最后回归到合规监管、强调规划制度和行为准入、进行风险预防和达标建设的发展过程。

构建以合作与信任为基础的生态环境治理。在治理能力与治理体系现代化建设过程中，需面对一个根本性问题，信任体系和引导自律机制的构建，包括法治与问责。法治的最大效益是可预期性。法治是对监管的限制、对行政干预的约束，强化行政关系中行政相对人的权利地位、程序保障及司法救济。强调生态环境系统治理。首先，要跳出"治污"的天花板。其次，生态环境工作强调源头治理、风险预防及损害担责原则，只有在这些原则指导下，治污才有先进性和解释力度，才能精准实现。最后，科学技术与法治理念是生态环境治理的两条腿，精准治理是最终效果。精准治污类似精准医疗，目的是用最小的成本来避免不必要的损害。

在环境法规和标准的制定层面上，需规范和强化生态环境领域地方行政法规的授权和程序规定，尤其是强化调研与意见征求程序，包括对征求意见的详细反馈。

二、规范城镇（园区）污水处理环境管理

根据现行法律法规规定，地方人民政府对本行政区域的水环境质量负责，应当履行好以下职责：①组织相关部门编制本行政区域水污染防治规划和城镇污水处理设施建设规划。②筹集资金，统筹安排建设城镇（园区）污水集中处理设施及配套管网、污泥处置设施，吸引社会资本和第三方机构参与投资、建设和运营污水处理设施。③合理制定和动态调整收费标准，建立和落实污水处理收费机制。④做好突发水污染事件的应急准备、应急处置和事后恢复等工作。⑤进一步明确和细化赋有监管职责的部门责任分工，完善工作机制，形成监管合力。

1. 明确污染物排放管控要求

各地要根据受纳水体生态环境功能等需要，依法依规明确城镇（园区）污水处理厂污染物排放管控要求，既要避免管控要求一味加码，增加不必要的治污成本，又要防止管控要求过于宽松，无法满足水生态环境保护需要。污水处理厂出水用于绿化、农灌等，可根据用途需要科学合理确定管控要求，并达到相应污水再生利用标准。相关管控要求要在排污许可证中载明并严格执行。水生态环境改善任务较重、生态用水缺乏的地区，可在污水处理厂排污口下游、河流入湖口等关键节点建设人工湿地水质净化工程等生态措施，与污水处理厂共同发挥作用，进一步改善水生态环境质量。

2. 严格监管执法

地方各级生态环境部门应依据相关法律法规，加强对纳管企业、污水处理厂的监管执法，督促落实排污单位按照排污主体责任，对污染排放进行监测和管理，提高自行监测的规范性。严肃查处超标排放、偷排偷放、伪造或篡改监测数据、使用违规药剂或干扰剂、不正常使用污水处理设施等环境违法行为。对水污染事故发生后，未及时启动应急方案或采取有关应急措施的，责令其限期治理，消除污染；造成损失的，依法承担赔偿责任；构成犯罪的，依法追究刑事责任。

3. 合理认定处理超标责任

地方各级生态环境部门要建立突发环境事件应急预案备案管理和应急事项信息接收制度，在接到运营单位有关异常情况报告后，按规定启动响应机制。运营单位在已向生态环境部门报告的前提下，出于优化工艺、提升效能等考虑，根据实际情况暂停部分工艺单元

运行且污水达标排放的，不认定为不正常使用水污染防治设施。对于污水处理厂出水超标，违法行为轻微并及时纠正，没有造成危害后果的，可以不予行政处罚。对由行业主管部门，或生态环境部门，或行业主管部门会同生态环境部门认定运营单位确因进水超出设计规定或实际处理能力导致出水超标的情形，主动报告且主动消除或者减轻环境违法行为危害后果的，依法从轻或减轻行政处罚。

三、加强生态保护监管

1. 总体目标

近期，初步形成生态保护监管法规标准体系，建立全国生态监测网络，提高自然保护地、生态保护红线监管能力和生物多样性保护水平，提升生态文明建设示范引领作用，形成与生态保护修复监管相匹配的指导、协调和监督体系，生态安全屏障更加牢固，生态系统质量和稳定性进一步提升。远期，建成与美丽中国目标相适应的现代化生态保护监管体系和监管能力，促进人与自然和谐共生。

2. 完善生态监测和评估体系

（1）构建完善生态监测网络。加快构建和完善陆海统筹、空天地一体、上下协同的全国生态监测网络，覆盖典型生态系统、自然保护地、重点生态功能区、生态保护红线和重要水体。

（2）加快完善生态保护修复评估体系。开展全国生态状况、重点区域流域、生态保护红线、自然保护地、县域重点生态功能区五大评估，建立从宏观到微观尺度的多层次评估体系，全面掌握生态状况变化及趋势。

3. 切实加强生态保护重点领域监管

（1）积极推进生态保护红线监管。推动建立健全生态保护红线监管制度，出台生态保护红线监管办法和监管指标体系。

（2）持续加强自然保护地监管。推动构建以国家公园为主体的自然保护地体系。配合有关部门推动自然保护地立法。

（3）不断提升生物多样性保护水平。推动生物多样性和生物安全监管立法，完善生物多样性调查、观测和评估标准体系。

4. 加强生态破坏问题监督和查处力度

落实中央生态环境保护督察制度，将生态保护工作开展、责任落实等情况纳入督察范畴，对突出问题开展机动式、点穴式专项督察，不断传导压力，倒逼责任落实。

5. 深入推进生态文明示范建设

（1）完善生态文明示范建设体系。将生态文明建设和深入打好污染防治攻坚战重点任务，有机融入生态文明示范建设，强化示范建设在协同推进高水平保护与高质量发展的重要作用。

（2）严格示范建设监督管理。不断完善生态文明建设示范区、"绿水青山就是金山银山"实践创新基地、环境保护模范城市建设指标体系和管理规范。

（3）强化示范建设引领带动作用。通过生态文明示范建设，加快构建生态文明体系，促进经济社会发展全面绿色转型。

6. 强化组织保障

加强组织领导，提升监管能力，强化资金保障，深化宣传引导。

四、绿色民法典

民法的核心价值是个体自由，而环境法的价值取向是保护公共利益。绿色民法典的本质，是引入一种与传统民法不同的价值观，即通过限制个体自由来保护公共利益。绿色条款尽管占比不高，给民法典带来的却是一定意义上的质变。这种改变使民法典绿色化，成为绿色民法典。

绿色原则是民事主体从事民事活动，应当有利于节约资源、保护生态环境。民法典的"绿色原则"主要体现在：首先，为物权设定"绿色限制"；其次，为合同履行设定"绿色约束"；最后，严格侵权责任以守护"绿色底线"。民法典作为民事活动的最基本遵循，发挥着基础性指引作用。民法典中"绿色原则"的确立，使得绿色理念得以融入社会生活的方方面面，有助于加快形成节约资源和保护生态环境的生产生活方式。

五、环境总体规划参与多规合一

环境总体规划，核心的思路是环境优先、系统管理。将尊重自然、顺应自然、保护自然的生态文明理念，将大自然的客观规律，利用环境规划的技术方法，转化为规划的"语言"。坚持山水林田湖草沙是一个生命共同体，坚持系统管理。生态环境系统具有自身的客观规律，为人类活动提供生态环境服务功能。环境总体规划是依据区域生态环境系统的客观规律，合理利用和改善生态环境服务功能，引导和约束资源开发和城镇建设活动。

环境总体规划系统划定城市环境资源上线、生态保护红线、环境质量底线，构建城市发展的环境约束底线框架，引导城市建设和产业布局，控制环境资源开发强度，提高环境承载力和生态环境质量，参与"多规合一"，与现有生态环境保护、污染防治的各项规划相辅相成、各负其责，不可相互替代。推进"多规合一"，能解决规划冲突、简政放权、弥补薄弱环节等问题。

六、水生态是河湖之美的核心

以水生态为核心的整体之美，标志着治水进入了以水生态为核心的重要阶段。美丽河湖之美，核心在水生态，本质是人与自然和谐共生。治理污染要讲科学，追根溯源、诊断病因、找准病根、分类施策、系统治疗。坚持以水生态为核心，体现了治水理念的重大突破。坚持以水生态为核心，体现了用水战略的深刻调整。2021年起施行的《中华人民共和国长江保护法》，在我国法律中首次建立了生态流量保障制度，将生态用水摆在了第二位，明确优先满足生活用水，保障基本生态用水，统筹生产用水需要。坚持以水生态为核心，体现了视野的充分放大。坚持以水生态为核心，体现了护水行动的一以贯之。强化生态保护和污染治理协同推进，提升流域环境的承载力。尽可能实现再生水回用，做好循环利用大文章，这是治水的高级阶段。河湖是水生态系统的重要组成部分，以水生态为核心，保护河湖生态安全，让河湖更健康，事关生态文明建设和民族发展长远大计。

第四节 "双碳"目标下的城市水环境管理

"双碳",即碳达峰与碳中和的简称。我国的目标是在 2030 年前实现碳达峰,2060 年前实现碳中和。"双碳"目标倡导绿色、环保、低碳的生活方式。为实现这一目标,持续改善水生态环境,推动绿色低碳发展,势在必行。

一、水的自然碳循环

可通过基于自然的解决方案,如森林、湿地等,最大限度发挥自然的力量,利用生态系统本身的调节功能,提升水资源韧性。山水林田湖草沙是生命共同体,治水同时也是治山、治气,从全局把握生态系统的整体性、系统性和规律性,实施生态农业措施、修复水源涵养区、恢复河流水体等生态系统原有结构功能,可以提升流域整体生态系统功能,对减碳及区域气候调节均有积极作用。入河、入湖口湿地修复也在碳循环和碳平衡方面发挥重要作用。河湖湿地碳固存形式主要包括土壤、植被和水体固碳,在河湖湿地生态系统内形成土壤碳库、植被碳库和水体碳库,对气候变化应对具有重要影响。

二、工业园区水的绿色低碳发展

我国工业园区种类繁多,存在发展不均衡的问题。在新的"双碳"目标下,高水耗高能耗的园区面临产业结构调整的重大压力。工业园区通过建立可持续水管理体系,可以系统性地识别风险和机遇,采取行动减少用水量、提升用水效率,降低能耗和碳排放量,推动绿色低碳高质量发展。AWS(Alliance for Water Stewardship)是一个由企业、非政府组织和公共部门组成的全球会员合作组织。《AWS 国际可持续水管理标准》是由国际可持续水管理联盟发布的水资源管理领域唯一的国际体系标准,并提供了系统性管理水风险和提升水管理绩效的行动框架。我国也发布了与之对应的国家推荐性标准《可持续水管理评价要求》(GB/T 38966—2020)。通过推动工业园区采纳国际国内可持续水管理标准,帮助园区在水资源、水环境管理方面形成系统性框架,开展区域水风险识别、建立符合国际和国内双重标准的可持续水管理体系。同时与国际品牌商合作,推进园区供应链企业提升水环境管理能力、提升资源和能源利用效率,降低供应链的气候风险。水的源头保护,也会形成积极的降碳效果。比如,净化水的过程伴随大量的碳排放,用基于自然的解决方法从源头提升水质,少"生产污水"本身就能减少碳排放。

三、数字化可持续水管理

水是血液,贯穿企业生产全过程。无论是运输、进水,还是用水、排放,水在各环节都影响企业的生产效率、能源及设备消耗。随着生产产生的废水及碳排放,也不断给资源与环境带来压力和挑战。

数字化、智能化的可持续水管理,是实现"双碳"目标的有效助力。对高耗水企业水管理系统进行数字化呈现,并通过数字化洞察和前瞻性预警,提供专业建议和方案,增加对问题的预见性,及时制定实施解决方案,以提高运营效率,实现降本增效和节能减碳的目标。多项创新数字化解决方案，诸如生态系统、数据中心全生命周期管理、数据中心间接蒸发冷却创新方案及回用系统综合解决方案等，能帮助企业优化生产周期中的水资源和能源损耗，减少碳排放和污水、废水的排放，同时降低总运行成本，实现可持续发展。

四、污水处理

"双碳"目标，指引水系统的治理、污水资源化路径、厂网河一体化、污水及污泥的低碳发展之路。污水处理向高质量服务升级，实现跨越。从很多项目实践可以看出，出水水质标准提升通常会引起碳排放增加。比如，污水处理有曝气的过程、投药的环节，这些都是高耗能的。在污染治理领域出现一些新工艺、新产品，降低能耗，同时促进再生水的循环利用、污水处理后剩余污泥的综合利用。在确保安全的前提下，水的再生利用，意味着降低能耗、节省药耗，既减少污染物的排放，又可减少碳的排放。

污泥处理处置技术路线中，厌氧消化的碳排放最低，在有机质含量较高的情况下，可实现负碳排放；好氧发酵次之；干化焚烧和深度脱水的碳排放水平基本相当；填埋碳排放量远高于土地利用，从碳排放角度应尽量避免污泥填埋处置。

五、创新实践

"双碳"背景下的水处理技术创新、智能化创新、合作模式创新及服务模式创新，应用在污水处理厂设计、采购和施工过程中，实现节能减排；依托项目，建设污水处理厂、泵站、管网、湖泊监测体系，通过对物联网、建筑信息模型（BIM）、地理信息系统（GIS）等技术的融合，开发智慧水务平台，实现对厂、站、网的数字化管理及智慧曝气、智慧加药、联合调度等智慧化应用，节省电能和药剂，提升运维管理水平；采用光伏发电节省电能，并将中水通过中水回用系统解决办公区域空调及热水问题，减少能耗；与高校、科研院所合作，构建自主与联合创新模式，整合科研资源，加大科技投入，推进成果转化，强化原始创新。

六、水行业"双碳"目标的实现路径

"双碳"目标的实现路径复杂，大致可以分为减少碳源和增加碳汇两方面。减少碳源主要通过控制化石能源消耗、推动产业转型、推动绿色低碳技术和大力发展新能源来实现；增加碳汇可以分为森林、草地、耕地、土壤碳汇四种类型。"双碳"目标的实现涉及多学科、多层次、多维度的研究与改进。针对水行业，可从水资源、水工程、水生态、水理念四个方面来看其对水的需求。要实现"双碳"目标，水资源使用应遵循"保护优先，统筹协调"原则，坚决抵制不合理用水行为；水工程领域应做好"加大水电开发力度、推进抽水蓄能电站建设和加强地热资源开发利用"三方面工作；水生态方面可以采取的措施有保护和修复水生态环境、提高水生态的固碳能力和提高水生态承载力。当然，为实现"双碳"目标，需要将人水和谐思想贯穿于水工作全过程，将减碳、固碳理念作为水文化的重要组成部分融入水事业中。

复 习 思 考 题

1. 城市水环境规划内容有哪些？
2. 城市水环境规划顶层设计原则是什么？
3. 你能谈谈对水环境流域规划的体会吗？
4. 为什么说水生态是河湖之美的核心？
5. 小组情景讨论：作为一名市政规划设计院的负责人，最近承接了某地级市新开发的化工园区的水环境规划项目，你将如何筹划这项工作？

案例 3　H 市水务集团联合华为云实施智慧水务专项规划

第四章 城市供水环境管理

第一节 城市供水水源管理

一、水源来源

城市供水水源包括江河、湖泊、水库、地下水、海水（淡化）等，不同条件会形成不同的天然饮用水水体，杂质含量和种类也有很大不同。比如，江河水主要来源是大气降水，也有很多地下水或者雪山融水的补给，具有水质受外界影响大、受污染机会多、所含细菌量较高、较浑浊、硬度低、含盐量低的特点。我国沿海和海岛城市淡水资源十分紧缺，可将海水淡化处理，符合水质标准后，用于工业冷却、生活杂用和居民饮用等，以解决沿海城市和海岛城市缺乏淡水资源的问题。

二、水源选择

水源选择必须根据城市近远期经济和社会发展规划、历年水质、水文、地质、环境影响评价资料、取水点及附近地区的地方病等因素，从卫生、环保、水资源、技术等多方面进行综合评价，根据卫生行政主管部门水源水质监测报告，卫生学评价或环评合格后，方可作为供水水源。水源地应根据给水规模和水源特性、取水方法、调节设施大小等因素确定，并提供水源卫生防护要求和措施。

三、水源管理

县级以上人民政府应当组织水利、城市规划、城市供水等行政主管部门共同编制城市供水水源开发利用规划，作为城市供水规划的组成部分，纳入城市总体规划。城市供水水源开发利用规划应当与水资源开发利用规划、水长期供求计划相协调。开发、利用水资源，应当优先保证城乡居民生活用水，统筹兼顾工业用水和其他各项建设用水。城市供水应当优先开发利用地表水，严格控制开采地下水。市、县（区）人民政府应当组织环境保护、水利、城市供水、城市规划、卫生等行政主管部门按照国家有关法律、法规和标准，在城市供水水源地划定饮用水水源保护区并报省人民政府批准后公布。饮用水水源保护区的保护管理，依照水污染防治有关法律、法规的规定执行。县级以上人民政府应当采取措施，防止水源枯竭和水体污染，保障城乡居民饮用水安全。饮用水水源所在地的乡（镇）人民政府以及村民集体组织有责任保护饮用水水源。市水务主管部门、生态环境部门应当对城市供水水源的水质进行监测。

第二节 城市自来水厂生产和输配管理

自来水厂一般集中在相对独立的空间内，生产的产品是自来水，各处理工艺段相对紧凑,主要针对自来水厂内部,管理具有独特性。管理核心是确保供水的安全性、水质水压符合国家标准。自来水厂应执行最新的城镇供水厂运行、维护及安全技术规程,制定各工艺段运行管理技术规程,建立安全运行管理制度。同时,要有应急预案、节能降耗措施和方案等。

一、自来水厂规划与整合

1. 优化自来水厂布局

按照经批准的城市供水规划要求优化供水范围内自来水厂布局,根据用水需求对其进行必要的规划与整合,逐步淘汰部分水源保障率低、规模小、设施陈旧、工艺落后的小自来水厂,有计划地改建、扩建规划保留的自来水厂,实现规模化经营,提高自动化、信息化管理水平。

2. 能耗与深度处理

自来水厂应充分结合水源及供水区域地理情况,尽量避免水头损失,减少系统能耗。根据对水质逐步提高的要求,规划自来水厂要考虑臭氧、活性炭、膜过滤等深度处理设施的用地。

3. 供水设施能力

供水设施建设应适度超前,确保供水能力大于需水总量。自来水厂供水设施利用率应控制在 $70\%\sim100\%$,建议的最优值为 $80\%\sim90\%$。

二、自来水厂内控指标

为加强水质监管,确保城市供水安全,最新国家标准对饮用水水质提出了更高的要求。因此,必须完善以水质为核心的生产管理体系,合理调度制水生产,加大技术改造力度,并制定比国家标准更严格的内控标准,强化水质目标考核,确保供水水质优良。出厂水浊度、pH 值、耗氧量、消毒副产物等内控指标要严于《生活饮用水卫生标准》(GB 5749—2022)的限值要求。

三、自来水厂工艺设施要求

自来水厂工艺设施一般有如下要求。

(1)自来水厂供电应有双路电源,且双路电源从不同变电所接入。如因条件限制只有一路电源,应配备发电设备,并储备必需的发电原料。

(2)自来水厂工艺运行参数应处于合理范围,否则要进行工艺技术改造。

(3)对 pH 值常出现异常情况的自来水厂,要配备 pH 值调节药剂的投加装置,控制混凝过程和出厂水的 pH 值。

(4)净水药剂必须计量投加,选用性能稳定的计量泵加注。计量泵或计量装置应定期进行校准。

(5)沉淀(澄清)池的集水槽应水平安装,各出水孔或出水三角堰的底部误差不能超过允许误差范围。

(6)为提高效率,提倡滤池采用气水反冲洗或气水反冲洗加表面冲洗的方式。

（7）消毒剂投加车间应符合防火、防爆和通风的要求。使用液氯消毒的自来水厂应配备氯泄漏自动检测和自动吸收装置；使用二氧化氯消毒的自来水厂应采用防爆型的生产设备，并合理调控二氧化氯浓度，确保发生器及环境安全。

（8）为获得较好的消毒效果，清水池进口或出口处应设有导流板，池内应设置隔板，建议清水池内水流廊道的长度与宽度比大于等于 30。

四、自来水厂生产管理

（1）根据原水水质特点，通过混凝试验确定混凝剂投加量，结合构筑物状况确定最佳的混凝剂投加点。混凝试验至少每月做一次，水质变化时，应增加试验频次。针对原水水量和水质变化、矾花形成和沉降、出水浊度大小等情况，适时调节混凝剂投加量，获得较好的混凝沉淀效果。

（2）针对沉淀区积泥情况及时排泥。根据各出水孔出水是否均匀及时调整集水槽的水平度，确保出水均匀。

（3）观察滤池运行和反冲洗时滤料分层情况，要求滤料表面平整、质地均匀、无板结现象，反冲洗强度合理、冲洗均匀。滤池过滤周期、水头损失、出水浊度超过设定值时，应强制进行滤池反冲洗。

（4）对于臭氧活性炭深度处理工艺，活性炭滤池应防止微生物泄漏，投加臭氧后，应控制尾气浓度，调节和控制出厂水 pH 值。

（5）混合、絮凝、沉淀及过滤等构筑物的池壁、池面、廊道应保持清洁卫生，定期清洗池体，采取必要的消毒措施，防止蚊虫聚集和红虫滋生。

（6）采用前加氯工艺的自来水厂，应综合后加氯量，控制出厂水余氯及消毒副产物的含量。采用氯胺消毒的自来水厂，应合理控制用量。采用二氧化氯消毒的自来水厂，应合理控制用量，同时确保盐酸和次氯酸钠物理性分隔，防止泄漏爆炸。

（7）控制好清水池水位，在合理的高低水位区间内运行。清水池每年应清洗消毒不少于一次。清水池的检测孔、人孔和通气孔应安装防护措施，防止蚊、虫和雨水进入。

（8）自来水厂应建有污泥处理系统，产生的污泥经浓缩脱水，脱水废液应处理达标后排放，泥饼的处置和利用应符合规范要求。

（9）混合、絮凝、沉淀、过滤和消毒等运行参数要定期进行测定，主要参数宜每季度测定一次。如混合时间、絮凝时间、沉淀时间、滤速、反冲洗强度、滤料含泥率等。

（10）自来水厂进行技术改造、设备更新或检修施工前，必须制定水质保障措施。用于供水的新设备、新管网投产前或者旧设备、旧管网改造后，严格进行清洗消毒，水质检验合格后，方可投入使用。

（11）自来水厂应建立中心调度室，自控系统控制并监视主要设备运行状况及工艺参数，提供超限报警及制作报表等。水泵和滤池阀门的电动装置要选用双线、大扭矩结构，实现阀门自动化控制要求。泵站水泵机组、控制阀门、真空装置宜采用联动、集中或自动控制。

（12）水泵、电机的选择应符合高效节能原则，根据需要合理选用先进调速传动系统，机泵要能够进行单机能耗考核。电动机负荷率不得低于 0.5。选用能耗低的节能型变压器。

选用新型高效的开关柜。

（13）自来水厂应制定完善安全生产规章制度，建立门卫制度，危险品、有毒物品管理制度，氯运输管理制度，消防制度，劳动防护和职业卫生等安全生产制度。

五、计量和监测

（1）自来水厂的进、出水管道上应设置流量计，计量率应达 100%。流量计首选计量精度优于 1.0 级以上的管段式电磁流量计和超声波流量计。供水能力 20 万 m^3/d 以上的自来水厂应选用精度 0.5 级及其以上流量计。流量计安装前，须经计量监督检测部门校验合格，安装符合要求。每年对自来水厂的原水和出厂水流量计进行例行校验。

（2）自来水厂生产工艺中各工序的水质、水量、水压等主要运行参数应配置在线连续测定仪，实时动态监测和人工定时检测，并根据检测结果进行工序质量控制。

（3）所有在线监测数据应能及时传递到控制中心进行监控和处理。在线仪表数据尚不能传递到控制中心的自来水厂，其运行管理人员应定期查看、记录并反馈在线仪表数据。在线仪器设备要有专人定期进行校准及维护。当仪表读数波动较大时，应增加校对次数。

（4）自来水厂电量消耗应按生产、办公等分类计量，主要生产工艺电量消耗应独立计量。原水或送水泵站机组应按单机组分别配置电量表。

六、输配水管理

城市自来水输配水管理是保证供水环境良好的重要环节，由于供水管道埋设年限不同，老化漏水现象较普遍，更严重的是有中水管道或热水管道串接现象，还有因水池、水塔等维护不善，导致管网污染。即使自来水厂出厂水水质优良，但经过输配水环节，到达用户家中的水质，也会打折扣。

1. 管网压力要求

根据具体情况合理确定供水服务压力。通常供三层楼水表前服务压力为 0.16MPa，供六层楼为 0.28MPa，管网服务压力合格率 100%。

2. 管网更新与建设

早期建设的市政管网使用石棉水泥管、灰口铸铁管等，这部分管材爆管事故率高、易导致水质污染，因此，需要逐步更新。供水企业要重视优质管材的使用，有计划更新管网。管网更新改造可以减少因管网老化和锈蚀导致的漏水和水质污染事件，不仅能改善管网的水质，而且能增加管网的输水能力。

随着城市发展和人口集聚，部分早期建设的市政供水管道负荷偏高，实际流速远高于经济流速，影响用户的水压水量。为保障用户正常用水需求，要求供水管网按照供水系统的远期规模建设。

3. 供水管材

管材直接影响供水安全和水质，要求管材的选择首先符合卫生要求，将阻力小、能耗低、强度和韧性大、使用寿命长、维修量小、水质保障程度高作为重要指标，还要考虑运输、安装和耐锈蚀等因素。

4. 管道施工和维修

城市供水管网漏水的抢修及时率应符合或高于国家标准要求。

5. 漏损控制

科学控制可有效降低管网漏损率，节约宝贵的水资源。降低漏损的关键是及时发现管网故障并修复漏水管道，特别是及时发现地下暗漏。可以采取分区计量，缩小范围，再采取先进的仪器查找漏点等检漏方法。

6. 信息化建设

加大供水管理信息化建设投入，积极应用安全的管网信息化技术。围绕逐步实现数字化智慧水务的目标，制定发展规划，结合实际，提出供水企业在计算机辅助调度系统方面的具体要求。

7. 水表管理

要求使用计量精度高的水表。对水表实行强检制度，包括首次使用强检和定期检定。抄表收费管理：为减少供水"中间层"管理过程中带来的水质、水压和乱收费等问题，为最终用户提供优质服务，需要对最终用户直接抄表收费。为提高工作效率，控制成本，根据水表安装位置和抄表岗位工作内容，要求每个抄表人员每月抄表数量应不低于2000个。对抄表周期小于一个月的大口径水表，按每月实际抄表次数计算抄表数量。

8. 成本控制

固定资产使用效率反映企业固定资产投入的合理性，固定资产使用效率过低表明企业投资过度、或超前投资；使用效率过高则表明企业供水设施建设不足、先进性偏低、管网建设资金投入不足等。

第三节　城市供水工程管理

一、投资规划

（1）城市供水实行"谁投资、谁受益"，鼓励社会资本参与投资城市供水行业。

（2）城市新建、改建或扩建工程项目需要增加用水的，其工程项目总概算应当包括城市供水工程建设投资。

（3）扩大城市规模，应当按照城市供水规划，设置集中转输加压、城市供水管道、消火栓等配套设施。新建、改建、扩建城市建筑，其高度超过国家规定的水压标准的，建设单位应当设置转输加压站、蓄水池等二次城市供水设施，并由产权单位负责维护管理。城市供水配套设施的设计、施工、使用应当与主体工程同时进行。

（4）包括取水工程、净水工程、输配水工程的城市供水工程新建、改建或扩建，应当按照城市供水规划实施。城市供水管网建设，应当同时安排排污管网和城市消防用水设施建设。

二、设计施工

（1）城市供水工程的设计、施工和监理，必须由具有相应资质的设计、施工和监理单位承担。城市供水工程的设计、施工和监理应当符合国家和省有关技术标准和规范。

（2）城市供水工程竣工后，应当按照国家和省有关规定组织验收。组织验收的部门应当通知城市供水行政主管部门参加。未经验收或者验收不合格的城市供水工程，不得投入使用。

（3）用户自行建设的供水进户计量水表以外的供水输配管道及其附属设施，必须经城市供水企业验收合格并交其统一管理后，方可投入使用。

（4）自建设施供水的管网系统，不得擅自与城市公共供水管网系统相连接。因特殊情况确需连接的，必须经城市公共供水企业验收合格，并在管道连接处采取必要的防护措施。禁止生产或者使用有毒、有害物质的单位将其生产、使用的用水管网系统与城市公共供水管网系统直接连接。

（5）禁止任何单位和个人在城市公共供水管道上直接装泵抽水。对水质、水压有特殊要求并自行采取措施加压的用户，必须设置中间水池间接加压。

三、供水设施管理

（1）城市供水公共设施，从取水口至进户总水表（含进户总水表）由城市供水企业维护和管理；从进户总水表至用户的供水设施由所有者或者管理者负责维护和管理。城市供水行政主管部门应当对城市供水设施的管理和维护实施监督、检查。

（2）城市供水管道及其附属设施的建设必须与其他各项基础设施和公共设施建设相衔接。在规定的城市供水输配管道及其附属设施的地面和地下的安全保护范围内，禁止从事下列活动：修建建筑物、构筑物；开沟挖渠或者挖坑取土；打桩或者顶进作业；其他损坏城市供水设施或者危害城市供水设施安全的活动。在供水输配管道及其附属设施的上下或者两侧埋设其他地下管线的，应当符合国家和省有关技术标准和规范，并遵守管线工程规划和施工管理的有关规定。

（3）涉及城市供水设施的建设工程，建设单位或者施工单位应当在开工前向城市供水企业查明地下供水管网情况；影响城市供水设施安全的，建设单位或者施工单位应当与城市供水企业商定相应的保护措施，并组织实施。

（4）任何单位和个人未经依法批准，不得改装、迁移或拆除公共供水设施。工程建设确需改装、迁移或拆除公共供水设施的，建设单位应当在申请建设工程规划许可证前，报经县级以上城市供水行政主管部门审核批准，并采取相应的补救措施。

（5）城市供水企业安装的计费水表，由城市供水企业负责统一管理和维护，任何单位和个人不得擅自拆卸、启封；不得围压、堆占、掩埋。

（6）城市消防用水设施实行专用，除火警用水外，任何单位和个人不得动用。因特殊情况确需动用的，必须征得城市供水企业的同意，并报公安消防部门批准。城市公共消火栓由城市供水企业负责安装和维修管理，公安消防部门负责监督检查。

第四节　城市自来水营业收费和客服管理

一、营业所和客户服务部

自来水公司的营业收费，涉及水资源费、污水处理费（代收）、垃圾处理费（代收）、基本水费等方面，是城市水环境管理的有力保障。自来水公司根据城市的区域范围，建立营业所，就近服务，开展收费和维修等相关活动。营业收费管理系统涵盖了直接面对用户的所有业务，包括抄表、收费、银行业务、用户报表数据等，通过计算机系统模块形式，实现科学管理。客户服务部以客户服务为核心，以客户满意为宗旨，实现企业长远发展。

二、业务受理子系统

该子系统运行于业务受理窗口，包括对新增客户登记，客户移、添、改业务的受理和管理，并根据需要提供业务受理、施工凭证、收费凭证、报表等。居民用户和单位用户收费管理有不同的受理要求，单位用户根据用水性质（工业、商业、事业、学校、特种等）和用水量有不同的水费标准。从业务角度考虑，除客户办理新增手续（即现有各种合同）外，还有水表移位、增添新表（一般是单位用户），改表（换成大表或小表）及拆除销户功能。

三、账务管理子系统

该子系统运行于账务管理部门，主要负责水费账务的管理，包括以下模块。

1. 账卡管理

账卡的统一分账、合并、新增、修改、抽卡、插卡、注销等工作。

2. 抄表员管理

包括抄表员对应的账册号管理、工作量管理等。

3. 开账管理

用户本月抄表水费录入方式：手工录入（即抄表员手工账册录入）、抄表机录入（其中包括用户数据传送、抄表数据下载等模块）、远程抄表录入（远程数据采集器采集的水表数据录入）。通过本月抄见数与上月抄见数，结合水费（水费设置采用数据字典的方式，可根据用户性质、用户用水量设置不同的水费标准，此数据字典由用户自行维护），得出用户本月应付款。其中，手工抄表包括各种抄表状态（如门抄、自抄、估抄、无人等）。

4. 销账管理

用户交付的水费销账处理，包括手工销账（账单手工销账）、托收户销账（部分单位用户由银行托收）、条形码销账（分批量和零星）、银行代收点销账等。

5. 银行信用卡管理

与银行信用卡管理部门进行授权用户管理，每月扣款数据交换、销账数据交换、补扣数据交换等。

6. 托收户管理

对托收户实时管理。

7. 账单打印

批量账单、零星账单、补账单、托收户账单打印等，根据需要如增条形码，需在账单上打印条形码。

8. 汇总报表

包括开账客户账务、销账客户账务、托收户账务、应收款账务、欠费账务等汇总，其他各类按不同类型统计汇总报表等。

9. 欠费管理

客户未按期交费，根据数据字典内设定的滞纳金比例进行收费管理。

10. 通知单打印

包括装表单、换表单、用户交费通知单、抄表单、催缴单、停水通知单、恢复用水通知单、拆表通知单等。

四、表务管理子系统

该子系统运行于水表强检部门，用于对用户水表进行定期抽检，并根据用户要求检查，对检查结果进行信息化管理。包括换表、新表入库、旧表回库管理等。

五、报修管理子系统

该子系统运行于公司服务报修部门，根据客户报修提供的账号或姓名、地址、微信号等模糊查询条件，调出此客户的相关信息资料，便于报修人员抢修。

六、经理综合查询子系统

在结合以上子系统数据的基础上，对有关数据进一步加工、汇总、分析，开发的查询汇总模块，可满足各职能部门对以上数据的分类汇总、统计查询功能。根据用水量的多少绘出用水曲线图，方便直观地观察水量变化。经理综合查询子系统设有一个万能查询模块，用于事故报警等，可通过任意字段（如姓名、地址、电话、账号、微信号等）模糊查询、检索某一客户，快速定位。该子系统支持远程查询功能，公司决策人员可远程查询相关信息资源。

七、查询子系统

将每月水费信息通过服务器或其他渠道在网上发布，用户根据账号查询每月水费情况和缴款情况。查询模块中，分单位业务查询和客户水费查询两模块，即自来水公司内部人员可通过远程查询部分业务信息（通过权限控制），一般用户通过查询水费情况和缴款情况等（一般通过水费账单上的用户账号查询）。

八、数据库管理子系统

包括用户权限组设置、数据库结构管理、数据备份及恢复（数据库的导入和导出）、与外部数据交换配置、数据字典（用于对各类用户的水费标准、有关银行和账号等相关参数作为数据字典进行管理，以便日后用户业务数据变动时可不修改程序，自行修改部分参数来完成）。

九、客户服务中心系统

客户服务中心系统主要由交换机平台、计算机电话集成（CTI）服务器、交互式语音应答（IVR）/交互式仿真应答（IFR）服务器、人工座席、班长席、电话录音监听系统、数据库应用服务器、统计分析工作站、系统维护管理工作站、网络系统等组成。

十、关键客户管理

关键客户一般从大用水量用户（政府部门、学校、医院、部队、特殊用户等）挑选有代表性的，由专门的关键客户经理采取 VIP 式管理。定期上门拜访，帮助客户分析用水安全，为客户科学用水培训，电话通知停水事宜等。

十一、客户满意度调查

委托第三方调查公司对用水客户进行调查，包括水质、水压、水费收取等，一般每年一次，逐步提升管理水平。客户满意的标准是客户的期望得到实现，属于主观范畴。根据客户关系管理（Customer Relationship Management，CRM）的理念，对客户期望进行有效的管理，这对企业提升客户满意、降低成本具有重要的现实意义。管理客户期望，首先要了解客户需求什么、满意程度如何，根据客户期望通过流程改进产品和服务，做到事半功倍。客户服务中心对客户的期望和满意度的了解和测评贯穿于服务的全过程。从报装受理、勘察设计、施工安装、设施维护到抄表收费，利用 CRM 管理系统对每个环节进行调查与回访，收集客户的需求与期望。发挥热线的信息中心的功能，及时分析客户需求与期望，为自来水公司经营层决策提供依据和参考。客户的需求和期望得到重视，再通过 CRM 管理系统的完善与流程的改进，自来水公司内部和客户所关注的问题得到持续改进，客户满意度自然会提升。

第五节 城市供水经营管理

一、水质管理

城市供水企业应当建立健全水质检测制度，定期检验水源、出厂水和管网水的水质，防止二次污染，确保供水水质符合国家规定的标准。公共供水企业必须确保供水水质符合国家规定的饮用水卫生标准。城市供水、卫生行政主管部门应当按照各自职责，对公共供水全过程进行监督、检查。

二、水压管理

城市供水企业应当在供水输配管网上设立供水水压测压点，确保供水水压符合国家和省市规定的标准。城市供水行政主管部门应当对供水水压进行监督、检查。

三、供水设施管理

（1）城市供水企业或供水设施的所有者应当按照各自职责，对供水设施进行检修、清洗和消毒，确保供水设施正常、安全运行。

（2）城市供水企业或者供水设施的所有者应当按照规定的供水水压标准，保持不间断供水，不得擅自停止供水。因供水工程施工或者供水设施检修等原因，确需临时停止供水或者降低供水水压的，应在临时停止供水或者降低供水水压前 24 小时通知用户，并向城市供水行政主管部门报告。因发生灾害或者紧急事故，无法提前通知的，应当在抢修的同时通知用户，尽快恢复正常供水，并报告城市供水行政主管部门。连续超过 24 小时不能恢复正常供水的，城市供水企业应当采取必要的应急供水措施，保证居民生活用水的需要。通知用户应当采取直接书面通知或其他易于用户知晓的方式。

（3）城市公共供水设施抢修时，有关单位和个人应当给予支持和配合。对影响抢修作业的设施或其他物件，施工单位可以采取必要的处置措施，同时通知产权所有者，事后应当及时恢复原状、给予适当补偿。应当给予补偿的，由城市供水企业与产权所有者依法协商解决。

四、计量管理

供水企业应当实行一户一表计量制，计量到户。城市供水企业按用户计量水表的计量和水价标准收取水费。用户应当按照合同约定缴纳水费。逾期不缴纳的，供水企业可以催缴，并按合同约定对用户收取违约金。

五、价格管理

城市供水按照用水性质和用途实行分类、分级计价，鼓励用户节约用水。城市供水水价的确定和调整，按价格管理权限和程序进行，城市供水企业不得自行确定和调整水价。城市供水水价管理办法，由省价格行政主管部门会同省有关行政主管部门制定，并向社会公布。城市供用水双方应当签订供用水合同，明确双方的权利和义务。

六、盗用或转供管理

禁止城市用水用户有下列行为：盗用城市供水；擅自向其他单位或者个人转供公共供水；擅自改变用水性质和用途等。

七、供水器材和设备管理

城市供水企业使用的供水设备、供水管材、用水器具和净水化学处理剂应符合国家标准。国家尚没有制定统一标准的，应当符合地方标准。禁止生产、销售和使用不符合标准的供水设备、供水管材、用水器具和净水化学处理剂。城市供水、质量技监、卫生等行政主管部门应当对供水设备、供水管材、用水器具和净水化学处理剂的开发和使用依法进行监督、检查。因地制宜采取有效措施，推广和采用先进节水型工艺、节水型生活用水器具，降低城市供水管网漏失率，提高生活用水效率。

第六节 城市纯净水管理

一、纯净水两种方式

城市纯净水一般有两种：①纯净水厂集中生产，然后桶装销售。②在城区、居民小区或建筑物内集中生产并利用管道输送到用户。两者的共性都涉及生产环节和输送环节。生产环节要符合国家对纯净水的相关规范和标准。输送环节第一种要保持桶装水运输过程中的卫生，饮水机的定期清洗及滤芯更换等；第二种则要对输送的管道定期清洗和维护，尤其要在一些弯头等处设置排水阀门，并定期排放，确保用户水龙头出水合格。

下面以 H 项目桶装纯净水为研究对象加以展开。

二、H 项目纯净水生产工艺

1. 设计要求

系统出力：$10m^3/h$。

进水水质要求：最小原水压力 0.2～0.3MPa；水温 10～35℃；污染指数 SDI 小于 5；溶解性固体 TDS 含量小于 300mg/L；浊度小于 1NTU；有机物含量小于 1mg/L；铁含量小于 0.3mg/L；锰含量小于 0.1mg/L。

出水标准：出水电导率小于等于 $10\mu S/cm$；其他出水指标应符合最新国家相关标准。

工艺流程：原水箱→原水泵→机械过滤器→活性炭过滤器→加药→精滤器→反渗透（Reverse Osmosis，RO）装置→氧化塔（由高频臭氧发生器输入臭氧）→纯水箱。

2. 预处理系统

（1）机械过滤器。砂滤器作为过滤设备，在系统中起着举足轻重的作用。系统设置一台直径为 900mm 的立式单流机械过滤器，设计流量为 $15m^3/h$，过滤器内填无烟煤和精制石英砂。主要去除水中的泥沙、悬浮物、杂质等。布水装置采用多孔板加装水帽形式，该水帽具有双向出力不同的功能，运行时出力较小，反洗时出力可几倍增加，使过滤器在正反洗时的布水更均匀，反洗更彻底，出水的品质更高，满足 RO 装置的进水水质要求，保证了 RO 系统的安全、稳定运行。

（2）活性炭过滤器。设置一台直径为 900mm 的活性炭过滤器，设计流量为 $15m^3/h$，过滤器内填精制石英砂和活性炭，布水装置采用多孔板加装水帽形式。活性炭过滤器以活性炭为滤料，主要去除水中的色度、微生物、有机物及其他有害物质。活性炭过滤器投入运行时，进出口会产生一定的压差，当压差达 0.1MPa 时，需对过滤器进行再生和反洗。泥沙和胶体通过高温蒸汽或碱液才能再生彻底和恢复活性炭过滤器的吸附效果。

（3）加药装置。为防止 RO 膜浓水侧溶解固形物浓缩结晶，在其表面结垢，影响 RO 膜的脱盐率、水通量、运行压力等性能参数。如果出现细小晶粒而不能及时处理，溶解固形物会以其为结晶核心，使结晶粒增大，结晶棱角会刺破膜表面，损坏反渗透装置，因而在反渗透装置前设置加药装置。装置包括絮凝、阻垢两部分，主要去除水中的钙、镁等离子，起到软化水的作用。

（4）精密过滤器。为保证反渗透膜组件和高压泵不被悬浮物颗粒损坏，系统设置了一台精密过滤器，出力为 $15m^3/h$，过滤精度为 $5\mu m$，内装聚丙烯滤芯，外壳为不锈钢结构，出口侧设置排污口。精密过滤器运行过程中，所拦截的污物、杂质在滤芯表面形成"架桥"作用，利用污物、杂质本身拦截与其相近的颗粒杂质，过滤效率会随运行时间加长而增大。随着运行时间的延长，进出口压差逐步增大，在进出口压差达到 0.1MPa 时应拆下更换。正常情况下（对系统预处理水水质较好）滤芯可维持半年以上。精密过滤器的结构应满足快速更换滤芯的要求。

3. 反渗透部分

反渗透部分是系统预脱盐的核心，设计的成熟、合理与否不仅直接决定系统能否达到设计要求，而且关系反渗透装置的使用寿命。经反渗透处理的水，可除去绝大部分无机盐类和几乎全部的有机物、微生物和胶体。

（1）高压泵。反渗透膜组件对水中的离子具有选择透过性，因而在反渗透工艺的低压侧（得到渗透液）和高压侧（得到浓缩液）存在着渗透压差，必须要有外界的压力来克服渗透压差，才能够使反渗透装置正常工作并达到设计要求。外界的压力由高压泵提供，根据 RO 计算结果，反渗透装置进水压力为 11.7Pa，三年后的进水压力上升为 13.3Pa。为留有一定的余量，选用 1 台不锈钢多级离心高压泵，额定流量为 $16m^3/h$，扬程 160m。

（2）反渗透膜及膜壳。反渗透膜组件采用低压苦咸水高脱盐率复合膜 ESPA - 8040，单只膜组件的脱盐率为 99.6%，反渗透配置 9 只膜组件，安装在 3 个压力容器中。

（3）反渗透装置。工艺要求反渗透装置出力为 $10m^3/h$，产水电导率小于等于 $10\mu S/cm$，水回收率大于等于 65%。反渗透装置配有相关的流量计、电导率仪、压力表、集中取样装置和控制组件。产水侧设不合格排放阀，能够将刚开机、停机维护、调试时短时间内产生的不合格产水排放，不使其进入后段工序。为保证反渗透系统的安全性，产水侧设置一个高压开关，防止高压对反渗透膜组件产生不可恢复的损伤。

4. 消毒系统

（1）臭氧发生器。臭氧发生器分高频、工频两种，外壳采用优质不锈钢、美观大方、整体五件组合（即干燥、冷凝、过滤、本体、变压系统）于一体。放电单元为介质管，采用稀土玻璃管，散热好、强度大，能耗低，有效提高单元臭氧的产量和浓度。通过冷凝、过滤、干燥系统，将进气露点控制在 -45℃ 以下，使臭氧产量显著提高。

（2）臭氧氧化塔。臭氧氧化塔是一种水与臭氧的混合装置，采用优质不锈钢材料制成，装有可拆式微孔气体扩散器（材质为钛金属）及进口填料。气、水逆向接触时，在填料下方和填料中形成一个臭氧浓度很高的臭氧膜层，是处理纯净水、饮用水及其他流体的最佳氧化设备。

三、H 项目纯净水生产管理

（1）纯净水生产车间的全部机电设备及生产的纯净水由持证上岗的专职人员定期进行保养、维修、清洁、消毒，记录在《值班情况记录表》中。

（2）纯净水生产车间的电器及管路系统平时应置于自动工作状态，所有操作应有明确的标识，简单明了。

（3）每年年底至次年 1 月，按规定进行定期保养。

（4）员工必须保持良好个人卫生习惯，进入纯净水生产车间前须穿戴整洁的工作服、工作帽、工作鞋，工作服应盖住外衣，头发不得露于帽外，并佩戴口罩。员工还应做好纯净水房内设备设施等卫生管理工作。

（5）定期将水质原样送检（市卫生防疫站），且每年应按照最新《生活饮用水卫生标准》各项检验一次。

（6）员工必须体检合格，并持有防疫部门发给的健康证。

（7）纯净水系统专职操作人员按设备说明于每年12月编制水房消毒、清洗年计划，每年消毒、清洗不少于4次。

（8）纯净水房《卫生检测结果报告单》等原始资料存档保存。

四、H 项目纯净水进销管理

主要针对纯净水（桶装水）的销售部、经销商、供水店，实时跟踪物流和资金流的变化，随时掌握进、销、存状况。

（1）业务均采用信息自动化管理，只需要输入原始凭证即可。

（2）分为进货、销售、库存、现金进出、报表五大模块，强大的查询功能可供随时了解任何时间的业务数据及状况。

（3）通过供应商来往、客户来往功能跟踪饮水桶的进出，便于对押入桶、借入桶、押出桶和借出桶的数量统计。

（4）查看每日对账和每月对账报表，了解资金进出情况。

（5）详细的销售排行报表，随时可以了解最畅销的品牌。

（6）通过客户饮水排行报表，掌握黄金客户，采取有针对性的特色服务。

（7）未饮水客户报表，能知道本月哪些客户没有买水，及时了解原因，防止客户流失。

（8）统计功能，含送货员送货量统计和业务员拓展的客户的销售量统计。

（9）订单和销售单的收款统计，按送货员和经手人分别统计每日回收的货款。

（10）销售业务支持来电显示，客户打电话时自动调出客户资料。

复 习 思 考 题

1. 城市供水水源有哪些？

2. 城市自来水厂的规划与整合要注意哪些事项？

3. 城市自来水厂生产管理对混凝有哪些要求？

4. 在规定的城市供水输配管道的地面和地下的安全保护范围内禁止从事哪些活动？

5. 小组情景讨论：假设你是一个 20 万 m^3/d 的城市自来水厂厂长，如何与 2 名副厂长做好水厂的生产运营？

案例 4　可燃的自来水

第五章 城市污水环境管理

第一节 城市污水来源概述

按污水来源分类，一般可分为生活污水和生产污水。生产污水包括工业污水、农业污水及医疗污水等。

一、污水的相关概念

（1）《水回用导则 污水再生处理技术与工艺评价方法》（GB/T 41017—2021）中对污水、再生水、污水再生处理的定义如下。

污水（wastewater）：在生产与生活活动中排放的水的总称。

再生水（reclaimed water；recycled water；reused water）：污水经处理后，达到一定水质要求，满足某种使用功能，可以安全、有益使用的水。

污水再生处理（wastewater reclaimation）：以生产再生水为目的，对污水或达到排放标准的污水处理厂出水，进行净化处理的过程。

（2）《城镇污水处理厂污染物排放标准》（GB 18918—2002）中对城镇污水的定义如下。

城镇污水（municipal wastewater）：指城镇居民生活污水，机关、学校、医院、商业服务机构及各种公共设施排水，以及允许排入城镇污水收集系统的工业废水和初期雨水等。

（3）《石油化学工业污染物排放标准》（GB 31571—2015）中对石油化学工业废水的定义如下。

石油化学工业废水（petroleum chemistry industry wastewater）：石油化学工业生产过程中产生的废水，包括工艺废水、污染雨水（与工艺废水混合处理）、生活污水、循环冷却水排污水、化学水制水排污水、蒸汽发生器排污水、余热锅炉排污水等。

工艺废水（process wastewater）：石油化学工业企业生产过程中与物料直接接触后，从各生产设备排出的废水。

污染雨水（polluted rainwater）：石油化学工业企业或生产设施区域内地面径流的污染物浓度高于本标准规定的直接排放限值的雨水。

废水集输系统（wastewater collection and transportation system）：用于废水收集、储存、输送设施的总和，包括地漏、管道、沟、渠、连接井、集水池、罐等。

公共污水处理系统（public wastewater treatment system）：通过纳污管道等方式收集废水，为两家以上排污单位提供废水处理服务并且排水能够达到相关排放标准要求的企业或机构，包括各种规模和类型的城镇污水处理厂、园区（包括各类工业园区、开发区、工业聚集地等）污水处理厂等，其废水处理程度应达到二级或二级以上。

二、生活污水

生活污水是指人类生活过程中产生的污水，主要为粪便和洗涤污水，包括厨房、洗涤房、浴室和厕所排出的污水。生活污水是水体的主要污染源之一。城市每人每日排出的生活污水量约为 150～400L，水量的大小与生活水平有密切关系。生活污水中含有大量有机物，如纤维素、淀粉、糖类和脂肪蛋白质等；也常含有病原菌、病毒和寄生虫卵；无机盐类的氯化物、硫酸盐、磷酸盐、碳酸氢盐和钠、钾、钙、镁等。总的特点是含氮、含硫和含磷高，在厌氧细菌作用下，易生恶臭物质。

三、生产污水

1. 工业污水

工业污水是指工业生产过程中排出的污水，包括工艺过程用水、机器设备冷却水、烟气洗涤水、设备和场地洗涤水等。工业类型繁多，每种工业由多段工艺组成，产生污水性质不同，成分非常复杂。根据污水对环境污染所造成的危害的不同，大致可划分为固体污染物、有机污染物、油类污染物、有毒污染物、生物污染物、酸碱污染物、需氧污染物、营养污染物、感官污染物和热污染等。

工业污水中的污染物引起原因主要有：该污染物是生产过程中的一种原料；该污染物是生产原料中的杂质；该污染物是生产的产品；该污染物是生产过程中的副产品；该污染物是污水排放前预处理或处理过程中因输送、投加药剂等原因或其他偶然因素造成的。

根据工业污水所含的主要有害物质，划分其来源，见表 5-1。

表 5-1　　　　　　　　　　　工业污水有害物质与来源分析

有害物质	工业污水主要来源
酸	化工、矿工、钢铁、有色金属冶炼、机械、电镀工业等
碱	化纤、制碱、造纸、印染、皮革、电镀工业及石油炼化厂等
汞及其化合物	氯碱、汞制剂农药、化工、仪表、电镀、汞精炼工业等
镉及其化合物	矿山、冶炼、电镀、化工、金属处理、电池、特种玻璃工业等
六价铬及其化合物	矿山、冶炼、电镀、化工、金属处理、电池、特种玻璃工业等
砷及其化合物	矿石处理、制药、冶炼、化工、玻璃、涂料、农药、化肥工业等
酚	焦化、煤气、煤油、合成树脂、化工、染料、制药工业等
氰化物	焦化、煤气、电镀、金属清洗、有机玻璃、丙烯腈合成、煤油工业及黄金工业等
铅及其化合物	冶炼、化工、农药、汽油防爆、含铅油漆、搪瓷工业等
油	煤油、机械、食品加工、油田、天然气加工工业等
硫化物	化工、皮革、煤气、焦化、染色、粘胶纤维、煤油、油田、天然气加工工业等
游离氯	造纸、织物漂白、化工工业等
有机磷、有机氯	农药、化工工业等
多氯联苯	原子能工业、放射同位素实验室、医院、武器生产等

2. 农业污水

农业污水来源主要有农田径流、饲养场污水、农产品加工污水等。污水中含有各种病原体、悬浮物、化肥、农药、不溶解固体物和盐分等。农业污水数量大、影响面广。污水中氮、磷等营养元素进入河流、湖泊、内海等水域，可引起富营养化；农药、病原体和其他有毒物质能污染饮用水源，危害人体健康，造成大范围的土壤污染，破坏生态系统平衡。农田径流是指雨水或灌溉水流过农田表面后排出的水流，是农业污水的主要来源。农田径流中主要含有氮、磷、农药等污染物。土壤中的氮、磷等营养元素，可随水和径流中的土壤颗粒流失。

（1）农田径流。①氮：施用于农田而未被植物吸收利用或未被微生物和土壤固定的氮肥，是农田径流中氮的主要来源。化肥以硝态氮和亚硝态氮形态存在时，尤其容易被径流带走。农田径流中的氮还来自土壤的有机物、植物残体和施用于农田的厩肥等。一般土壤中氮含量为 $0.075\% \sim 0.3\%$，以表土层厚 15cm 计，氮含量每公顷为 $1500 \sim 6000$kg，每年矿化的氮每公顷约为 $30 \sim 60$kg。不同地区和土壤农田径流的含氮量有较大差别。②磷：土壤中磷含量为 $0.01\% \sim 0.13\%$，水溶性磷为 $0.01 \sim 0.1$ppm。土壤中的有机磷不活动，无机磷也容易被土壤固定。荷兰海相沉积黏土农田径流中含磷约为 0.06mg/L，河流沉积物黏土农田径流中含磷约为 0.04mg/L，挖掘过泥炭的有机质含量丰富的土壤径流中含磷量约为 0.7mg/L，水稻田因渍水可使土壤中可溶性磷含量增加，每年失磷较多，每公顷约为 0.53kg。③农药：农田径流中农药的含量一般不高，流失量为施药量的 5% 左右。如施药后短期内出现大雨或暴雨，第一次径流中农药含量较高。水溶性强的农药主要在径流的水相部分；吸附能力强的农药可吸附在土壤颗粒上，随径流中的土壤颗粒悬浮在水中。

（2）饲养场污水。饲养场污水是指牲畜、家禽的粪尿污水，是农业污水的第二个来源。饲养场污水可作为厩肥，但是发达国家往往弃置不用，以免造成环境问题。厩肥大都采用面施的方法，如果厩肥中大量可溶性碳、氮、磷化合物还未与土壤充分作用前就出现径流，也能造成比化肥更严重的污染。饲养场牲畜粪尿的排泄量大，用未充分消毒灭菌的粪尿水浇灌菜地和农田，会造成土壤污染；粪尿被雨水径流冲到河溪塘沟，会造成饮用水源污染。在饲养场临近河岸和冬季土地冻结的情况下，这种污水对周围水生、陆生生态系统的影响更大。

（3）农产品加工污水。农产品加工污水是指水果、肉类、谷物和乳制品的加工，以及棉花基本染色、造纸、木材加工等工业排出的污水，是农业污水的第三个来源。发达国家农产品加工污水量相当大，如美国食品工业每年排放污水约 25 亿 m^3，在各类污水中居第五位。

3. 医疗污水

医疗污水中的病原微生物主要有病原性细菌、肠道病毒、蠕虫卵和原虫四类。包括沙门氏菌属痢疾杆菌、霍乱弧菌、致病性大肠杆菌、传染性肝炎病毒、脊髓灰质炎病毒、柯萨基病毒、新冠病毒、蛔虫卵、钩虫卵、血吸虫卵、阿米巴原虫等。我国大多数医疗污水中细菌总数每毫升达几百万个至几千万个，其中大肠菌群数每毫升污水大多在 20 万个以上，肠道致病菌检出率达 $30\% \sim 100\%$，医院每天排出成百上千吨含有传染性病原菌的医疗污水，这些污水如不及时处理，通过市政污水管道进入污水处理厂后，造成处理后水的质量下降，影响人的身体健康。对于这些最危险的多种疾病的潜在传染源，要加强检验，通过污水处理，达标排放。

第二节　城市污水处理厂管理

一、城市污水处理厂技术经济评价

城市污水处理厂技术经济评价是污水处理厂建设和管理的重要内容，能够反映基本建设工程的投资费用构成，是对设计方案进行评价的基础和标准。

1. 技术经济指标

城市污水处理厂运行的好坏，常用一系列的技术经济指标来衡量，主要包括处理污水量、排放水质、污染物质去除效率、电耗及其他能耗等指标。另外，污水处理厂还应做好一系列的运行报表工作。

2. 经济评价方法

建设项目经济评价是可行性研究的有机组成部分和重要内容，是城市污水处理厂项目和方案决策科学化的重要手段。经济评价的目的是根据国民经济发展规划的要求，在做好需求预测及厂址选择、工艺技术选择等工程技术研究的基础上，计算项目的投入费用和产出效益，通过多方案比较，对拟建项目的经济可行性和合理性进行论证分析，做出全面的经济评价，经比较后推荐最佳方案，为项目决策提供科学依据。

3. 基本建设投资

基本建设投资是指一个污水处理厂建设项目从筹建、设计、施工、试生产到正式投入运行所需的全部资金，它包括可以转入固定资产价值的各项支出以及应核销的投资支出。基本建设投资由工程建设费用、其他基本建设费用、工程预备费、设备材料价差预备费和建设期利息等组成。在估算和概算阶段通常称工程建设费用为第一部分费用，其他基本建设费用为第二部分费用。按时间因素分为静态投资和动态投资。静态投资指第一部分费用、第二部分费用和工程预备费。动态投资指包括设备材料价差预备费和建设期利息的全部费用。

4. 生产成本

城市污水处理厂的生产成本包括：折旧费、财务费和运行成本费。运行成本费为：人员费、动力费、维修费、药剂费、检测费、污泥处理费、自来水费和其他费用等。其中：人员费包括人员工资及附加费、管理费、车辆费；动力费包括全厂电费；维修费包括日常的设备维修保养费、仪表的校验费、设备大修费和管道的维护费；药剂费包括各种化学试剂、絮凝剂、消毒剂费；检测费包括水质检测化验费等；污泥处理费是对产生的污泥进行处理处置的费用；自来水费是办公、食堂等自用水费用；其他费用按照一定比例估计。

二、污水处理厂试运行管理

污水处理厂的试运行，包括复杂的生物化学反应过程的启动和调试，过程缓慢，耗费时间较长，受环境条件和水质水量的影响较大。污水处理厂的试运行与工程验收一样，是污水治理项目中最重要的环节。通过试运行可以进一步检验土建工程、设备和安装工程的质量，是保证正常运行过程的基础，进一步达到污水治理项目的环境效益、社会效益和经济效益。污水处理厂试运行，既要检验工程质量，也要检验工程运行是否能够达到设计的处理效果，要求如下。

（1）通过污水处理厂试运行，检验土建、设备和安装工程的质量，建立设备档案材料，对相关机械、设备及仪表的设计合理性、运行操作注意事项等提出建议。

（2）对污水处理厂某些通用或专用设备进行带负荷运转，并测试其能力。如水泵的提升流量与扬程、鼓风机的出风风量、压力、温度、噪声与振动等，曝气设备充氧能力和氧利用率，刮（排）泥机械的运行稳定性、保护装置的效果、刮（排）泥效果等。

（3）污水处理厂单项处理构筑物的试运行，要求达到设计处理效果，尤其是采用生物处理法的，要培养（驯化）出微生物活性污泥，并在达到处理效果的基础上，找出最佳运行工艺参数。

（4）在污水处理厂单项设施试运行的基础上，进行整个工程的联合运行和验收。确保达到很好的生产效果，处理的污水达标排放。

三、污水处理厂运行管理

污水处理厂的运行管理，是指从污水管网输送进来的污水，在污水处理厂进行处理达标后排放的全过程管理，需要计划、组织、控制和协调，包括行政管理、技术管理、工艺管理、设备管理、安全管理等。

1. 水质管理

污水处理厂水质管理是各项工作的核心和目的，是保证达标的重要因素。水质管理制度包括：各级水质管理机构责任制度，"三级"（指环保监测部门、污水处理公司和污水处理厂站）检验制度，水质排放标准与检验制度，水质控制与清洁生产制度等。

2. 污水处理运行管理

（1）格栅。通过计算最佳过栅流速来确定格栅投入运行的台数。也可通过污水处理厂前部设置的流量计、水位计了解进入的污水流量及渠内水深，再按设计推荐或运行操作规程设计的过流污水量与格栅工作关系，确定投入运行的格栅数量。

格栅除污机实时清污，主要利用栅前液位差来控制。值班人员应经常巡视，检查栅渣量大小，提高效率。加强巡查，及时发现格栅除污机故障；及时压榨、清运栅渣；保持格栅间通气换气良好。定期检查渠道的沉砂情况：由于污水流速减小，或渠道内粗糙度加大，格栅前后渠道内可能会积砂，应定期检查清理积砂，修复渠道。做好运行测量与记录工作，测定每日栅渣量的重量或容量，并通过栅渣量的变化判断格栅是否正常运行。

（2）污水提升泵房。泵组的运行调度：污水进入泵房，为保证抽升量与来水量一致，泵组的运行调度应尽量利用大小泵的组合来满足水量，而不是靠阀门来调节，以减少管路水头损失，节能降耗；保持集水池的高水位，可降低提升扬程；水泵的开停次数不要过于频繁；各台泵的投运次数和时间应基本均匀。注意各种仪表指针的变化：如真空表、压力表、电流表、轴承温度表、油位表的变化。若指针发生偏位或跳动，应查明原因，及时解决。

集水池的维护：污水流速减慢，泥沙可能淤积集水池池底。定期清洗时，应注意安全。清池前，首先强制通风，达到安全要求后，才能下池工作。下池后仍应保持一定的通风量。每个操作人员在池下工作时间不能过长。

做好运行记录：主要仪表的显示值，各时段水泵投运的台号，异常情况及其处理结果等。

（3）沉淀池的运行管理。运行操作人员应观察并记录反应池矾花情况，并与以前比较，如发现异常，及时分析原因，并采取相应对策。例如：反应池末端矾花颗粒细小，水体浑浊，且不易沉淀，则说明混凝剂投药可能不够。若反应池末端矾花颗粒较大但很松散，沉淀池出水异常清澈，出水中夹带大量矾花，则说明混凝剂投药量可能过大，矾花颗粒大，但不密实，不易沉淀。

运行管理人员应加强对进入污水水质的检验，并定期进行烧杯搅拌试验。通过改变混凝剂或助凝剂种类，改变混凝剂投加量，改变混合过程的搅拌强度等，来确定最佳混凝条件。例如：当水量或水中悬浮物（suspended solids，SS）浓度发生变化时，应适当调整混凝剂投加量；当进入污水水温或 pH 值发生变化，可改变混凝剂或助凝剂来提高混凝效果；当进入污水中有机性胶体颗粒含量变化，应及时调整混凝剂或助凝剂。

采用机械混合方式时，应定期测试计算混合区的搅拌梯度，有问题时应及时调整搅拌设备转速或调节进入污水量。采用管道混合或采用静态混合器混合时，由于流量减少，流速降低，会导致混合强度不足。对于其他类型的非机械混合方式，如有类似情况，应加强运行的合理调度，尽量保证混合区内有充足的流速。对于絮凝反应池也一样，应通过流量调整来保证其水流速度。

应定期清除絮凝反应池内的积泥，避免反应区容积减少，池内流速增加使时间缩短，导致混凝效果下降。反应池末端和沉淀池进水配水墙之间大量积泥，会堵塞部分配水孔口，流速过大，打碎矾花，使沉淀困难，此时应停止运行，清除积泥。合理确定沉淀池排泥次数和排泥时间，及时准确排泥，否则沉淀池内积存大量污泥，会降低有效池容，使沉淀池内流速过大。加强巡查，确保沉淀池出水堰的平整。否则，沉淀池出水不均匀造成池内短流，将破坏矾花的沉淀效果。经常观察混合、反应排泥或投药设备的运行状况，及时维护，发生故障及时更换报修。

定期清洗加药设备，保持清洁卫生；定期清扫池壁，防止藻类滋生。定期标定加药计量设施，必要时更换，保证计量准确。加强对库存药剂的检查，防止变质失效。对硫酸亚铁尤其要注意。用药贯彻"先存后用"的原则。配药时要严格执行卫生安全制度，必须戴胶皮手套以及其他劳动保护措施。做好分析测量与记录。

（4）生化曝气池及二沉池的运行管理。经常检查与调整曝气池配水系统和回流污泥的分配系统，确保各池之间的污水和污泥均匀。经常观测曝气池混合液的静沉速度、污泥沉降比（sludge settling velocity，SV）及污泥指数（sludge volume index，SVI），若活性污泥发生膨胀，判断是否存在下列原因：进入污水有机质太少，曝气池内污泥负荷（F/M）太低，进入污水氮磷营养不足，pH 值偏低不利于菌胶团细菌生长；混合液溶解氧（dissolved oxygen，DO）偏低；污水水温偏高等。及时采取措施控制污泥膨胀。经常观测曝气池的泡沫发生状况，判断泡沫异常增多原因，及时采取处理措施。及时清除曝气池边角外飘浮的部分浮渣。定期检查空气扩散器的充氧效率，判断空气扩散器是否堵塞，并及时清洗。注意观察曝气池液面翻腾状况，检查是否有空气扩散器堵塞或脱落情况，并及时更换。每班测定曝气池混合液的 DO，及时调节曝气系统的充氧量，或设置空气供应量自动调节系统。注意曝气池护栏的损坏情况并及时更换或修复。

当地下水位较高，或曝气池、二沉池放空，应注意漂池。经常检查并调整二沉池的配水设施，使进入各池的混合液均匀。经常检查并调整出水堰板的平整度，防止出水不均和短流，及时清除挂在出水堰板的浮渣。及时检查浮渣斗排渣情况并经常用水冲洗浮渣斗。及时清除出水槽上生物膜。经常检测出水是否带走微小污泥絮粒，造成污泥异常流失。判断污泥异常流失是否为以下原因：污泥负荷偏低且曝气过度，入流污水中有毒物浓度突然升高细菌中毒，污泥活性降低而解絮。需要采取针对措施及时解决。

经常观察二沉池液面，看是否有污泥上浮现象。若局部污泥大块上浮且污泥发黑带臭味，则二沉池存在死区；若许多污泥块状上浮又不同上述情况，则可能为曝气池混合液 DO 偏低，二沉池中污泥反硝化，应及时采取针对措施避免影响出水水质。一般每年将二沉池放空检修一次，检查水下设备、管道、池底与设备的配合等是否异常，并及时修复。

做好分析测量与记录每班应测试项目：每小时一次或在线检测曝气混合液的 SV 及DO。每日应测定项目：进出污水流量；曝气量或曝气机运行台数与状况；回流污泥量，排放污泥量；进出水水质指标：化学需氧量（chemical oxygen demand，COD）、生化需氧量（biochemical oxygen demand，BOD）、SS、pH 值；水温；活性污泥生物相。每日或每周应计算确定的指标：污泥负荷 F/M，污泥回流比 R，二沉池的表面水力负荷和固体负荷，水力停留时间和污泥停留时间等。

（5）消毒系统的运行管理。以紫外线消毒方式为例。紫外线消毒系统可由若干个独立的紫外灯模块组成，且水流靠重力流动，不需要泵、管道及阀门。灯管布置要求灯管排列方向与水流方向一致呈水平排列，且保证所有灯管互相平行和间距一致。所有灯管和灯管电极应保证完全浸没在污水中，正负两极应由污水自然冷却以保证在同温下工作。操作人员做好紫外线辐射防护措施。

紫外线消毒效果与其剂量成正比关系，剂量太低对微生物的消毒效果较差，且还有修复现象（光修复和暗修复），但是如果紫外线的剂量太大会造成浪费。因此，合理控制紫外线的剂量十分重要。当遇到水质较差时，可以降低流量、延长紫外线照射时间，提高消毒效果，反之亦然。水体中的生物群、矿物质、悬浮物等容易积聚在灯套管表面，影响紫外光的透出而影响 UV－C 的消毒效果。因此，需要设计特殊的附加机械设备来定期清洗灯套管。水的色度、浊度和有机物、铁等杂质都会吸收紫外线而降低紫外线的透过强度，从而影响紫外线的消毒效果。因此，在污水进入紫外消毒器前，需要其他预处理设备提高紫外线消毒器的消毒效果。

（6）污泥脱水管理。污泥脱水是污水处理厂的重要环节，处理好坏将直接影响后续的处置。经常检测脱水机的脱水效果，若发现分离液（或滤液）浑浊，或泥饼含固量下降，应分析情况采用针对措施解决；经常观察污泥脱水装置的运行状况，针对不正常现象，采取纠偏措施，保证正常运行；每天应保证脱水机有足够的冲洗时间，当脱水机不工作时，机器内部及周身冲洗干净，保持清洁，降低恶臭，否则积泥干了后冲洗非常困难；按照脱水机的要求，经常做好观察和机器的检查维护；经常检查脱水机易磨损情况，必要时更换；及时发现脱水机进泥中砂粒对滤带的破坏情况，损坏严重时应及时更换；做好分析测量记录。

（7）活性污泥系统的调度管理。①活性污泥系统的运行调度。在运行管理中，经常要进行调度，对一定水质水量的污水，确定投运几座曝气池、二沉池，几台鼓风机，以及多大的回流能力，每天要排放多少污泥。可按以下编制：确定水量和水质→确定污泥负荷 F/M→确定混合液污泥浓度 MLVSS→确定曝气池的投运数量→核算曝气时间→确定鼓风机投运台数→确定二沉池的水力表面负荷→确定回流比。②活性污泥系统的控制周期问题。污水处理厂对活性污泥系统很难做到时刻进行调控。曝气系统应实时控制；污泥回流比可在较长时间段内维持恒定，但应每天检查核算；排泥量可在较长时间段内维持恒定，但应每天核算。当进入污水量发生变化或水质突变时，应及时控制，或重新进行运行调度。

3. 运行异常问题对策

工艺控制不当、进水水质变化及环境因素变化等会导致污泥膨胀、生物相异常、污泥上浮、泡沫多等异常现象，运行操作人员要严格按规程操作，遇到以上问题及时处理并上报。

污泥膨胀问题：发生污泥膨胀后，要分析研究确定污泥膨胀的种类及形成原因。着重分析进水氮、磷营养物质是否足够，生化池内 F/M、pH 值、溶解氧是否正常，进水水质、水量是否波动太大等。根据分析出的种类、因素做相应调整。由于临时原因造成的污泥膨胀问题，采取污泥助沉法或灭菌法解决；由于工艺运行控制不当原因造成的污泥膨胀问题，根据不同因素采取相应工艺调整措施解决。

泡沫问题：发生泡沫后，要分析泡沫的种类及形成原因，并做相应调整。如：化学泡沫，采取水冲或加消泡剂解决。生物泡沫，则增大排泥，降低污泥龄，预防为主。

污泥上浮问题：一般指由于污泥在二沉池内发生酸化或反硝化导致的污泥上浮情况。酸化污泥上浮，采取及时排泥的控制措施。反硝化污泥上浮，采取增大剩余污泥的排放，降低污泥龄，控制硝化的措施。

4. 记录与统计

污水处理系统的日常管理，记录与统计分析十分重要。每年每月每日都要及时记录，并注意检查原始记录的准确性与真实性。做好收集、保存、积累、分析、整理与汇总等工作。记录必须及时、准确、完整、清晰，实事求是地反映运行情况。污水处理系统各工艺段，都应按既定的运行记录格式逐项填写，不可遗漏，统计报表也同样如此。统计报表最终须经技术人员校核和综合分析，并及时将结果向上级管理人员汇报。原始记录内容很多，主要有值班记录、设备维修记录、工作日志、统计报表等。

5. 运行考核的主要指标

为加强污水处理系统运行管理工作，必须对成本、水量、水质、设备（设施）完好率、能源（材料）消耗、安全生产等一系列指标进行考核。

处理成本：提高处理能力，降低处理成本，以利于成本核算。计算成本费用主要方法有处理每立方米污水所需要的成本费或处理每千克 BOD 所需要的成本费方法。

处理水量和处理水质：每日进入污水处理厂进行处理的总污水量，是考核污水处理厂处理能力的一个主要指标，是重要的基础数据之一。污水处理厂处理水量的指标，是根据设计规模达产率来考核的。处理水质可按设计的不同处理工艺应达到的出水水质进行考核。

设备完好率：设备完好与正常运转，是确保污水处理厂正常运营的保障，非常重要。

能源消耗：能源消耗主要指电耗和药耗等，是污水处理厂运行系统成本组成的重要部分。

安全生产：污水处理系统在运行管理中，必须健全各级安全管理机构，建立安全规章制度，保证污水处理系统安全、正常运行，尽可能减少设备损坏与人身伤亡事故。

6. 安全生产管理制度

污水处理厂安全生产管理制度有：安全生产责任制度、安全生产教育制度、安全生产检查制度、伤亡事故报告制度、安全生产操作规程、安全生产奖罚条例等。

污水处理厂安全技术管理制度有：工艺和设备的管理制度，生产环境安全的管理制度，安全技术操作规程，加强个人防护用品的管理制度，组织制定安全技术标准制度，防爆易燃、危化品管理制度等。

7. 污水处理厂设备管理

（1）设备管理内容。设备管理是指从设备购置、安装、调试、验收、使用、保养、检修直到报废，以及更新全过程的管理工作。污水处理厂内格栅除污机、刮泥机、污泥浓缩机、潜水推进器等是运行工艺段重要的大型设备，每种设备都有很多品种和规格，只有保证这些设备安全、正常运行，充分发挥其工作效能，才能使整个污水处理厂正常地运转起来。所有设备都有它的运行、操作、保养、维修规律，只有按照规定的工况和运转规律，正确地操作和维修保养，才能使设备处于良好的状态。同时，机械设备在长期运行过程中，因摩擦、高温、潮湿和各种化学反应的作用，不可避免地造成零部件磨损、配合失调、技术状态恶化、作业效果下降等情况，必须准确、及时、快速、高质量地保养和维修，以使设备恢复性能，处于良好的工作状态。

（2）设备的完好标准和维修周期。设备的完好程度是衡量污水处理厂管理水平的重要内容之一，可用设备完好率来表示，它是指一个污水处理厂拥有生产设备中的完好台数，占全部生产设备台数的百分比。

$$设备完好率＝（完好设备台数/设备总台数）×100\%$$

设备完好标准主要有：设备性能良好，各主要技术性能达到原设计，或最低限度应满足污水处理生产工艺要求；操作控制的安全系统装置齐全、动作灵敏可靠；运行稳定，无异常振动和噪音；电器的绝缘程度和安全防护装置应符合电器安全操作规程规定；设备的通风、散热和冷却、隔音系统齐全完整，效果良好，温升在额定范围内；设备内外整洁，润滑良好，无泄漏；运转记录、技术资料齐全。

设备使用一段时间后，必须进行小修、中修、大修或重置。有些设备，制造厂明确规定小修、大修期限；有的设备没有明确规定，须根据设备的复杂性、易损零部件的耐用度以及该厂的保养条件确定维修周期。维修周期是指设备的两次维修之间的工作时间。污水处理厂设备的大修周期应根据设备使用手册具体对待。

（3）建立完善的设备档案。设备档案包括技术资料、运行记录、设备维修档案等三部分。①技术资料档案：包括设备说明书、图纸资料、出厂合格证明、安装记录、安装及试运行阶段的修改洽谈记录、验收记录等。这些资料是运行及维护人员了解设备的基础。②运行记录档案：是对设备日常运行状况的记录，由运行操作人员填写。如每台设备的日运行时间、运行状况、累计运行时间，每次加油时间，加油部位、品种、数量，故障发生的时间及详细情况，易损件的更换情况等。③设备维修档案：包括大、中修的时间，维修中发现的问题、处理方法等。由维修人员及设备管理技术人员填写。根据以上三部分档案，设备管理技术人员可对设备运行状况和事故进行综合分析，对下一步维修保养提出建议，制订设备维修计划或设备更新计划。

8. 电气的管理

运行状态：设备的刀闸及开关都处于合上的位置，与受电端间的电路接通，包括辅助设备如电压互感器、避雷器等。

热备用状态：设备开关断开而刀闸仍在合上位置。

冷备用状态：设备开关及刀闸都在断开位置。"开关冷备用"或"线路冷备用"时，接在开关或线路上的电压互感器高低压熔丝一律取下，高压刀闸拉下，电压互感器与避雷器用刀闸隔离；若无高压刀闸的电压互感器，在低压熔丝取下后，即处于"冷备用状态"。

检修状态：设备所有开关、刀闸均断开，挂好保护接地线或合上接地刀闸，并挂好工作牌，装好临时遮拦时，即作为"检修状态"。

开关检修：开关及两侧刀闸均拉开，开关与线路刀闸间有压变者，则该压变的刀闸需要拉开，或高低压熔丝取下，在开关两侧挂上接地线（或合上接地刀闸），做好安全措施。

线路检修：线路开关及其线路侧、母线侧刀闸拉开，如有线路压变者，应将其刀闸拉开或高低压熔丝取下，并在线路出线端挂好接地线（或合上接地刀闸）。

9. 自动化与测量仪表的管理

在污水处理过程中，需要检测的参数是多种多样的，例如污水处理厂的进出水温度、溶解氧、pH值、污泥浓度、浊度等。测量仪表种类很多，结构各异，因而分类方法也很多。按仪表使用的能源和信号分类，可分为气动仪表、电动仪表和液动仪表；按安装方式分类，可分为架装仪表和盘装仪表；按组成形式分类，可分为单元组合式仪表和基地式仪表；按所检测的参数分类，可分为压力仪表、液位测量仪表、温度测量仪表、流量测量仪表、成分分析仪表。

仪表资料管理：一台仪表的资料、档案齐全，对于日常维护、故障等判断及处理都很重要。每台仪表都要建立一本履历书作为档案。履历书内容：仪表位号；仪表名称、规格型号；精度等级；生产厂家；安装位置、用途；测量范围；投入运营日期；校验、标定记录（标定日期、方法、精度校验记录）；维修记录（维修日期，故障及处理方法，更换部件记录）；日常维护记录（零点检查，量程调整、检查，外观检查，定期清洗等）；原始资料（设计、安装等资料，线缆的走向，信号的传递，厂家提供的合格证、检验记录、设计参数、使用维护说明书等）。

日常维护、保养及检修：对于每台在线仪表，日常维护、保养、检修可遵循生产厂家提供的相关资料来进行。一般来说，日常维护工作包括：每日巡视检查、定期清扫与清洗、校验与标定、故障分析、部件更换以及检修后校验等。

第三节　城市排水管网管理

排水管网分雨污合流制和雨污分流制，一般来说，雨污合流制在城市老城区较多，新建城区多采用雨污分流制。随着城市发展，改造老城区房屋和道路同时，排水管道也得到改造，破旧立新，科学截污。有效的管理，必然提高排水管网的运转效率，减少渗漏，使更多污水送达污水处理厂处理。

一、排水管网存在的问题

1. 规划不合理

有的地方由于城市规划变动大，对排水管网的规划和布局也产生很大影响。尽管一些城市不断完善污水管网规划，但由于建成区范围不断扩大及城市化速度加快，局部地区的污水工程规划仍滞后于工程建设，影响了截污效果。

2. 设计和建设问题

有些城市在排水管网设计之初，由于主客观上的原因，未充分考虑城市发展的需要。资金缺口导致排水管道的管径、埋设深度等不能满足实际要求，在使用时经常发生淤积或堵塞。

3. 排水管网与污水处理厂不配套

排水管网与污水处理厂的建设脱节。有时污水处理厂建得很快，但排水管网建设滞后，不能有效衔接，污水不能全部收集处理。

4. 排水管网维护措施落后

有些排水管网维护措施落后，资金不到位，"头痛医头，脚痛医脚"，疲于应付。存在重厂不重网的情况，信息化智慧管理手段跟不上，难以满足城市发展的需要。

二、科学规划和设计排水管网

科学规划和设计排水管网，从源头着手，根据城市发展需要，实时动态优化和调整规划。排水管网建设规划要注重全覆盖、良好衔接和超前性，统筹安排，克服短期行为。要在城市总体规划的指导下，及时编制和更新污水管网规划，确保新老城区全覆盖，科学地指导污水设施的布局和建设。重视污水工程规划、主城区截污工程规划与总体规划的调整衔接配套。科学预测污水量和流量，管网容量的确定应适当超前，留有余地，避免管网频繁更新。条件具备的地区宜建公共管廊，有利于管线的敷设和更新，提高综合效益。

三、健全排水管网建设管理组织体系

进一步健全排水管网建设管理组织体系，加强领导，完善制度。落实规划、建设、管理、运营等方面的责任，强化目标管理，提高管理水平。及时完善现有城市排水管理办法，就建设计划制定、管网建设模式、"三同时"执行、农村地区污水治理、污水在线监测、超标排污处罚等有关问题完善相关规定要求，明确责任主体，使城市排水管网建设管理工作进一步科学化、制度化和规范化。

四、排水管网具体管理

1. 排水管网系统建设管理

排水管网系统建设应遵循整体规划、集群成网、干管先行、管路同步、发挥效益的原则。道路和地下管网同步施工，不仅可以减少资金投入，避免重复劳动，也减小对环境的破坏和对公众的影响。污水主干管先行建设，有利于保障城市污水管网的通达性。支管、干管、泵站和污水处理设施的建设要形成系统，实现有管可接、有管必接、管网通畅，才能实现截污至污水处理厂，处理后达标排放的最终目的。

2. 提高排水管道检测技术

排水管道检测目的主要是检查排水管道的健康状况，检测的对象包括雨、污水管道等。常用检测技术如下。

（1）传统检测方法。①目测法。观察同一条管道窨井内的水位是否一致，确定管道是否堵塞。②潜水员进入管道检查。在一些无检测设备的地方，对大口径管道可采用该方法，但要采取相应的安全预防措施，包括暂停管道输送水、确保管道内没有有毒有害气体等。③量泥斗检测。主要用于管道和检查井内的积泥厚度。

（2）管道电视检测。管道电视检测也称 CCTV（closed circuit television）检测，是目前国际上用于管道状况检测最有效的手段之一。CCTV 的设备包括摄像头、灯、爬行器、电线（线卷）及录影设备、电源控制设备、监视器、承载摄影机的支架和长度测量仪等。检测时操作人员在地面远程控制 CCTV 检测车，进行管道内的录像拍摄，再由技术人员根据这些录像进行管道内部状况的评价与分析。利用 CCTV 检测可以直观地反映管道内部的各种不良情况：腐蚀、坍塌、老化、障碍物、有无错口等，并确定污水管道的现有状况。根据 CCTV 检测的结果，技术人员能了解管道状况，判断所需要维修的部位，评估修复需要的工作量和方法，根据内部情况进行预防性维修，有效预防管道问题，大大降低管道损坏带来的各种损失。

（3）声呐检测。声呐系统对管道内侧进行声呐扫描，声呐探头快速旋转并不断向外发射声呐信号，信号遇到管壁或管中物体时反射回来，经计算机处理后便形成管道的横断面图。

（4）红外线温度记录分析技术。原理是当管道中发生渗漏时，渗漏处会与周围区域形成温度梯度差，温度梯度差的存在主要取决于管道周围土壤的绝缘性能，因此可以用精密的红外线探测仪器测定地下状况。该方法的主要缺点是检测过分依赖单一传感器评价管道状况。

3. 建立 GIS 系统

建立排水管网数字化管理和专业化分析平台，以便对大量复杂数据进行管理、查询和分析。国内排水管网管理模式的发展可分为四个阶段。阶段一，传统管理模式。主要靠图纸和管理者的记忆和经验进行管理。阶段二，简单的计算机管理模式。以自动计算机辅助设计软件（autodesk computer aided design，AutoCAD）、Excel 等文件格式对管网系统进行简单的信息化存储。阶段三，基于 GIS 的管理模式。将管网数据以空间和属性数据一体化方式存储，实现基本的地图显示和查询功能。阶段四，基于监测和模拟的综合管理模式。该模式综合 GIS 和专业模型的优势，利用 GIS 提供数据管理和空间分析能力，利用管网水动力学模型提供专业计算和分析功能，为排水管网运营监控提供科学的参考意见；该模式还可以实时采集管网在线监测数据，进行动态分析和模拟，为排水管网的规划管理、运行养护提供动态可靠的专业分析依据和方案。

4. 排水管道的养护维修

排水管道的养护维修，包括对堵塞管道的清掏疏通，对破损管道的修复或更换等。①人工清掏。雨水口清掏干净，进入管道的垃圾会减少。②真空吸泥车。真空吸泥车可分为两种：风机式吸泥车利用高速气流产生真空吸泥；真空泵式吸泥车的吸泥管可以插入水面下吸泥。③非开挖管道修复。当管道损坏严重，妨碍输水时，需修复受损管道。目前，排水管道非开挖修复技术主要分两种：一种是硬穿插法，又叫 PE 穿插法；另一种是软衬法，又叫树脂软衬法。

5. 提高雨水管网效能

（1）雨水出水口的改进。城市内雨水大多通过管道就近自流排入河道等水体，但有时由于地形限制，出水口多采用淹没式，即出水口低于水体水位，遇上汛期时，受水体水位顶托，上游管内流速减小，管道排水能力下降，致使城区低洼地段长时间积水。因此，可对排水口做如下改进：考虑水体水位顶托影响，核算淹没出水的排水能力，在入河口处建设提升泵站或溢流闸门，汛期时可开启水泵强排。

（2）建立环状管网。有些城区存在多个独立雨水排水系统，各系统之间互不连通，实际排水时，由于各雨水管道汇水面积、积水时间不同，高峰流量一般也不会同时发生。为有效提高排水系统效能，减少地面积水时间，可在相邻排水系统之间的适当地点（如易积水地段）设置连通管，将雨水系统建成环状管网，通过连通管相互调剂流量，提高整体排水能力。

（3）改进雨水口。雨水口是雨水系统重要的组成部分。雨水口形式主要有平箅和立箅两类。平箅水流通畅，易被杂物堵塞，影响收水能力；立箅不易堵塞，但边沟需保持一定水深。比如，多处积水是由雨水口堵塞，或路段雨水口设置不合理导致的。可改进如下：一是雨水口应根据汇水面积，结合道路纵断面选择相应雨水口形式。二是在低洼和易积水地段，雨水汇水面积大，径流量大，为提高收水速度，适当增加雨水口数量。

（4）建设住宅小区雨水管道。有些住宅小区未专门建设雨水管道和雨水口，雨水径流要很长时间才能收入市政排水管网，延长市政雨水管泄水时间，导致路面积水。小区设置专门雨水排水系统，能有效提高排水管网的效能。

第四节　城市污水处理工程管理

污水工程管理，要按照国家基本建设程序进行，工程项目立项应在城市排水规划的基础上，按项目建议书、可行性研究报告及工程初步设计文件编制的程序进行建设前期工作。上报开工报告并进行施工图设计，然后开工建设，最后竣工验收，交付使用。

一、项目建议书

项目建议书是指项目建设单位针对某一地区污水处理工程的建设问题提交的建议文件。项目建议书是项目立项阶段的开始，是建设单位对需要建设的污水处理工程的整体构想和设计。项目建议书应由建设单位完成，根据具体实测资料进行设计和估算。项目建议书通常包括对建设污水工程总体设想、必要性和依据、计划选用的技术工艺和设备、工程地址的选择、工程拟处理水规模、建设投资估算、资金来源、资金利用设想和估算、项目建设进度、项目完成时间、项目效益测算等方面内容。项目建议书属于报批文件，要尊重事实，真实可靠。

二、可行性研究报告

可行性研究报告是对污水处理工程建设所涉及的城市规划、发展、经济和社会效益等各方面进行详细的论证和分析，并对污水处理工程建设项目的各方面进行说明和评价，如污水处理工程的规模、选址、运行管理情况、投资和效益、技术问题等。可行性研究报告是项目立项阶段要做的一项重要工作，在污水处理工程的建设中起到核心作用。可行性研究报告编制质量的高低，直接影响项目立项是否可行，项目立项后具体运作时选择的技术、设备等是否能取得预期的效果。在编写可行性研究报告时，应注意力求客观、真实、科学。项目可行性研究报告的编制，应立足于项目开展的可行性研究工作，在获得批准的项目建议书的基础上，严格执行项目建设程序。编写可行性研究报告要开展项目尽职调查，进行必要的试验和分析，总结以往工程经验，对建设项目的技术是否可行、经济是否合理、社会效益是否明显等进行充分论证，必要时需比较不同技术经济方案，从而选取最适合实际情况的方案。在收集所需的准备资料后，开始针对项目编写可行性研究报告。可行性研究报告完成后，还可以根据项目实际情况及变化，修改或补充。在项目的立项阶段还要对该项目进行环境影响评价，根据环境影响评价结论，确定是否需要进一步修改可行性研究报告。可行性研究报告的编制依据主要是：遵守国家相关方针、政策；遵守项目建议书及有关协议合同等要求；尊重事实，基础资料真实可靠；充分进行技术比较和经济社会效益分析，针对不同建设方案进行详细论证，尽量使确定的技术、经济方案切实合理，满足工程建设的需要和要求；认真进行项目概算。对项目建设资金来源、资金使用情况、项目运行管理等所需费用及项目收益等进行核算，做到全面、准确、可行；对项目实施预想、工程实施方案进行合理规划，充分考虑各种可能因素。可行性研究报告的主要内容包括：项目承办单位、项目主管部门，可行性研究报告编制依据、原则及编制范围，项目总体规划，城市排水规划；项目建设重要性、必要性及意义；城市污水处理工程选址，用地规划情况，地质条件，污水处理工程水、电、交通等现状及规划；污水处理工程处理水质、水量及出水标准，污水排放情况，污水回用规划；污水处理工程污水和污泥处理、处置技术工艺比较分析，方案选择和评价；污水处理工程污水和污泥处理、处置方案设计，主要建（构）筑物设计，土建、电气、仪表及自控部分的设计，消防、采暖通风设计，道路、绿化设计，污水处理工程总平面布置；污水处理工程排水管网的设计、施工计划，污水处理厂建设规划，机构组织及定员；污水处理工程投资估算，资金来源，项目经济、环境和社会效益分析；结论及建议；有关文件、协议等。

三、设计管理

污水处理厂设计阶段作为决定污水能否高效处理的首要阶段，是有效降低工程造价的关键因素。开始建设前，对建设项目进行整体规划设计，是工程设计对具体实施意图体现的关键步骤。同时，工程设计的好坏直接决定拟建项目工程造价及该项目建成后的经济效益。

1. 可靠的水质参数依据

确定构筑物容积、污水处理设备数量、污水处理设备参数的主要理论依据在于污水处理厂进水及出水的水质参数。

2. 优化工艺系统

在进行污水处理工程设计时，须根据具体情况及使用要求，在适用范围内，对处理构筑物类型及处理工艺系统全面细致考虑后，选出一套经济效益最高、工程利用率最高，最有效的方案。

3. 合理处理构筑物

通过对污水处理构筑物的合理配置和经济尺寸设计，是降低污水处理工程造价的重要方法之一。

4. 合理的平面布置

污水处理厂平面布置费用占工程造价的很大部分。合理的平面布置可以降低污水处理厂工程造价。

四、施工组织与管理

设置项目部，由项目经理全面负责施工组织与管理工作。与当地有关部门协调，审批后再动工，在施工前将所有的设计详细计算。设计图、施工图、选用的管材、潜水泵、鼓风机、控制屏等材料及设备与施工单位充分沟通。组织专业人员严格按照工艺标准、技术要求进行设计，提前做好图纸会审的各项准备工作。根据要求，结合实际进行设备现场平面布置，做好"三通一平"。组织落实好相关机械、设备、材料、工具及相关人员的进场及安置工作。

材料人员要根据设计要求落实好货源，联系取样、检验等程序工作，避免出现停工待料、待验等误工现象，做到有备无患。根据有关工艺标准和技术要求制造、购置设备后，首先进行自检，合格后通知入厂验收，对提出的问题认真整改。产品到达使用地点后，负责派技术人员与使用单位共同进行质量等验收。

安装调试实行全过程质量管理，做好工程质量通病预防工作，确保工程质量达到设计标准。每道工序、每个分项设备安装前应由专业负责人向全体施工人员交底，明确工艺要求、施工工序、具体步骤、关键部位的施工要点、操作要领和技术措施，做到交清、交全。在主要工序和关键环节上实施重点预防，发现问题及时纠正。认真按照安装手册安装，依据规范、操作规程做好各分项工程的评定、验收、交接，不合格的坚决返工，杜绝隐患，确保工程优良。

五、验收交付

待污水处理工程全部完工后，根据相关流程和规范，组织验收，交付使用。

复 习 思 考 题

1. 什么是生活污水？

2. 你能简要说出污水处理厂的运行管理吗？

3. 排水管网的管理有哪些方面？

4. 污水处理厂的设计管理包括哪些？

5. 小组情景讨论：作为一个 40 万 m^3/d 规模的污水处理厂分管设备副厂长，你和该厂设备部部长、维修部部长等人，应如何管理好该厂设备？

案例 5　D 市利用高科技查处某公司涉嫌私设暗管等案件

第六章　城市中水及雨水环境管理

第一节　城市中水回用概述

一、中水概念

1. 中水

中水，也称再生水，水质介于污水和自来水之间，是城市污水、工业废水经净化处理后达到国家标准，能在一定范围内使用的非饮用水，包括市政园林绿化、车辆冲洗、建筑内部冲厕、景观用水及工业冷却水等。为解决水资源短缺问题，城市污水再生利用日益重要，城市污水再生利用与开发其他水源相比具有很大优势。城市污水数量巨大、稳定、不受气候条件和其他自然条件的限制，可以再生利用。只要有城市污水、工业废水产生，就有可靠的再生水源。污水处理厂就是再生水源地，与城市再生水用户距离相对较近，方便供应。污水再生利用规模灵活，既可以集中在城市边缘建设大型再生水厂，也能在居民小区、公共建筑内建设小型再生水厂，或使用一体化污水处理设备，规模可大可小，因地制宜。

《城市污水再生利用　城市杂用水水质》（GB/T 18920—2020）中对再生水等术语和定义如下。

再生水（reclaimed water）：城市污水经适当再生工艺处理后，达到一定水质要求，满足某种使用功能要求，可以进行有益使用的水。

城市杂用水（urban miscellaneous use）：用于冲厕、车辆冲洗、城市绿化、道路清扫、消防、建筑施工等非饮用的再生水。

冲厕用水（toilet flushing use）：用于公共及住宅卫生间便器冲洗的再生水。

城市绿化用水（urban landscaping use）：用于除特种树木及特种花卉以外的庭院、公园、道边树及道路隔离绿化带、场馆及公共草坪，以及相似地区绿化的用水。

道路清扫用水（street sweeping use）：用于道路灰尘抑制、道路扫除用水源的再生水。

消防用水（fire protection use）：用于市政、住宅小区及厂区消防的再生水。

建筑施工用水（construction site and concrete production use）：用于建筑施工现场的土壤压实、灰尘抑制，以及混凝土用水。

2. 中水处理

目前水处理技术可以将污水处理到人们所需要的水质标准。城市污水可采用常规污水深度处理，例如滤料过滤、微滤、纳滤、反渗透等技术。经过预处理，滤料过滤处理系统出水可以满足生活杂用水，包括冲厕、浇洒绿地、冲洗道路和一般工业冷却水等用水要求。微滤膜处理系统出水可满足景观水体用水要求。反渗透系统出水水质甚至好于自来水水质标准。

国内外大量污水再生回用工程的成功实例，说明污水再生回用于工业、农业、市政杂用、河道补水、生活杂用、回灌地下水等在技术上是完全可行的。为配合我国城市开展污水再生利用工作，住房城乡建设部发布了《建筑给水排水与节水通用规范》（GB 55020—2021）、《室外排水设计标准》（GB 50014—2021）、《城镇污水水质标准检验方法》（CJ/T 51—2018）、《模块化户内中水集成系统技术规程》（JGJ/T 409—2017）、《城镇污水处理厂工程质量验收规范》（GB 50334—2017）、《城镇污水再生利用设施运行、维护及安全技术规程》（CJJ 252—2016）、《城镇污水再生利用工程设计规范》（GB 50335—2016）等污水处理及再生利用系列标准，为有效利用城市污水资源和保障污水处理的质量安全，提供了技术数据。

3. 中水使用途径

中水水量大、水质稳定、受季节和气候影响小，是宝贵的水资源。中水使用方式很多，按与用户的关系可分为直接使用和间接使用。直接使用又可分为就地使用与集中使用。大多数国家的中水主要用于农田灌溉，以间接使用为主；少数国家的中水则主要用于城市非饮用水，以就地使用为主；新趋势是用于城市环境"水景观"。

中水用途很多，如农田灌溉；园林绿化（公园、校园、高速公路绿化带、高尔夫球场、公墓、绿化带和住宅小区等）；工业；大型建筑冲洗以及游乐与环境（改善湖泊、池塘、沼泽地，增大河水流量和鱼类养殖等）；消防、空调和冲厕等市政杂用。中水分地下水回灌用水，工业用水，农、林、牧业用水，城市非饮用水，景观环境用水等五类。中水用于地下水回灌，可以补充地下水源，防止海水入侵、地面沉降等；中水用于工业，可作为冷却用水、洗涤用水和锅炉用水等；中水用于农、林、牧业，可作为经济作物和观赏植物的灌溉、种植与育苗、家畜和家禽用水等。

二、中水使用标准

我国已经形成了城市污水再生利用系列国家标准，包括分类、城市杂用水水质、景观环境用水水质、工业用水水质、地下水回灌水质、农田灌溉用水水质、绿地灌溉水质等。满足监管部门、建设部门、运行管理部门和杂用水的终端用户等技术关联方的共同需求，确保安全用水和再生水的推广应用。

《城市污水再生利用　城市杂用水水质》（GB/T 18920—2020），由国家市场监督管理总局、国家标准化管理委员会于 2020 年 3 月 31 日联合发布，2021 年 2 月 1 日正式实施。该标准是对 GB/T 18920—2002 的修订，通过规范城市杂用水，推动污水的再生利用，实现再生水用水安全和行业发展的双赢。

响应政策导向，促进行业进步。我国就保障国家水安全问题提出了"以水定城、以水定地、以水定人、以水定产"的发展思路。2015 年 4 月 16 日，国务院发布的《水污染防治行动计划》（简称"水十条"）规定"发展中水处理，污水回用是保护水资源的重要措施之一"，其中，也列举了城市杂用水推广应用的若干用水类型。

以国家政策为导向制定城市污水再生利用的标准，有《城市污水再生利用　城市杂用水水质》（GB/T 18920—2020）、《城市污水再生利用　景观环境用水水质》（GB/T 18921—2019）以及 2021 年对《城市污水再生利用　工业用水水质》（GB/T 19923—2005）进行了修订，宽严适当，有利于推动再生水行业发展和技术进步。

三、中水利用现状

目前，中水回用在我国已广泛进行，但还存在一些问题，比如：中水有异味、有异色、运输费用高等，这些问题制约了中水的发展。

1. 国外中水回用

中水回用技术在国外早已应用于实践。美国、日本、以色列等国，厕所冲洗、园林和农田灌溉、道路保洁、洗车、城市喷泉、冷却设备补充用水等大量使用中水，积累了不少成功的经验。

日本从 20 世纪 80 年代起大力提倡使用中水，专门设置了中水道。为鼓励设置中水道系统，日本政府制定了奖励政策，通过减免税金、提供融资和补助金等手段大力加以推广。

新加坡国内水资源总量 6 亿 m^3，人均水资源只有 $211m^3$，居世界倒数第二，是全球水资源最匮乏的国家之一。目前新加坡的用水需求约为 193 万 m^3/d，其中居民生活用水占比 45%，工业等其他用水占比 55%。人均综合用水量 350L/(人·d)，人均居民生活用水量 143L/(人·d)。根据新加坡相关规划，到 2060 年，总需水量将增加 1 倍，其中居民生活用水占 30%，工业等其他用水占 70%，人均居民生活用水量进一步降低至 130L/(人·d)。面对水资源严重匮乏和日益增长的用水需求问题，新加坡政府提出开发四大"国家水喉"计划，即雨水收集（存水）、进口水、新生水（NEWater）和淡化海水。目前新生水和淡化海水处理规模已达 130 万 m^3/d。计划到 2060 年，新加坡将完全实现水资源的自给自足，即在总人口达到目前 3 倍的情形下，海水淡化和新生水要能够满足水资源需求量的 80%，其中新生水占 55%。NEWater 采用严格的纯化工艺生产，包括微滤、超滤，反渗透（RO）和紫外线（UV）消毒。

美国是世界上最早，也是最多开展污水再生利用的国家之一。最早的再生水饮用是 1962 年美国加州 Montebello 再生水间接饮用案例。目前，间接饮用约占再生水总利用量的 15%，直接饮用约占 0.2%。主要处理工艺为"反渗透-高级氧化（RO - AOP）"或"臭氧＋生物活性炭（O_3 - BAC）"路线。洛杉矶计划在 2035 年实现污水 100% 回用，4 座主要污水处理厂洛杉矶 Hyperion Service Area、洛杉矶 Glendale、洛杉矶 Donald C. Tillman 和 Terminal Island，提供的回用水占全市用水量的 2%。位于洛杉矶国际机场西边的 Hyperion，是洛杉矶最大的污水处理厂，接收全市约 81% 的城市污水，回用率为 27%。洛杉矶计划将 Hyperion 改造成 100% 的回用率，全市再生水供给率将升至 35%。

欧盟再生水多用于半干旱的南部、高度干旱的海岸线和岛屿、相对湿润的北部的高度城市化地区。在南欧，再生水主要用于农业灌溉、城市或环境用水；北欧主要用于城市或环境用水、工业循环利用等。现有的欧盟立法，例如《城市废水处理指令》（1991 年）和《水框架指令》（2000 年）允许并鼓励水的再利用。欧洲议会于 2020 年 5 月 13 日通过了新的《水再利用条例》，明确有关原则和标准，包括与水质、水供应和废水管理相关的特定要求，指导欧盟成员国和利益相关方在农业灌溉时使用安全处理后的城市废水。随着部分欧盟成员国旱情的日益加剧，安全处理后的城市废水成为重要的替代水源，有助于缓解缺水压力，提高欧盟适应气候变化的能力。《水再利用条例》于 2023 年 6 月实施，明确规定了水质最低标准、风险管理、水质监测等具体要求，确保水的安全再利用。

2. 国内中水回用

我国在 20 世纪 80 年代开始使用中水，目前已经形成一定的规模，但与发达国家相比还有不小差距，主要还是用于居民冲厕、灌溉、景观用水、洗车，正在开发用于工业和农业领域。北京、天津、青岛等缺水严重地区走在中水市场的最前面，这些城市都已将中水回用列入总体规划。

中国香港是水资源匮乏的地区。香港的海水冲厕自 1950 年开始得到广泛应用。据香港水务署统计，现状年用水量约 3 亿 m^3，约占总供水规模的 20%，覆盖 85% 的城市人口；按使用人口计，人均约 $46.9 m^3/a$。除《海水冲厕水质标准》，为进一步节约用水，制定了再生水计划，2015 年发布的《灰水回用及雨水利用技术规程》，规定了单一的建议水质标准，列举了冲厕、洗车、消防等 8 类用途，并规定不得用于 6 类用途。

3. 认识误区

虽然中水具有价格优势，已在缺水城市得到一定程度的认同，但在使用中仍然存在着认识上的误区，这也是阻碍中水发展的一个很大的原因。中水的水质也是人们有疑虑最不放心的，认为中水是从污水处理来的，虽然符合排放标准，但心理上感觉还是有点脏。同时，中水毕竟是污水处理厂的再生水，属于人体非接触用水，不可用于洗衣、做饭、洗澡等，如果要用的话，还需深度处理。

4. 中水输配难题

有些城市中水公司的日处理能力和每天的实际用量相差较大，一方面是需求巨大，另一方面是有水没人用。制约中水大量应用的主要原因是管网限制。即使有中水管网的城市，也主要集中在干管、主干线或再生水厂附近较小的范围，缺少配套的中水支线。与再生水厂生产能力匹配的管网的铺设不够，尤其是配水管网，导致有中水供不出去的局面。

对于中水利用率低的问题，主要是由中水市场的发展和国家法律、法规不配套引起的，因此，法律、法规及政策要适当超前。水资源应用有一个排序，应当鼓励首先使用什么样的水。在中水市场发展的初级阶段，政策能与之配套，政府明确保护哪类水，限制、鼓励使用哪类水，自然有利于中水。中水市场的发展不能仅靠价格杠杆，政府可以出台强制性的政策，对符合使用中水条件的，不再提供其他优质水源，优质水用在高要求地方，低质水用在低要求地方，实现水资源的总体合理分配。

中水市场发展的现状是需要大量的输配水管网，但中水管网投资巨大，施工难度也很大，因此，若在中水利用的统一规划上做足文章，也可减少一些中水的输配尴尬。看哪些正常的用途可用中水替代，根据替代量、中水回用量，再根据经济用量、生态用量，做详细的平衡计算，最后将整个水循环的每个环节都考虑到，水使用后再处理再用，形成循环经济，实现节水型社会目标。根据经济测算，可采取集中与分散相结合的方式，用多个分散的再生水厂替代一个集中的大厂，就地收集、处理和回用，可以减少回用成本。分区域收集的污水，污染物较单一，选择性强，可以减少处理成本。

5. 水价问题

水价形成机制不合理，是制约中水利用的主要原因，污水再生利用缺乏必要的市场环境。合理的水价体系可以有效推进中水利用，而中水价格的制定也很重要。中水的价格政策应跟宏观政策、资源配置相呼应。城市污水再生利用的水价与其他水价，应该组成有利于城市污水再利用的水价政策。当然，更要关注再生水价相比自来水价的优势有合理的比例，使再生水具有竞争性。再生水的价格定得比较合理，使再生水生产企业能得到成本的回收和合理利润，才能维持企业的运行，较好地发展中水市场。

6. 中水监管问题

随着中水热的不断升温，一些没想到的问题也逐渐暴露出来。比如除洗车业对中水需求量大之外，一些不适宜使用中水的游泳池、浴城、洗衣店也找到中水公司要求订购中水。这些高耗水企业的生产成本因水价不断上调而成倍增加，面对激烈的市场竞争，一些企业将目光瞄准了中水，暗中使用中水来降低成本，但与当前的中水使用范围有冲突。如对中水去向管理不到位，可能导致公众对中水的信誉产生怀疑，对中水的发展相当不利。纯粹依靠中水生产企业的自律，难以保证中水被安全地使用，需要政府制定措施，对中水市场加强监管。

政府部门不但要对中水质量加强监管，同时，对中水的去向也要有明确的可追踪的记录。市政、供水、环保、卫生等部门应各司其职，监督管理。立法机构要制定专门的中水安全使用法规，明确中水使用流程中各方的责任，包括政府监管部门、中水企业、用水企业等，并设立相应的处罚标准，对那些私自更改中水用途的企业，给予严厉的处罚。

第二节 城市中水回用管理

随着水资源需求量的急剧增加和水环境污染的日益严重，许多国家都面临着水资源短缺的危机，因此将城市外排污水作为第二水资源加以开发利用就显得尤为重要。但是，当前的中水管理还相当粗放，各单位难以很好协调配合。

一、中水管理政策

1987 年，北京市人民政府颁布了《北京市中水设施建设管理试行办法》（京政发〔1987〕60 号），这是我国第一部关于中水回用的地方性法规，随后，深圳、大连、山东也相继出台了中水回用的管理办法。1991 年，原建设部委托中国工程建设标准化协会制定了《建筑中水设计规范》（CECS 30：91）；1995 年，原建设部颁布了《城市中水设施管理暂行办法》（建城字第〔1995〕713 号），规定建筑面积超过 2 万 m^2 的旅馆、饭店、公寓，超过 3 万 m^2 的机关、科研、大专院校、大型文化体育设施必须修建中水设施。北京市市政管理委员会、北京市规划委员会、北京市建设委员会于 2001 年联合印发了《关于加强中水设施建设管理的通告》（北京市市政管委 2001 年第 2 号通告），通告就中水建设有关问题做了规定。2011 年 11 月，根据《北京市排水和再生水管理办法》（北京市人民政府令第 215 号）及有关法律、法规、规章，为加强排水和再生水设施建设管理，北京市水务局制定了《北京市排水和再生水设施建设管理暂行规定》（京水务排〔2011〕73 号）。

2015 年 3 月，北京市水务局下发《关于印发〈2015 年北京排水和再生水利用工作要点〉的通知》（京水务排〔2015〕42 号）。这些地方性政策的出台，使中水的合理利用有法可依、有章可循。

2020 年 7 月，中国环境科学学会根据《中国环境科学学会标准管理办法》的相关规定，批准《水回用指南　再生水分级与标识》（T/CSES 07—2020）标准，并予发布。国家发展和改革委员会等十部委于 2021 年 1 月联合发布了《关于推进污水资源化利用指导意见》（发改环资〔2021〕13 号），根据该文件，我国将在国家层面大力改善废水的回收、再利用和资源利用。该文件旨在进一步促进和加快家庭、工业、生态和农业应用中废水资源的系统化利用。缺水和水环境敏感地区作为重点地区，鼓励建立试点示范城市。

经国家市场监督管理总局、国家标准化管理委员会批准发布的《水回用导则》包括 3 项标准：《水回用导则　再生水厂水质管理》（GB/T 41016—2021）、《水回用导则　污水再生处理技术与工艺评价方法》（GB/T 41017—2021）、《水回用导则　再生水分级》（GB/T 41018—2021）。

二、中水规划

中水规划要先行，再逐步实施，将其变成经营城市的一部分。中水管网适当预先铺设，再通过科学管理，达到总体成本经济的目的。中水规划要充分考虑中水处理回用系统分类，按供应的范围大小和规模，一般有四大类。

1. 排水设施完善地区的单位建筑中水回用系统

该系统中水水源取自本系统内杂用水。排水经集中处理后供建筑内冲洗便器、洗车、绿化等。处理设施根据条件可设于该建筑内部或附近的外部。如有的城市宾馆中水处理设备置于地下室。

2. 排水设施不完善地区的单位建筑中水回用系统

城市排水体系不健全的地区，有的水处理设施达不到相应处理标准，通过中水回用可以减轻污水对当地河流再污染。中水水源取自该建筑物的排水净化池（如沉淀池、化粪池、除油池等），池内的水总体为生活污水。系统处理设施根据条件可设于室内或室外。

3. 小区建筑群中水回用系统

该系统的中水水源为小区建筑物产生的杂排水。可用于建筑住宅小区、学校及机关团体大院，处理设施放置小区内。

4. 区域性建筑群中水回用系统

该系统特点是区域具有相应污水处理设施，中水水源可取城市污水处理厂处理后的水或利用工业废水，将这些水输送至区域中水处理站，经深度处理后供建筑内冲洗便器、绿化等。

三、中水质量管理

1. 中水质量指标

中水须满足一定的指标，如感官指标、物理指标、化学指标及微生物指标等。中水水质须满足以下条件：①卫生要求。指标主要有大肠菌群数、细菌总数、余氯量等。②物理化学指标。主要有 pH 值、电导率、悬浮物、COD、BOD、总磷、总氮等。③感观要求。无不快的感觉，衡量指标主要有浊度、色度、臭味等。④设备构造要求。水质不易引起设备、管道的严重腐蚀和结垢，衡量指标有 pH 值、硬度、蒸发残渣、溶解性物质等。

2. 中水质量标准

中水主要是对污水处理厂处理后的排放水进行深度处理，经过沉淀、消毒、混凝、澄清、过滤甚至膜处理等，水质符合国标《城市污水再生利用 城市杂用水水质》（GB/T 18920—2020），能用于城市绿化、园林景观、道路喷洒、市政施工、工业冷却、家庭冲厕、洗车等。

3. 中水质量检测

中水的质量检测需要有监管部门直接管理，可采取在线检测方式，实时检测和控制，以保证客户的用水安全和用水质量。

4. 中水补水

采用中水对城市的河湖水环境进行补充，特别是在一些重点流域，尤其是高原湖泊，利用深度处理后的中水（水质最好要达到Ⅳ类水），补充其蒸发量，改善水环境，实现水的大循环，意义十分重大。

四、中水回用展望

进一步研发中水技术，拓展其利用空间，恢复良好用水环境，是我国建设和谐社会可持续发展、解决水资源短缺、控制水污染的必然要求，是建设循环经济的基础。中水处理和应用是一项庞大、复杂的系统工程，也是长期的任务，需法律、行政、宣传、技术、财政等多方面的配合。同时，在进行水再生利用规划、设计、施工、运营、管理和最终应用时需重视相关法规和政策。针对当前我国水环境具体情况，今后应重点开展以下工作。

1. 完善相关法律法规

中水利用可能会给企业等带来直接利益，但更多的是社会效益和环境效益，因此，需完善相关法律法规，由政府组建城市中水利用管理部门，通过立法和行政手段贯彻实施中水利用策略。

2. 提高公众认识水平

加大宣传力度，消除人们对中水回用认识上的不足，提高公众对中水回用意义的理解，使公众充分意识到水资源紧缺的严峻性，认识到进行中水回用、开辟第二水源对解决城市用水矛盾的重要性。广泛发动群众，单单依靠政府或企业是不能完成的。必须通过课本、电视、网络等多种媒体形式开展有针对性的宣传教育，让人们了解国内水环境恶化的现状和危害，增强对节约用水和再生水利用的认识，增加公众对再生水的了解，解除其对再生水的心理障碍，取得社会对再生水利用的共识和支持。

3. 完善中水利用规划

以流域为单位，制定中水利用的规划，充分考虑现有供水系统、排水系统和防洪系统的现状，综合考虑地下水、地表水、再生水、雨水、海水等水源，考虑流域内工农业的用水需求和用水结构、水环境质量现状等，制定中水利用的详细发展目标和发展思路。

4. 开展中水利用关键技术研究

中水利用工程的实施依托技术来完成，尽快开展污水再生全流程技术、经济高效污水回用技术、雨水水文循环修复技术等研究工作。对水再利用的长期可持续发展，持续的研究和开发至关重要。提出适合用途和适合情况的概念。适合用途描述了将再生水处理到满足预期水再利用的质量，适合情况则强调了水的再利用过程中需考虑特定情况的必要性。遵循相应的国家标准，应对不同再生水分类和水质要求，鼓励以经济上可行的方式进行水的再利用。提高再生水的整体吸引力，使其在处理和回收中具有经济可行性，并适应最终用途。

5. 改革中水价格

改革现行水价，合理制定城市污水处理和中水回用收费政策体系，确定中水水价时既要低于自来水水价，以形成价差，刺激中水使用，又要考虑按质论价，根据不同的水质标准确定价格。

6. 完善排水及中水管网建设

建立完善的排水管网及泵站，确保污水处理厂的进水量；切实抓好工业废水的预处理，严格控制进水水质。在确保污水处理厂出水水质的基础上，完善中水回用管网的配套建设，协调好整个城市的水资源，做到分质供水，各尽其用，使中水回用发挥最大的效益。

7. 合理的收费体系及投融资

制定合理的排污收费政策体系，配套完善资源化利用的经济政策和激励措施，采用政府投资和社会化集资、融资办法，实行市场化运作，支持和推广中水回用。

8. 建立中水回用示范工程

选择缺水地区的典型小流域，如北京、天津等缺水地区，建立中水回用示范工程，进行实例研究。积累经验，为实现更大规模再生水利用提供借鉴。

第三节　城市雨水利用概述

一、雨水利用现状

国外对雨水的利用由来已久，也相当重视。举例如下。

美国：水资源利用管理起源较早，雨水资源管理处于世界前列，1987 年首次提出雨洪最佳管理措施，即依靠雨水花园、雨水湿地、渗透池等措施集蓄雨水，同时控制径流污染。美国对雨水资源利用强调生态和低影响开发，一方面减少公共雨水管道的雨水排入量，另一方面控制雨水径流的污染。美国的低影响开发技术不仅能集蓄雨水，减轻暴雨对城市的影响，提高雨水资源利用效果，还能有效控制污染，有良好的经济效益，已在加拿大、欧洲、亚洲等地区广泛应用。

英国：对城市雨水问题采用多层次、全过程控制，建立了可持续排放体系，从解决大暴雨管道排放问题发展到综合雨洪控制体系。英国要求可持续排放体系须包括在当地地方发展规划之内，既可作为当地规划部门颁发规划许可的一个条件，也是开发商建设可持续排放体系的法律依据之一。例如，在贝丁顿生态村，除安装自来水管道外，还利用雨水，减少自来水的使用量。方法是各家各户的马桶都是通过使用从屋顶收集的雨水来冲洗的。

每栋房子的地下都安装有大型蓄水池,雨水经过滤管道流到蓄水池后被储存起来。蓄水池与每家厕所相连,居民都是用储存的雨水冲洗马桶。冲洗后的废水经过生化处理后一部分用来灌溉生态村里的植物和草地,一部分重新流入蓄水池中,继续作为冲洗用水。

德国:雨量充沛,雨水资源是其水资源管理利用的重要部分。自20世纪80年代开始,德国便开展了雨水收集利用的研究和应用。德国现行的雨水资源利用有五种:一是屋面雨水利用;二是雨水屋顶花园的使用;三是道路雨水截污与渗透;四是生态区雨水利用,将雨水利用与景观设计相融合,和谐统一;五是洼地-渗渠系统,该系统用于处理低洼草地和渗渠中的雨水,降低雨水径流,补给地下水,使城市水生态系统良性循环。

日本:由于地理环境制约,日本淡水资源相对短缺,政府对雨水资源的收集和利用十分重视。20世纪50—70年代,日本为满足工业发展的需要,大兴水利,对水资源大量使用却没有注重水资源的节约和保护,造成地面下沉,污染严重。为缓解城市水资源短缺和污染的情况,1980年推行了雨水储留渗透计划,1988年成立了"日本雨水储留渗透技术协会",建立了大量的雨水调蓄池,同时实施雨水利用补贴制度,根据雨水利用设施的规模和类型提供补贴,以促进城市雨水资源化利用。

新加坡:建立了低影响开发的雨水资源利用集水区计划。新加坡公用事业管理局先后建立了14个水库收集附近区域雨水。新加坡集水系统供水量达到城市总供水量的30%以上。1977年,新加坡开始规划整治河道,同时改造了市政管网,实现了雨污分流。目前,新加坡具有先进的雨水排放系统,雨水通过地表和地下收集后,一部分蓄积在水库中,超出量则排入大海。

在我国,雨水是可利用淡水的重要来源,历史悠久。安徽寿县南,距今2600年前的春秋时期,就建立了用于蓄水灌溉的芍陂工程,至今仍能发挥其调蓄及灌溉的作用。徽派建筑中的"四水归堂"就是建筑雨水资源化利用的代表。然而,我国系统的雨水资源化利用起步较晚,存在资金、技术、法律保障等问题。城市雨水资源化能缓解水资源的严重不足,是一个相对复杂的过程,需逐步实现。我国有些地方也在利用雨水,但重视程度不够。2013年后,雨水利用成为海绵城市建设的一部分。海绵城市建设中的雨水资源利用模式是,控减地表径流总量,回补地下水,将径流处理后提升水质,以缓解内涝、减轻水体污染和改善城市生态。与以往城市整体快速排放雨水、局部地区收集利用雨水以补充城市用水的工程建设特点不同,海绵城市理念的雨水资源利用更倾向于对城市雨水进行多元化的控制与利用,站在更宏观的角度思考如何将城市与水资源融合。海绵城市理念的雨水资源利用可分为就地利用和异地利用两种方向:就地利用主要通过绿地及绿色设施内雨水下渗,增加土壤含水量并促进城市地下水资源的回补;异地利用指雨水口收集的雨水,通过管网进入雨水收集回用系统内,可满足绿地浇灌、道路冲洗等日常需求。

二、雨水利用的意义

雨水蕴藏量丰富,污染性小,无须太多的加工净化成本,是一种直接且廉价的水资源。作为一种补充性能源,加强收集利用,可缓解我国水资源紧缺、水污染严重的压力,促进资源利用效率的提高,有效减少环境污染,有助于优化我国的能源利用结构,促进节能减排、生态和谐。雨水资源利用范围广泛,有助于提高居民生活的质量。在居民小区安装雨水集成系统，进行雨水的收集、处理、储藏，然后应用于居民的洗刷、园林浇灌、洗衣、冲洗厕所、洗车等；还能通过对雨水的储藏，供消防灭火使用。加大对雨水的收集，可降低污染、减小地表径流，减少居民区雨水排水压力，避免了城区水患的发生。雨水利用是一种开源节流的有效途径，对实现节水、水资源涵养与保护、减轻城市排水和处理系统的负荷、减少水污染和改善城市生态环境等，都有重要意义。

三、雨水利用途径

1. 屋面雨水利用途径

屋面雨水初期径流的污染物浓度很高，这部分径流比例较小，应采用初期弃流装置将其排入污水管道。弃流后的雨水沿旁通管流至雨落管，引入建筑底层。城市发展的各时期，建筑物是不同的，而坡顶瓦屋面对雨水保护能起到积极的效果。屋面雨水相对于其他汇水面雨水而言，径流较大，便于收集，是利用价值较高的雨水类型。对污染程度较轻的平屋面，屋顶绿化是屋面雨水利用的较好方式。屋面土壤隔绝了屋面污染材料和雨水，雨水在与污染面的接触前被绿化植物吸收利用。

由于存在污染，屋面雨水收集后不能直接使用或储存。有一种方法是，将屋面雨水的净化装置与花坛结合起来，在建筑四周修建高花坛，以便在美化环境时完成对雨水的植物过滤净化和物理净化。在花坛内部，由上至下分别布置：植物层、土壤层、中砂层、粗砂层、鹅卵石层。将雨落管接入花坛内，雨水在花坛内下渗，通过植物及根系实现生物过滤净化；再通过中砂层、粗砂层、鹅卵石层完成物理净化，获得相对洁净的雨水。经花坛净化后的雨水进入地下储水池，用于小区的绿化、洗车、清洁等杂用水。

2. 地面雨水利用途径

对于硬质地面来说，由于机动车辆的磨损而含有大量的金属、橡胶和燃油等污染物质，净化设施可采用雨污分流，下层排泄污水，上层收集和净化雨水。在上层收集和净化雨水排水管道中，减缓水流速度，让雨水经过沉淀、滤网过滤后，流入绿地或者湿地中进行氧化、曝气和植物净化。植物根区的天然细菌能降解雨水中的有机物。植物吸收雨水中的营养物质，绿地或湿地中的砂石和植物根系起过滤作用。这一过程不但净化了雨水，还有助于雨水充分与可渗透地面接触，补充了地下水资源。净化后的水体能成为景观用水，美化了环境，节约了水资源。城市中的绿化和湿地不但能围绕硬质地面布置，与城市环境融为一体，还能增加绿地地形设计来帮助雨水与绿地的接触，形成有功能用途的、形式自然多变的绿色景观。

3. 城市绿地的雨水利用途径

汇于绿地的雨水是受污染较小的雨水类型。但如不对绿地中雨水进行有效的引导和管理，必然会使汇集的雨水影响绿地中植物的生长。在绿地中使用植被浅沟方法，能降低雨水径流的流速，削减径流高峰流量，排出多余的雨水，帮助雨水与植物的接触和有效下渗。植被浅沟是在地表沟渠中种植植被的一种工程性措施，一般通过重力流收集处理径流雨水。当雨水流经浅沟时，在沉淀、过滤、渗透、吸收及生物降解等共同作用下，径流中的污染物被去除，达到雨水径流的收集利用和径流污染控制的目的。

植被浅沟的设置需结合自然地形条件进行平面和竖向规划，能帮助排水系统。当雨量较大时，在雨水输送和排放的过程中完成对雨水的净化。同时，有利于减小径流的流速和帮助地下水的补充。在景观设计中，可以在地形处理时利用植被浅沟，赋予地形以美观和实用的双重功能。视觉上，地形的设计能丰富视觉层次，划分景观空间。实用功能上，地形能帮助雨水的渗透和输送，使自然界的水循环顺利进行。植被浅沟的长度一般需大于30m，草的高度为50～150mm，浅沟的纵向坡度为0.0025～0.005。因为绿地汇水面的雨水受污染程度最小，植物浅沟处理过的雨水能被有效减少悬浮固体颗粒、有机污染物和部分金属离子、油类物质，满足一般用水需要。

园林绿化需综合考虑雨水收集、净化、储存和利用，各地区需根据气候、降水、建筑形式、建筑材料等具体情况，对雨水管理型绿地具体设计，在运用雨水利用技术的同时，充分考虑经济效益和社会效益。

四、雨水收集调蓄、利用系统

（1）雨水收集调蓄系统。雨水调蓄池一般建在物流中心、道路广场、停车场、绿地、公园、城市水系等公共区域的下方，收集和储存雨水。作为一种雨水收集设施，它可以在雨水径流的高峰流量期将雨水暂留池内，待最大流量下降后再从调蓄池中将雨水排出，既能控制初期雨水对受纳水体的污染，还能规避雨水洪峰，对排水区域间的排水调度起积极作用。雨水调蓄池的形式多种多样，可以是钢筋混凝土池或模块池，也可以是天然场所或已有设施如河道、池塘、人工湖、景观水池等。雨水调蓄池可设置过滤装置或与景观生态净化植被结合，过滤装置和生态净化可对溢流后的雨水进行过滤，使进入河道、湖泊的水质较好，避免城市排水管网堵塞和跑冒溢流。

（2）雨水收集利用系统。雨水收集利用系统，是将雨水根据需求进行收集，对收集的雨水处理后达到符合设计使用标准的系统，多数由弃流过滤系统、蓄水系统、净化系统、反冲洗系统、控制系统等组成。雨水收集利用适用于居住建筑：居民小区、宿舍等；公共建筑：办公楼、学校、医院、运动馆、会展中心、商场、酒店、车站、公园广场等；工业建筑：工厂、产业园、物流仓库等；农业建筑：温室大棚、养殖场等。

第四节　城市雨水利用管理

一、城市雨水利用模式和净化方法

城市雨水利用模式主要分直接和间接两种。直接利用表现在雨水汇集、储留等，屋顶、路面均可不同程度收集雨水，收集的雨水汇集到雨水储留池中，对不同用途的雨水进行处理和分别利用。间接利用表现为雨水渗透。雨水渗透包括点源、线源和面源渗透。人工渗透设施、人工湖等为点源入渗；河道、透水性道路等为线源入渗；减少城市硬铺盖、加大城市绿地草坪面积可增加面源入渗量。雨水渗透对改善城市水环境，恢复城市良性水循环具有根本性作用。城市雨水利用模式应综合考虑城市规划、建筑物分布、排水管网布局、经济发展、生态环境用水等因素，因地制宜建造雨水直接和间接利用工程，充分利用城市雨水、提高雨水利用能力和效率。

雨水的净化方法分为物化法与生化法两种。物化法有过滤法、沉淀法、混凝法、吸附法、气浮法、膜分离法等。生化法有雨水湿地、雨水生态塘、生物岛、高位花坛、渗透渠等系统。

二、城市雨水利用技术开发

1. 科学规划

为缓解城市水资源紧缺和解决水涝现象严重的问题，需制定科学、合理的城市雨水利用规划，实现投入资金的合理安排和使用。鼓励采用雨水利用系统和技术创新，进一步促进雨水利用工程技术的相关规范、标准的制定和管理制度的建设，推动雨水利用产业的发展。

2. 雨水处理设施

利用城市建筑屋顶、庭院等不透水面收集雨水，修建雨水蓄水设施，汇集储存城市雨水作为城市非饮用水的直接水源，用于冲厕、洗车、消防、浇洒绿地、洗衣，必要时可作工业用水，一定程度上缓解城市供水压力，减轻水体污染和城市洪涝压力。雨水利用如图6-1所示。

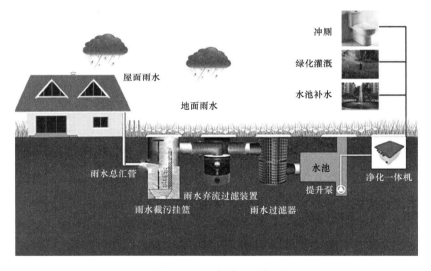

图6-1　雨水利用示意图

3. 雨水涵养地下水

采用绿色植被与土壤之间增设储水层、透水层等办法减缓雨水地表径流的速度，增加雨水渗透，补充、涵养地下水源，缓解地面沉降，防止沿海城市的海水入侵。根据方式不同，雨水渗透可分为分散式和集中式两大类，可以是自然渗透，也可以是人工渗透。

（1）低势绿地。绿地是一种天然的渗透设施，透水性好、节省投资、便于雨水引入就地消纳等，对雨水中的一些污染物具有一定的截流和净化作用。我国城市规划要求有较高的绿化率，可通过改造或设计成低势绿地，增加雨水渗透量，减少绿化用水，改善环境。

（2）人造透水性地面。人造透水性地面是指各种人工材料铺设的透水地面，如多孔的嵌草砖、碎石地面，透水性混凝土路面等，利用表层土壤对雨水的净化能力，处理要求相对较低，技术简单，便于管理。

（3）渗透管（渠）。渗透管（渠）是在传统雨水排放的基础上，将雨水管或明渠改为渗透管（穿孔管）或渗透渠，周围回填砾石，雨水通过埋设于地下的多孔管材向四周土壤层渗透。渗透管（渠）占地面积少，便于在城区及生活小区设置，可与雨水管系统、渗透池、渗透井等综合使用，也可单独使用。在用地紧张的城区，表层土渗透性很差而下层有渗水性良好的土层、旧排水管系统要改造利用、雨水水质较好、狭窄地带等条件下较适用。

（4）渗透池（塘）。渗透池（塘）是利用地面低洼地水塘或地下水池对雨水实施渗透的设施。当可利用土地充足且土壤渗透性能良好时，适合采用地面渗透池。优点是渗透面积大，能提供较大的深水和储水容量，净化能力强，对水质和预处理要求低，管理方便，具有渗透、调节、净化、改善景观、降低雨水管系统负荷与造价等多重功能。渗透池（塘）一般与绿化、景观结合起来设计，充分保护城市宝贵土地资源。土地紧缺时，可考虑采用地下渗透池，它是一种地下注水渗透装置，利用混凝土砌块、穿孔管、碎石空隙、组装构件等调蓄雨水并逐渐下渗。

4. 建筑物顶部收集雨水

在建筑物顶部设计雨水收集和储蓄设施，将收集到的雨水直接用于消防、小区浇洒路面、植树用水、洗车、冲厕等，是实现城市雨水资源化的重要组成部分。随着城市化进程的加快，城市大型建筑越来越多，建筑物顶部面积越来越大，在其上设计雨水收集和储存设施，直接将雨水用作"中水"的措施势在必行。

三、雨水利用管理

雨水利用管理主要包括城市雨水利用规划的编制、雨水利用设施的建设和管理及相关政策扶持等。新建居民小区、道路、广场和停车场，采用集中引入地面透水区域，如绿地、透水路面、雨水汇流设施等，政府部门安排专项资金用于扶持雨水集蓄利用项目建设，制定优惠政策，多渠道解决雨水利用的资金投入，鼓励开发利用雨水技术。

合理的雨水利用项目实施和管理，既利用了水资源，又减少了城市暴雨时的洪涝灾害，避免"城市看海"现象的迭次出现。在"尊重自然、顺应自然、保护自然"的基础上，通过"渗、滞、蓄、净、用、排"措施自然积存雨水、自然渗透和自然净化，涵养利用城市雨水，构建自然健康水循环系统。现代雨水资源利用对城市雨水问题的解决方法是综合性的，不是单一的防洪排涝或雨水集蓄回用，而是一种可持续的城市建设模式，聚焦于改善城市水环境，使城市运行健康循环。随着该领域科学研究和工程技术的深入发展，城市雨水利用将走与城市防涝减灾、城市非点源污染控制和生态环境保护相结合的雨水利用可持续发展道路，重点是雨水利用系统优化、技术设备集成和规范标准化。将城市雨水利用纳入规范化的轨道，避免或减少雨水利用工程实施中因缺乏系统的技术资料和规范标准带来的失误，促进我国城市雨水利用稳步健康发展，建立我国城市雨水利用科学的技术和管理体系。

复 习 思 考 题

1. 中水的使用途径有哪些？
2. 未来的中水回用需开展哪些重点工作？
3. 雨水有哪些利用模式和净化方法？
4. 如何科学管理利用雨水资源？
5. 小组情景讨论：假设你是某中水公司的总经理，你与 2 个副总经理怎样才能把这个公司经营好？

案例 6　智能中水自助加水机

第七章 城市地下水环境管理

第一节 城市地下水概述

一、地下水含义

地下水（ground water），是指赋存于地面以下岩石空隙中的水。有的也认为，地下水是指埋藏在地表以下各种形式的重力水。地下水有三种：一是与地表水有显著区别的所有埋藏在地下的水，特指含水层中饱水带的那部分水；二是向下流动或渗透，使土壤和岩石饱和，并补给泉和井的水；三是在地下的岩石空洞里或组成地壳物质的空隙中储存的水。

地下水是水资源的重要组成部分，由于水量稳定，水质好，是农业灌溉、工矿和城市的重要水源之一。但在一定条件下，地下水的变化也会引起沼泽化、盐渍化、滑坡、地面沉降等不利自然现象。国务院通过的《地下水管理条例》，自 2021 年 12 月 1 日起就已施行。

二、地下水分布状态

《中国地下水类型分布图》依据地下水的赋存、分布状态分类，结合我国地下水的赋存、分布特点，并考虑分类描述的通俗性编制而成，将全国地下水类型分为四种：平原-盆地地下水、黄土地区地下水、岩溶地区地下水和基岩山区地下水。

1. 平原-盆地地下水

地下水主要赋存于松散沉积物和固结程度较低的岩层中，一般水量较丰富，具有重要开采价值，分布于我国的各大平原、山间盆地、大型河谷平原和内陆盆地的山前平原和沙漠中，主要包括黄淮海平原、三江平原、松辽平原、江汉平原、塔里木盆地、准噶尔盆地、四川盆地，以及河西走廊、河套平原、关中盆地、长江三角洲、珠江三角洲、黄河三角洲、雷州半岛等。

2. 黄土地区地下水

黄土地区地下水是平原-盆地地下水的一种，也是中国的一大特色，主要分布在我国的陕西省北部、宁夏回族自治区南部、山西省西部和甘肃省东南部，即日月山以东、吕梁山以西、长城以南、秦岭以北的黄土高原地区。黄土地区地下水主要赋存于黄土塬区，在一些规模较大的塬区，地下水比较丰富，具有供水价值。

3. 岩溶地区地下水

地下水主要赋存于碳酸盐岩（石灰岩）的溶洞裂隙中，赋存状态取决于岩溶发育程度。我国碳酸盐岩分布较广，有的直接裸露于地表，有的埋藏于地下。不同气候条件下，岩溶发育程度不同，特别是北方和南方地区差异明显。

4. 基岩山区地下水

广泛分布于岩溶地区以外的其他山地、丘陵区，地下水赋存于岩浆岩、变质岩、碎屑岩和火山熔岩等岩石的裂隙中，是我国分布最广的地下水类型。基岩山区地下水只在构造破碎带等局部地带富水性较好，大部分地区水量较贫乏，一般不适宜集中开采，但对山地丘陵区和高原地区的人、畜用水有重要作用。

三、地下水的分类

1. 起源

按起源不同，可将地下水分为渗入水、凝结水、初生水和埋藏水。①渗入水，指降水渗入地下形成的。②凝结水，指水汽凝结形成的地下水。当地面温度低于空气温度时，空气中的水汽便要进入土壤和岩石的空隙中，在颗粒和岩石表面凝结形成地下水。③初生水，指既不是降水渗入，也不是水汽凝结形成的，而是由岩浆中分离出来的气体冷凝形成，这种水是岩浆作用的结果，成为初生水。④埋藏水，指与沉积物同时生成或海水渗入原生沉积物的孔隙中而形成的地下水。

2. 矿化程度

按矿化度的大小可将地下水分为五类：①淡水，矿化度小于 $1g/L$。②微咸水（弱矿化水），矿化度为 $1\sim3g/L$。③咸水（中等矿化水），矿化度为 $3\sim10g/L$。④盐水（强矿化水），矿化度为 $10\sim50g/L$。⑤卤水，矿化度大于 $50g/L$。淡水或微咸水可用于农田灌溉，咸水要采用一定的技术措施后才能用于灌溉，盐水和卤水不能用作灌溉水。

3. 含水层性质

按含水层性质分类，可分为孔隙水、裂隙水、岩溶水。①孔隙水，指疏松岩石孔隙中的水，是储存于第四系松散沉积物及第三系少数胶结不良的沉积物的孔隙中的地下水。②裂隙水，指赋存于坚硬、半坚硬基岩裂隙中的重力水。③岩溶水，指赋存于岩溶空隙中的水。

4. 埋藏条件

按埋藏条件不同，可分为上层滞水、潜水、承压水。①上层滞水，指埋藏在离地表不深、包气带中局部隔水层之上的重力水。②潜水，指埋藏在地表以下、第一个稳定隔水层以上、具有自由水面的重力水。③承压水，指埋藏并充满两个稳定隔水层之间的含水层中的重力水。

四、地下水分布

《中国地下水环境背景图》依据全国各地的地下水环境背景数据资料编制而成，反映了低碘水、高氟水、高砷水和高铁水的地域分布规律。①低碘水。主要分布于山地、丘陵地区，包括云贵高原、南岭山区、浙闽山区的大部分地区和横断山、秦巴山、太行山、燕山、祁连山、昆仑山等。②高氟水。主要分布于长白山区、辽东山地、松辽平原中部、黄淮海平原中部、山西省中部盆地、内蒙古高原，西北内陆盆地冲洪积倾斜平原前缘地区。③高砷水。主要分布于新疆塔里木盆地的渭干河流域和准噶尔盆地的奎屯河下游地区。④高铁水。主要分布于青藏高原、三江平原、下辽河平原、江汉平原等。

五、地下水开采程度

《中国地下水资源开采潜力图》根据全国地市级行政单位的统计结果编制而成，划分为六个潜力等级。①超采区。地下水开采潜力小于0，需要采取调整开采布局、调引客水补源、推行节约用水等措施，缓解地下水紧张矛盾。②基本平衡区。地下水开采潜力每年0~1万 m^3/km^2，不能盲目扩大开采。北方地区应将这部分水留作生态用水。③开采潜力较小区。地下水开采潜力每年1万~5万 m^3/km^2 的地区，可适度开发利用地下水。④开采潜力中等区。地下水开采潜力每年5万~10万 m^3/km^2 的地区，可适当增加地下水开采强度，减少地表水的利用。⑤开采潜力较大区。地下水开采潜力每年10万~20万 m^3/km^2 的地区，应该鼓励开发利用地下水，充分利用地下水水质优良、动态稳定和多年调节的特点。⑥开采潜力大区。地下水开采潜力大于每年20万 m^3/km^2 的地区，应大力开发利用地下水。主要分布在广西壮族自治区、广东省、海南省的小部分地区。

六、地下水污染程度

《中国地下水污染状况图》将人类活动影响的地下水质量现状与天然条件下的地下水质量"背景值"对照，确定地下水污染超标组分，按照单要素评价与多要素综合评价结合的原则编制而成，反映了城市地下水污染程度和污染组分两方面内容。地下水污染程度分为污染严重、污染中等和污染较轻三级。地下水污染组分包括硝酸盐氮、亚硝酸盐氮、氨氮、铅、砷、汞、铬、氰化物、挥发性酚、石油类、高锰酸盐指数等指标。东北地区地下水质量优劣不均，局部污染；华北地区地下水质量分带明显，污染普遍；西北地区地下水质量总体较差，污染较轻；南方地区地下水质量总体优良，局部污染。

七、补给和水质

地下水主要有降水入渗、灌溉水入渗、地表水入渗补给，越流补给和人工补给。在一定条件下，还有侧向补给。地下水的排泄主要有泉水涌出、潜水蒸发、向地表水体排泄、越流排泄和人工排泄。泉是地下水天然排泄的主要方式（图7-1）。

水质级别一般分为五类。Ⅰ类水质：水质良好。地下水只需消毒处理，地表水经简易净化处理（如过滤、消毒）后即可供生活饮用。Ⅱ类水质：水质受轻度污染。经常规净化处理（如絮凝、沉淀、过滤、消毒等），其水质即可供生活饮用。Ⅲ类水质：适用于集中式生活饮用水源地二级保护区、一般鱼类保护区及游泳区。Ⅳ类水质：适用于一般工业保护区及人体非直接接触的娱乐用水区。Ⅴ类水质：适用于农业用水区及一般景观要求水域。超过Ⅴ类水质标准的水体基本上已无使用功能。

八、地下水资源评价

地下水资源评价包括水质评价和水量评价。①水质评价。地下水水质评价一般分为

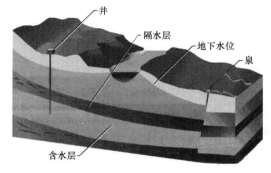

图7-1　地下水示意图

两部分：一部分用取样分析化验的方法查清地下水的水质，对照水质标准评价其适用性。另一部分，若在水文地质勘察过程中发现水质已受污染或有受污染的可能，则应查清污染物质及其来源、污染途径与污染规律，在此基础上预测将来水质的变化趋势和对水源地的影响。②水量评价。地下水资源计算（或地下水水量计算），实际上就是选用一种公式，计算出该种类型水资源的数量。地下水资源评价，包括计算区水文地质模型的概化、水量计算模型的选取和水量计算、对计算结果可靠性的评价和允许开采资源级别的确定等一系列内容。地下水资源计算方法种类繁多，从简单的水文地质比拟法到复杂的地下水数值模拟，从理论计算到实际抽水方法等。常用的地下水资源计算方法有经验方法（水文地质比拟法）、涌水量-水位降深（Q-S）曲线方程法、数值法、水均衡法、动态均衡法、解析法等。

九、地下水开发与利用

地下水开发利用力求费用低廉、方案优化、技术先进、效益显著而又不引起环境问题，要以查明水文地质条件和正确评价地下水资源为基础。合理开发利用地下水应注意：①不过量开采。开采量要小于开采条件下的补给量，否则将造成地下水位持续下降，区域降落漏斗形成并不断扩大、加深，水井出水量减小甚至水资源枯竭。②远离污染源，否则将造成地下水污染，水质恶化不能使用。③不能造成海水或高矿化水入侵淡水含水层。④不能引起大量的地面沉降和塌陷，否则将造成建筑物的破坏，引起巨大的经济损失。⑤按地下水流域进行地下水开发利用的全面规划，合理布井，防止争水。⑥地表水资源和地下水资源统一考虑、联合调度。⑦全面考虑供需数量、开源与节流、供水与排水、水资源重复利用、水源地保护等问题，使有限的水资源获得最大的利用效益。

十、地下水环境监测

地下水环境监测有助于第一时间了解地下水的基本变化特征，出现特殊情况可迅速采取有效措施加以控制，但存在着野外交通不便、监测点分散等问题。提供大数据系统，建立基于物联网技术来实现地下水环境参数的远程传输，通过对监测井地下水环境信息的采集，将数据进行整合处理，按照约定的规则经过移动通信网络远程传输至中心站，从而实现对地下水环境实时、有效的监测和管理。新技术下的地下水监测还对预防地质灾害、保护社会环境有重要意义。最终达成加强污染源源头防治和风险管控，保障国家水安全，实现地下水资源可持续利用，推动经济社会可持续发展的目的。

《地下水环境监测技术规范》（HJ 164—2020）规定了地下水环境监测点布设、环境监测井建设与管理、样品采集与保存、监测项目和分析方法、监测数据处理、质量保证和质量控制及资料整编等方面的要求。

1. 服务系统

地下水环境监测服务系统，是整合现有信息资源，形成一个集地下水信息采集、传输、处理、交换、展示、发布、共享为一体的信息系统，实现对地下水的有效监测、管理及监测成果管理。系统引进先进的大数据技术，通过大数据计算，实时采集前端硬件设备监测的数据信息，实现硬件资源虚拟化，建立完善的地下水监测数据库、基础支撑平台业务应用系统。此外，还可拓展接口，建立统一的数据接入体系，实现与现有数据接收系统数据同步，与国家监测工程数据交换等，协助用户高效、及时、准确、便捷地监测监管地下水环境，实现源头防治、风险管控、科学管理的目的，全方位保障地下水环境安全。

地下水环境监测服务系统建设基于水质监测设备，引进先进的大数据技术，通过服务端平台实时展示。实现地下水监测数据接收、数据管理、监测设备管理、运行维护管理、综合分析、模拟计算、成果展示、共享服务等软件功能，满足地下水监测数据管理、成果制作、信息发布和共享服务在线业务联动的业务需求。信息应用服务系统能有效提升地下水监测信息化技术水平和服务能力。

2. 系统调试

（1）在现场完成水污染源在线监测仪器的安装、初试后，对在线监测仪器进行调试，调试连续运行时间不少于 72 小时。每天进行零点校准和量程校准检查，当累积漂移超过规定指标时，对在线监测仪器进行调整。

（2）如遇排放源故障或在线监测系统故障造成调试中断，在排放源或在线监测系统恢复正常后，重新开始调试，调试连续运行时间不少于 72 小时。

（3）编制水污染源在线监测仪器调试期间的零点漂移和量程漂移测试报告。

（4）确保数据采集传输仪和水污染源在线监测仪器正确连接，并可向上位机发送数据。

（5）试运行期间水污染源在线监测仪器连续运行 30 天。

（6）设定时间间隔为 24 小时，水污染源在线监测系统自动调节零点和校准量程值。如遇排放源故障或在线监测系统故障等造成运行中断，在排放源或在线监测系统恢复正常后，重新开始试运行。

（7）编制水质在线自动分析仪零点漂移、量程漂移和重复性的测试报告。

3. 安装要求

（1）安装时机柜的背面离墙壁至少要留有 70cm 的距离，方便日后维护。

（2）设备应单独接地。建议设备用 80cm 钢管打入湿土中，用至少 4mm 的电线单独接于机箱接地位置，否则可能会导致测量数据不稳定或仪器电子部分损坏。

（3）设备应做防雷保护。建议在设备 220V 进线端接入防雷模块，否则可能会导致雷击损坏。

（4）设备应安装预处理系统。因水中杂质较多，会导致管路容易堵塞、九通阀故障，维护频率高，缩短仪器寿命。

（5）现场湿度过大容易导致电路部分短路，最好将仪器转移到干燥环境。

（6）建议安装空调，防止昼夜温差太大影响测量结果、试剂结冰或变质。

第二节　城市地下水环境存在的问题

一、相关法律有待进一步健全

目前颁布实施的法律法规，虽然有的条款涉及地下水保护与污染防治，然而缺乏系统完整的地下水保护与污染防治的法律法规和标准规范，难以明确具体法律责任。有的法律条文虽有涉及地下水的条款，对污染地下水的管理措施不严格，惩罚缺乏力度，对排污者缺乏威慑力，难以形成有效的约束作用。另外，法律对很多能造成地下水污染的污废排放，定义或范围界定不是非常明确，导致管理部门监管依据不足，难依法办事。

二、管理体制机制不完善

我国的地下水管理存在职能交叉，涉及国土资源、水利、城建等多部门，尽管职能各有侧重，但含水介质、水位水量、水质等分开管理，容易引发地下水管理出现较多"灰色"或"夹心"地带，造成管理不完善，甚至混乱。多部门参与管理的结果，必然造成人力财力资源的重复投入、浪费及扯皮现象。其中，焦点是收费。多部门参与管理，是部门之间征收水资源费划片，即不同部门之间利益划分问题。这种根据行政区而不考虑水文地质单元的划片收费不太合理。有的城区由几家单位共同收费；有的城区归某家单位收费，城郊归另一家单位收费。水资源费用途，除满足必需的在编人员工资外，应主要作为水资源勘探、开发、调配、治污、节水、监测和保护等专项管理资金的重要补给来源。但是，目前有些地方的水资源费却主要用于维持管理部门超编的人员工资，甚至有的地方为养人而中断必需的监测工作，有的地方以收费代管理的现象也时有所见。

各部门水文地质信息资料侧重点不同，也导致各自资料不完善。水利部门的优势是多年工作偏重地表水，河、湖、库等水体的水位、流量、泥沙量、水质监测等信息资料相当完善。城建部门的节约用水办公室在管理中主要积累一些城市地下水的水位和水质动态监测资料，在凿井地质信息资料、开采量统计等方面不太完善。国土资源部门的水文地质勘察单位则积累了较丰富的地质信息资料。

三、地下水污染治理责任部门扯皮

在对地下水污染治理，需要投入时，主责部门往往不明确，相关部门扯皮推诿，有的甚至不负责任。

四、对地下水污染重视程度不够

目前，涉水管理通常偏重受到外界刺激后具有"立竿见影"效应的地表水污染问题，对具有长期性、隐蔽性、迟滞性的地下水污染不够重视。这也导致地下水环境保护宣传教育不够，公众对地下水的认知不足，对肆意污染地下水的行为缺乏应有的警惕，客观上加速了地下水污染。

五、地下水污染预警机制不成熟

近年，地下水污染的突发性事件表明，我国地下水污染预警机制尚未健全，对于突发性地下水污染事件的应变和处理能力较为薄弱。这类地下水污染事件大多为迟滞性突发污染事件，多是地下水污染长期积累和影响的结果，因此，建立健全地下水污染预警机制对地下水污染防控、提前发现迟滞性突发污染事件十分重要。

第三节　城市地下水污染治理技术

为落实《地下水管理条例》要求，完善地下水污染防治标准体系，指导和规范地下水污染防治工作，生态环境部制定了《地下水污染可渗透反应格栅技术指南（试行）》《地下水污染地球物理探测技术指南（试行）》《污染地下水抽出-处理技术指南（试行）》《地下水污染同位素源解析技术指南（试行）》，并于 2022 年 5 月 24 日发布。

随着工业生产的高速发展，我国地下水污染的问题日益突出，地下水污染所带来的对环境和经济发展的影响也日趋显露。为此，必须进行必要的监测，一旦发现地下水遭受污染，应及时采取措施，防微杜渐，尽量减少污染物进入地下含水层的机会和数量，诸如污水聚积地段的防渗，选择具有最优的地质、水文地质条件的地点排放废物等。加强对地下水污染的治理和相应技术的开发十分迫切。地下水污染治理技术主要有物理处理法、水动力控制法、抽出处理法、原位处理法、微生物修复等。

一、物理处理法

物理处理法是用物理的手段对受污染地下水进行治理的一种方法，可分为以下两种。

（1）屏蔽法。该法是在地下建立各种物理屏障，将受污染水体圈闭起来，以防止污染物进一步扩散蔓延。常用的灰浆帷幕法是用压力向地下灌注灰浆，在受污染水体周围形成一道帷幕，从而将受污染水体圈闭起来。其他的物理屏障法还有泥浆阻水墙、振动桩阻水墙、板桩阻水墙、块状置换、膜和合成材料帷幕圈闭法等，原理与灰浆帷幕法相似。屏蔽法只有在处理小范围的剧毒、难降解污染物时才可考虑作为一种永久性的封闭方法，多数情况下，它只是在地下水污染治理的初期使用的临时性的控制方法。

（2）被动收集法。该法是在地下水流的下游挖一条足够深的沟道，在沟内布置收集系统，将水面漂浮的污染物质（如油类污染物等）收集起来，或将所有受污染地下水收集起来以便处理的一种方法。被动收集法一般在处理轻质污染物（如油类）时较有效，它在美国治理地下水油污染时得到广泛应用。

二、水动力控制法

水动力控制法是利用井群系统，通过抽水或向含水层注水，人为地改变地下水的水力梯度，从而将受污染水体与清洁水体分隔开来。根据井群系统布置方式的不同，水动力控制法又可分为上游分水岭法和下游分水岭法。上游分水岭法是在受污染水体的上游布置一排注水井，通过注水井向含水层注入清水，使得在该注水井处形成一地下分水岭，从而阻止上游清洁水体向下游补给已被污染水体，在下游布置一排抽水井将受污染水体抽出处理。而下游分水岭法则是在受污染水体下游布置一排注水井注水，在下游形成一分水岭以阻止污染水流向下游扩散，同时在上游布置一排抽水井，抽出清洁水并送到下游注入。水动力控制法一般也用作一种临时性的控制方法，在地下水污染治理的初期用于防止污染物的扩散蔓延。

三、抽出处理法

抽取和处理系统的目的包括对污染物水流的水力控制及从地下水中去除污染物。抽出处理法是当前应用很普遍的一种方法，可根据污染物类型和处理费用来选用，分为三类：①物理法，包括吸附法、重力分离法、过滤法、反渗透法、气吹法和焚烧法等。②化学法，包括混凝沉淀法、氧化还原法、离子交换法和中和法等。③生物法，包括活性污泥法、生物膜法、厌氧消化法和土壤处置法等。

受污染地下水抽出后的处理方法与地表水的处理相同，在受污染地下水的抽出处理中，井群系统的建立是关键，井群系统要能控制整个受污染水体的流动。处理后地下水的去向一个是直接使用，另一个则是用于回灌。回灌可稀释受污染水体，冲洗含水层，还可加速地下水的循环流动，缩短地下水的修复时间。

四、原位处理法

原位处理法是地下水污染治理技术研究的热点，不但处理费用相对节省，还可减少地表处理设施，最大程度减少污染物的暴露，减少对环境的扰动，是一种很有前景的地下水污染治理技术。原位处理技术包括物理化学处理法和生物处理法。

1. 物理化学处理法

（1）加药法。通过井群系统向受污染水体灌注化学药剂，如灌注中和剂以中和酸性或碱性渗滤液，添加氧化剂降解有机物或使无机化合物形成沉淀等。

（2）渗透性处理床。渗透性处理床主要适用于较薄、较浅含水层，一般用于填埋渗滤液的无害化处理。具体做法是在污染水流的下游挖一条沟，该沟挖至含水层底部基岩层或不透水黏土层，然后在沟内填充能与污染物反应的透水性介质，受污染地下水流入沟内后与该介质发生反应，生成无害化产物或沉淀物而被去除。常用的填充介质有：灰岩，用以中和酸性地下水或去除重金属；活性炭，用以去除非极性污染物和四氯化碳、苯等；沸石和合成离子交换树脂，用以去除溶解态重金属等。

（3）土壤改性法。利用土壤中的黏土层，通过注射井在原位注入表面活性剂及有机改性物质，使土壤中的黏土转变为有机黏土。经改性后形成的有机黏土能有效地吸附地下水中的有机污染物。

（4）冲洗法。对于有机烃类污染，可用空气冲洗，将空气注入受污染区域底部，空气在上升过程中，污染物中的挥发性组分会随空气一起逸出，再用集气系统将气体进行收集处理；也可采用蒸汽冲洗，蒸汽不仅使挥发性组分逸出，还使有机物热解；另外，用酒精冲洗亦可。理论上，只要整个受污染区域都被冲洗过，则所有的烃类污染物都会被去除。

（5）射频放电加热法。通入电流使污染物降解。

物理化学处理法需注意堵塞问题，当地下水中存在重金属时，物化反应易生成沉淀，从而堵塞含水层，影响处理过程。

2. 生物处理法

原位生物修复的原理实际上是自然生物降解过程的人工强化。它通过人为措施，包括添加氧和营养物等，刺激原位微生物的生长，从而强化污染物的自然生物降解过程。通常原位生物修复的过程为：先试验研究，确定原位微生物降解污染物的能力，然后确定能最大程度促进微生物生长的氧需要量和营养配比，最后将研究结果应用于实际。原位生物修复技术是围绕各种强化措施来进行的，强化供氧技术有以下几种。

（1）生物气冲技术。该技术与物理化学处理法中的气冲技术相似，都是将空气注入受污染区域底部，不同的是生物气冲的供气量要小一些，只要达到刺激微生物生长的供气量即可。

（2）溶气水供氧技术。它能制成一种由2/3气和1/3水组成的溶气水，气泡直径可小到$55\mu m$。将这种气水混合物注入受污染区域，可大大提高氧的传递效率。

（3）过氧化氢供氧技术。该技术是将过氧化氢作为氧源注入受污染地下水中，过氧化氢分解后产生氧以供给微生物生长。过氧化氢常与催化剂一起注入，催化剂用以控制过氧化氢的分解速度，使之与微生物的耗氧速度一致。

（4）强化营养物供应技术。强化营养物供应技术有渗透墙技术等。该技术是在污染区域内垂直于地下水流方向建一道渗透墙，先将渗透墙内的水抽出，添加营养物后再回灌进入渗透墙。这时，添加了营养物的渗透墙就成了一个营养物扩散源，在渗透墙下游就会形成一个生物活跃区，从而强化了生物降解过程。

强化措施还可以从微生物角度入手。先在地表设施中对微生物进行选择性培养，然后通过注射井注入受污染区域，或直接引进商品化菌种，可起到强化生物降解过程的作用。

总之，原位生物修复技术的工艺形式很多，但其原理都是自然生物降解过程的人工强化。原位生物修复要与井群系统配合运行，通过抽水井与注水井的配合，加速地下水的流动及氧和营养物的扩散，缩短处理时间。

五、微生物修复土壤地下水污染

微生物修复是指利用微生物的特性修复被污染的土壤和地下水。微生物是天然存活在环境中的非常微小的生物体，如细菌。污染物是某些微生物的食物和能量之源，微生物修复所做的就是促进和鼓励这些微生物扩张它的种群。微生物修复适用的污染物有石油、石油类产品、化学溶剂和农药。

微生物修复一个场地，可能要几个月或几年，取决于很多因素。以下几种情况会延长修复时间：污染物浓度高，或者污染物位于难触及的区域（如岩石断层和致密土壤）；温度、营养素、微生物种群等条件需要加以改善；需异位修复等。微生物修复依靠的是天然存在于土壤和地下水中的微生物。这些微生物对场地上和周边社区没有威胁。一旦污染物和微生物修复创造的环境条件消失，之前添加的修复用微生物就会死亡。为促进微生物增长而添加的化学物质也要是安全的。例如，促进微生物生长的营养素常用于草坪和花园，添加量仅满足促进微生物生长。定期检测土壤和地下水样品，确保处理措施有效并评估进度。

微生物修复的优势一方面在于运用了自然作用来修复场地。它不像许多修复方法需要大量设备、工人或能源，所以更便宜。另一方面是它可在场地内修复土壤和地下水，不必挖掘、抽水和运到异地处理。微生物能将有害化学物质转化成少量的水和气体，即使有废物产生也只是很少的一点。

第四节 城市地下水管理

一、健全地下水管理制度体系

1. 完善管理机制与责任体系

针对地下水管理工作涉及部门较多情况，建立地下水统一管理与分级管理机制，进一步明晰地下水管理责任。

（1）规定地方人民政府对本行政区域内的地下水管理负责，明确具体的地下水管理保护责任，要求维持地下水合理水位，保护地下水水质。

（2）根据有关法律法规和部门"三定"规定，规定有关部门的工作职责。

（3）明确地下水开发利用主体承担地下水取水工程管理、节约保护和防止污染等方面责任。

（4）明确国务院对省、自治区、直辖市地下水管理保护情况实行目标责任制和考核评价制度，并针对地下水违法行为，对政府部门和开发利用主体规定严格的法律责任。

2. 建立保护优先制度体系

结合地下水更新循环速度慢、破坏后不易修复等特点，建立地下水保护优先制度体系。

（1）强化用水过程的节约要求。要求取用地下水的单位和个人遵守取水总量控制和定额管理要求，使用先进节约用水技术、工艺和设备；要求县级以上地方人民政府组织发展节水农业，提高农业用水效率。

（2）细化地下水涵养和保护措施。要求建设单位和个人采取措施，防止地下工程建设对地下水造成重大不利影响；明确除特殊情形外，禁止开采难以更新的地下水；要求城乡建设和河湖整治统筹地下水水源涵养和回补需要，加强水体自然形态保护和修复；要求重要泉域明确保护范围和措施。

（3）强化经济手段的运用。明确地下水有偿使用标准确定原则，并要求地下水取水工程安装计量设施。

3. 设定目标管控制度体系

结合我国地下水开发利用实际，从水量、水位两方面严格管控开采地下水，并从年度取水计划、地下水储备等方面提出要求。

（1）实行地下水取水总量控制与水位控制"双控"制度。国务院水行政主管部门会同自然资源主管部门制定并下达各省、自治区、直辖市地下水取水总量控制指标，省级人民政府水行政主管部门拟定本行政区域内县级以上行政区域的地下水取水总量控制指标和水位控制指标，县级以上地方人民政府根据"双控"指标确定地下水取水工程布局。

（2）实行地下水年度取水计划管理。县级以上地方人民政府水行政主管部门制定地下水年度取水计划，对本行政区域内的年度取用地下水实行总量控制。

（3）建立地下水储备制度，县级以上地方人民政府制定动用储备预案，结合用水需求和水资源条件，明确地下水储备量，发挥地下水战略储备功能。

4. 健全科学技术支撑体系

鉴于地下水的隐蔽性与复杂性，根据地下水管理与超采治理工作需要，健全地下水科学技术支撑体系。

（1）明确国家定期组织开展地下水状况调查评价，包括地下水资源调查评价、地下水污染调查评价和水文地质勘查评价等内容，为地下水规划编制、治理与管理提供基础数据支撑。

（2）明确国民经济和社会发展规划、国土空间规划编制，以及重大建设项目的布局，应当进行科学论证，确保与当地地下水资源条件和地下水保护要求相适应。

（3）根据地下水特点以及更新的难易程度，将地下水分层分类分区管理，包括对可更新的浅层地下水和深层承压水，超采区、禁限采区内地下水，以及地热水、泉域，针对性地提出管理规定。

（4）明确国家支持地下水先进科学技术的研究、推广和应用。

5. 制定全过程管控措施体系

从地下水循环全过程出发，制定地下水管控系统治理措施体系。

（1）针对地下水补给、径流、排泄循环全过程，提出管控措施。明确县级以上地方人民政府应当加强地下水水源补给保护，充分利用自然条件补充地下水，有效涵养地下水水源；要求建设单位和个人采取措施防止地下工程建设对地下水造成重大不利影响。

（2）严格地下水用途监管。禁止水资源紧缺、生态脆弱地区新建、改建、扩建高耗水项目，禁止违反法律、法规的规定开垦种植而取用地下水，禁止除应急供水取水、无替代水源地区的居民生活用水、为监测等少量取水等情形外，开采难以更新的地下水。

（3）针对我国部分地区地下水面临的超采、污染问题，进一步健全治理与防治措施体系。针对地下水超采，明确超采区与禁限采区划定、超采治理方案编制、超采治理措施实施等内容。针对地下水污染，明确划定地下水污染防治重点区、制定防止违法排放污染物和生产建设活动污染地下水等防治措施。

6. 完善监督管控体系

针对地下水管理存在的短板和弱项，设定创新性监管制度。

（1）要求国务院水行政、自然资源、生态环境等主管部门建立统一的国家地下水监测站网，实现地下水监测信息共享。

（2）加强对地下水取水工程的监督管理。要求县级以上地方人民政府水行政主管部门对地下水取水工程登记造册；矿产资源开采、地下工程建设疏干排水量达到规模的，应当申请取水许可，并安装排水监测和计量设施。

（3）要求县级以上地方人民政府水行政主管部门划定需要取水的地热能开发利用项目禁止和限制取水范围，并要求对其取水和回灌进行计量。

二、完善地下水管理制度措施

1. 地下水状况调查评价与规划编制规定

地下水状况调查评价与规划编制是做好地下水管理工作的前提和基础。

（1）明确调查评价程序和内容。要求县级以上人民政府组织水行政、自然资源、生态环境等主管部门开展地下水状况调查评价。

（2）完善规划编制程序。要求县级以上地方人民政府水行政、自然资源、生态环境等主管部门根据地下水状况调查评价成果，统筹考虑经济社会发展需要，编制地下水保护利用和污染防治等规划。

（3）强化规划衔接。要求编制工业、农业等专项规划涉及地下水的内容，应与地下水保护利用和污染防治等规划相衔接。

2. 完善地下水节约与保护措施

（1）明确地下水取水总量控制与水位控制权限。明确国务院水行政主管部门、省级人民政府水行政主管部门以及县级以上地方人民政府对地下水取水总量控制指标和水位控制指标的权限。

（2）明确用水过程的节约要求。要求取用地下水的单位和个人使用先进节约用水技术、工艺和设备；发展节水农业，提高农业用水效率；推广节水型生活用水器具，鼓励使用再生水，提高用水效率。

3. 防治地下水超采制度措施

（1）规范禁止开采区、限制开采区划定。规定已发生严重地面沉降、海（咸）水入侵等地质灾害或者生态损害的区域等，应当划定为禁止开采区；地下水开采量接近可开采量、开采地下水可能引发地质灾害或者生态损害的区域等，应当划定为限制开采区。

（2）强化禁止开采区、限制开采区管理。明确除特殊情形外，在禁止开采区内禁止取用地下水，在限制开采区内禁止新增取用地下水并逐步削减地下水取水量。

（3）规范地下水超采治理。要求省级人民政府水行政主管部门编制地下水超采综合治理方案，地下水超采区的县级以上地方人民政府应当加强节水型社会建设。

4. 防治地下水污染制度措施

（1）建立地下水污染防治重点区划定制度。规定根据地下水污染防治需要，划定地下水污染防治重点区。

（2）强化对污染地下水行为的管控。明确禁止以逃避监管的方式排放水污染物，禁止利用无防渗漏措施的沟渠、坑塘等输送或者储存含有毒污染物的废水等行为。

（3）细化防止生产建设活动污染地下水的制度。规定兴建地下工程设施或者进行地下勘探、采矿等活动，依法编制的环境影响评价文件中应包括地下水污染防治的内容。

（4）细化防止土壤污染导致地下水污染的制度。要求农业生产经营者等有关单位和个人科学、合理使用农药、肥料等农业投入品，农田灌溉用水应符合相关水质标准；土壤污染防治方案应包括地下水污染防治的内容。

5. 实施分区分类防治

地下水分布广泛，不同地区的地下水具有不同的水文地质特征、利用功能、污染风险和潜在危害，明确制定划定地下水污染防治重点区制度。生态环境部门会同水行政和自然资源部门，组织划定地下水污染防治重点区。重点区划定要综合考虑地下水开发利用需求及污染状况和风险程度。努力做到该治理的区域治理好，遏制污染增量；该预防的区域严格保护好，实施分区分类保护和治理。

6. 对点源实施严格管控

突出强化对地下水污染行为的管控，这是有效遏制地下水污染的核心和关键。改革开放以来，我国经济进入高速增长期，重化工等产业的有毒有害污染源及危废处置场对地下水构成极大的污染风险。越来越严厉的环保风暴后，个别企业偷排偷渗污水进入看不见的地下，对地下水水质造成严重影响。针对尾矿库、危废处置场、垃圾填埋场、加油站、渗沟渗渠等点线类污染源，提出明确的禁止性规定，加大处罚力度。同时，建立重点排污单位名录，加强点源污染监控。这些规定对控制地下水污染增量具有重要意义。

7. 加强生产建设活动管理

地下水污染除来自地表的人类活动外，直接影响含水层的生产建设如采矿、勘探、地下工程建设甚至地下水开采等，也可能造成地下水污染。例如，潜水水质较差，承压水水质较好，如果开采井分层止水不好，会发生串层污染。采矿等建设项目对地下水水质的影响日益显现。针对直接影响含水层水质的建设活动，提出地下水污染防治的具体规定，包括在环境影响评价文件中增加有关内容，对多层开采或回灌地下水提出污染防治的要求等，这些规定将推动降低采矿、勘探、地下工程建设等活动对地下水的不利影响。

8. 加强土壤污染防治

土壤是含水层的"防护服"，地下水污染防治的第一关是土壤污染防治。针对农业生产，尤其是农药和肥料施用，提出具体规定，要求科学合理使用，避免污染地下水。对农业灌溉用水明确提出相应的水质标准要求。面源污染是我国地下水污染的主要来源，把住土壤污染防治这个上层关口，有助于遏制地下水面源污染，对地下水"三氮"及农药污染防治具有重要意义。

9. 加强考核评价

为强化各级政府的责任，国务院对省、自治区、直辖市地下水管理和保护情况实行目标责任制和考核评价制度；国务院有关部门按照职责分工负责考核评价工作的具体组织实施。这充分体现了国家对地下水资源的高度重视，进一步凸显地下水管理和保护工作的重要性。国务院将地下水管理等工作纳入了实行最严格水资源管理制度考核，已有多年的实践基础。明确提出对地下水管理和保护实行目标责任制和考核评价制度，必将进一步提高各级地方人民政府对地下水资源的重视程度，促进地方采取更加有力的措施，严格地下水管理，强化地下水保护，促进地下水资源可持续利用。

10. 解决突出难点

随着经济社会发展，地下水管理中出现以下新问题，急需加快解决。

（1）强化地热能开发项目的管理。近年来地热能开发利用项目逐步增多，对地下水造成明显不利影响，需纳入规范管理范围。对需要取水的地热能开发项目，明确划定限制和禁止取水范围，明确禁止建设的情况，明确对取水和回灌进行计量的要求。

（2）强化疏干排水管理。矿产资源开采、地下工程建设疏干排水是地下水管理的难点，明确矿产资源开采、地下工程建设疏干排水量达到规模的，应依法申请取水许可，安装排水计量设施，并要求疏干排水应优先利用。

（3）强化地下水取水工程管理。地下水取水工程分布广、数量大，摸清底数是地下水管理的基础。要求对地下水取水工程登记造册，建立监督管理制度，将严格地下水取用监管落到实处。同时明确地下水取水工程应在申请取水许可时附具建设方案，并按取水许可批准文件要求由具备相应专业技术能力的单位施工。对报废地下水取水工程封井或回填提出具体要求。

11. 强化监测制度

地下水监测是地下水管理和保护的"听诊器"。多年前，国家就部署了地下水监测工程建设，取得明显成效。已经建成监测范围覆盖全国主要平原区和主要水文地质单元的监测网络，实现对我国主要平原、盆地和岩溶含水层地下水水位、水质的有效监控，取得了显著的社会效益和经济效益，为我国水资源开发利用与优化配置、农业结构调整、工业发展布局、城市发展规划、生态环境保护等提供重要支撑和服务。为有效解决我国地下水监测中存在的站网布局还有待完善、监控手段还有待提升、信息共享还有待加强等问题，对地下水监测站网建设和监测信息共享、监测设施保护等方面提出了要求。

（1）强调监测站网的建设。水利部、自然资源部、生态环境部等部门要建立统一的国家地下水监测站网和地下水监测信息共享机制，对地下水实行动态监测。

（2）明确地下水监测设施设备保护的要求。规定任何单位和个人不得侵占、毁坏或者擅自移动地下水监测设施设备及其标志。

（3）强化地下水监测数据的权威性。规定任何单位和个人不得篡改伪造地下水监测数据。

这些规定既是工作实践总结，也是开展地下水调查评价、治理保护的现实需要。

三、严格取用地下水监管

1. 加强地下水监督管理规定

（1）要求部门加强协作配合。规定县级以上地方人民政府水行政、自然资源、生态环境等主管部门应当依照职责加强监督管理，完善协作配合机制。

（2）加强地下水监测。要求国务院水行政、自然资源、生态环境等主管部门建立统一的国家地下水监测站网和地下水监测信息共享机制。

（3）加强对地下水取水工程的监督管理。要求县级以上地方人民政府水行政主管部门对地下水取水工程登记造册；矿产资源开采、地下工程建设疏干排水量达到规模的，应当依法申请取水许可，并安装排水计量设施。

（4）加强对需要取水的地热能开发利用项目的管理。要求县级以上地方人民政府水行政主管部门划定需要取水的地热能开发利用项目的禁止和限制取水范围，建设需要取水的地热能开发利用项目应当依法对取水和回灌进行计量。

2. 严格区域地下水总量控制

（1）实行地下水取水总量控制。为从源头上防止地下水过度开发、超量利用，明确要求实行地下水取水总量控制制度。要依据地下水可开采量和地表水水资源状况，确定省级行政区地下水取水总量控制指标，并据此制定县级以上行政区域的控制指标。对已经超出控制指标的，不予批准新增取用地下水。通过控制地下水取用水总量，将有效遏制地下水超采状况，避免出现重大地质生态环境问题。

（2）实行地下水水位控制。省级水行政主管部门会同本级有关部门拟订辖区内不同区域的地下水水位控制指标。发挥地下水水位便于直观监测、直接获取的特点，及时评估分析地下水资源状况和地下水取用情况。地下水水位控制指标作为确定地下水取水工程布局、制定地下水年度取水计划、审批取水许可等的关键指标之一，为有效引导地下水合理开发、进行动态管控提供重要依据。

（3）严格地下水禁、限采区等重点区域管理。规定划定和公布地下水超采区、禁止开采区和限制开采区的责任主体、依据、程序，明确划为禁、限采区的情形。已出现严重地质灾害或生态损害的区域、公共供水管网已覆盖的地下水超采区等，应列入禁采区。开采量接近可开采量、开采地下水可能引发地质灾害或生态损害的区域等，应列入限采区。除特殊情况外，禁采区不得取用地下水，限采区禁止新增取用地下水并逐步压采。

3. 强化节水优先及利用效率

（1）大力推广应用先进节水技术、工艺、设备和产品。取用地下水的单位和个人应遵守取水总量控制和定额管理要求，采取节水措施，降低用水消耗。我国已基本建立覆盖主要行业的用水定额体系，要严格用水定额管理，推动用水户使用先进节水技术、工艺和设备，采取循环用水、综合利用及废水处理回用等措施，实施技术改造，降低单位产品的用水量，提高节水水平。同时，对于应该停止生产、销售、进口或使用的落后、高耗水、污染严重的工艺、设备和产品，制定明确要求。

（2）提高农业用水效率。农业用水占我国地下水利用的大部分，是提高地下水利用效率的重要领域。对以地下水为灌溉水源的地区发展节水农业、节约农业用水提出了明确要求。要多方面加大建设力度，强化基层水利服务和保障；同时还要推广应用节水灌溉技术和先进的农机、农艺和生物技术，调整种植结构，推进适水种植、量水生产，实现农业节水增效。

（3）加快建设节水型社会。全社会节水是解决水资源短缺、进行超采区治理的重要措施。地下水超采区应加强节水型社会建设。这就要求地下水超采区全面提升节水意识，将节水贯穿经济社会发展和生产生活全过程，加快实现从供水管理向需水管理转变，倒逼生产方式转型和产业结构升级，全面提升各行业各领域水资源利用效率。

4. 提升地下水管理能力和水平

（1）严格地下水取水许可和计划管理。取水许可是地下水取用监管的关键环节。与以往取水许可管理法规相比，明确规定六种地下水取水许可申请不予批准的情形，如不符合地下水管控指标要求、不符合行业用水定额和节水规定、不符合国家强制性标准和水资源紧缺或生态脆弱地区新改扩建高耗水项目等。取用地下水应实行计划管理，县级以上地方人民政府水行政主管部门应根据本行政区域地下水取水总量和水位控制指标、地下水需求量和用水结构，制订地下水年度取水计划，作为下达取水单位或者个人取水计划的重要依据。

（2）加强地下水取水工程监管。我国地下水取水工程分布广、数量大，但长期以来底数不清，动态掌握不准，已成为严格地下水取用监管的重要瓶颈。要求对地下水取水工程登记造册，建立监督管理制度。对停止取水的地下水取水工程，应按有关技术标准封存或者回填。地下水取水工程应合理布局，在申请取水许可时应附建设方案，并按取水许可批准文件要求由具备相应专业技术能力的单位施工。

（3）推进地下水取水计量。为准确掌握地下水取水工程的取水量，实现精细化管理，对地下水取水计量设施安装、计量数据传输等提出了明确要求。新建、改建、扩建地下水取水工程，应同时安装计量设施；取用地下水量达到规模以上的，应安装在线计量设施。对未安装计量设施或者计量设施不合格、运行不正常的，明确严格的处罚措施，按照日最大取水能力计算的取水量计征相关费用，处 10 万～50 万元罚款。这些规定将极大地促进取用地下水计量率的提升。

（4）实行特殊类型工程监管。明确疏干排水、地热能开发项目等可能影响地下水的特殊类型工程监管要求。矿产资源开采、地下工程建设疏干排水量达到规模的，应依法申请取水许可，且应达标排放、优先利用。需要取水的地热能开发项目，明确了要划定限制和禁止取水范围，明确了禁止建设的情况，明确了开发和管理要求。地下工程建设须采取措施防止对地下水补给、径流、排泄造成重大不利影响，多层含水层开发、回灌地下水应防止串层污染。

（5）强化经济手段运用。水资源税费是落实"两手发力"、运用市场机制促进地下水节约保护的重要举措。明确地下水水资源税费征收原则，应充分反映地下水资源状况、取用水类型和经济社会发展等情况，采取差别化的地下水税费标准。

四、打击地下水违法行为规定

根据党中央、国务院关于用重典治理环境违法行为的要求，对利用岩层孔隙、裂隙、溶洞、废弃矿坑等储存石化原料及产品、农药、危险废物，在泉域保护范围等特殊区域内新建、改建、扩建造成地下水污染的建设项目等违法行为，规定了严格的法律责任。对未经批准擅自取用地下水，或者利用逃避监管的方式排放水污染物等违法行为，水法、水污染防治法、土壤污染防治法、取水许可和水资源费征收管理条例等法律、行政法规对这些违法行为做了明确的处罚规定。

五、完善地下水污染预警机制

我国在地下水污染预警研究方面已经做了大量工作，但大多是对区域性水质恶化的预警。应加快对场地型污染预警的研究，制定预警方案，建立预警机制，特别是对于老企业、废弃场址、重污染行业的大企业应重点关注。依据污染源类型、污染强度、污染影响程度，结合地下水污染发生的滞后性特点等，对突发性地下水污染事件分类分级，预判污染发生的风险与级别，建立针对性的预警和应急处置措施，提高地下水突发污染事故的处理效率，降低事故的危害性。

复 习 思 考 题

1. 地下水有哪些分类？
2. 如何合理开发利用地下水？
3. 地下水污染治理技术主要有哪几种？
4. 地下水管理制度措施有哪些？
5. 小组情景讨论：作为我国中西部内陆某地级市主管地下水的负责人，你如何管理好该市地下水？

案例 7　地下溶洞能容纳污水吗？

第八章　城市垃圾渗滤液环境管理

第一节　城市垃圾渗滤液概述

一、垃圾渗滤液含义

垃圾渗滤液（landfill leachate），是垃圾在堆放和填埋过程中由于压实、发酵等物理、生物、化学作用，同时在降水和地下水的渗流作用下产生的一种高浓度的有机或无机成分的液体，也称渗沥液。垃圾渗滤液中 COD、BOD 浓度最高值可达数万毫克每升，和城市污水相比，浓度高得多，不经过严格的处理、处置是不能直接排入城市污水处理管道的。一般而言，COD、BOD、BOD/COD 随填埋场的"年龄"增长而降低，碱度含量则升高。垃圾渗滤液产生的因素很多，主要有垃圾堆放填埋区域的降雨多少、垃圾的性质与成分、填埋场的防渗处理好坏、场地的水文地质条件等。

二、垃圾渗滤液特点

垃圾渗滤液是垃圾在转运及填埋过程中产生的一种深褐色带有刺鼻气味的高浓度有机废水，主要由自然降水、垃圾自带水分、地表径流、地下水和有机物反应生成的水分组成。垃圾渗滤液浓度高、危害性大，含大量有机物、重金属离子、细菌等毒性物质，需根据其特点进行综合性处理。其特点如下。

1. 水质水量变化大

露天式的垃圾填埋场占地面积大，每年雨季来临时，丰富的降雨导致垃圾渗滤液的体量急增，到了旱季又急减，水量波动幅度大。地域对垃圾渗滤液的水质有很大的影响，与不同地区不同的文化和生活习惯有关，同一地点不同时间产生的垃圾渗滤液水质差别也很大。根据垃圾填埋场的场龄不同，垃圾渗滤液可分为早期垃圾渗滤液（场龄 5 年以内）、中期垃圾渗滤液（场龄 5～10 年）和晚期垃圾渗滤液（场龄 10 年以上）。

2. 污染物浓度高

垃圾中的成分复杂，垃圾渗滤液的污染物含量很高，往往含有生物毒性，包含苯及其多种衍生物。其中 COD 浓度可高达 90000mg/L 以上，氨氮浓度可达 2000mg/L 或更高，BOD 可达 40000mg/L 以上。这种含有毒有机物和高氨氮的废水，处理难度较大。除有毒的芳香族化合物，垃圾渗滤液还含大量的腐殖质和腐殖酸等大分子有机物，这些有机物虽没有生物毒性，但由于分子量大、化学稳定性强，微生物无法有效降解。

3. 富含重金属离子

由于垃圾的复杂多样性，导致垃圾填埋场的垃圾渗滤液富含重金属离子，给处理带来很大的困难。垃圾渗滤液含十多种重金属离子，其中铁和锌在酸性发酵阶段较高，各种成分浓度：铁 2000mg/L、锌 130mg/L、铅 12.3mg/L、钙 4300mg/L 左右。

4. 营养元素失衡

垃圾渗滤液中 COD、氨氮浓度很高，磷含量较低。微生物营养元素比例失调，主要是碳、氮、磷的比例失调，一般垃圾渗滤液中的 BOD/P 都大于 300，导致处理难度加大。

三、垃圾渗滤液的主要危害

垃圾渗滤液含大量有毒有害污染物，成分复杂、浓度高。垃圾渗滤液中污染物有近百种，包括致癌物质、促癌物质、辅助致癌物质及致突变物质，仅列入我国及美国 EPA 环境优先控制污染物黑名单的有机污染物达数十种。随着生产生活方式的不断变化，垃圾渗滤液中新兴污染物如全氟烷基物质 PFAS 等逐步被发现，呈持续增加态势。

1. 垃圾渗滤液渗漏及违规排放造成破坏

（1）污染地下水、地表水等水体环境，导致地表水缺氧、水质恶化、富营养化，威胁饮用水和工业用水水源；垃圾渗滤液不规范处理后污染地下水，极难修复。

（2）污染周边土壤环境，垃圾渗滤液渗漏或违规排放后，造成大面积土壤污染，高盐度的垃圾渗滤液会破坏土壤微生物生存条件，影响土壤结构和土质，使土壤重金属污染加重，危及植物生长发育，影响生态环境。

2. 垃圾渗滤液造成溃坝风险

垃圾填埋设施运行过程中，由于垃圾渗滤液、浓缩液长期回灌填埋堆体，或垃圾渗滤液导排系统堵塞，致使垃圾渗滤液、浓缩液在堆体蓄积，造成溃坝风险，存在重大安全隐患。

3. 应急暂存设施的垃圾渗滤液风险

随着垃圾渗滤液产生量的增多，各地垃圾渗滤液应急暂存设施不断增加，应急临时设施建设及监管体系尚不完善，多地由于处理能力不足等原因长期存放垃圾渗滤液，容易产生渗漏及恶臭泄漏，对周边大气环境、水体环境、土壤环境等造成潜在污染风险。

四、垃圾渗滤液性质变化

垃圾渗滤液的性质随填埋场的运行时间不同而变化，主要是由填埋场中垃圾的稳定化过程决定。垃圾填埋场的稳定化过程通常分为五个阶段。

1. 初始调节阶段

垃圾进入填埋场内，填埋场稳定化阶段即进入初始调节阶段。此阶段内垃圾中易降解组分迅速与垃圾所夹带的氧气发生好氧生物降解反应，生成二氧化碳和水，同时释放一定的热量。

2. 过渡阶段

此阶段垃圾填埋场内氧气被消耗尽，开始形成厌氧环境，垃圾降解由好氧降解过渡到兼性厌氧降解，垃圾中的硝酸盐和硫酸盐分别被还原成氮气和硫化氢，垃圾渗滤液 pH 值开始下降。

3. 酸化阶段

当垃圾填埋场中持续产生氢气时，进入酸化阶段。此阶段对垃圾降解起主要作用的微生物是兼性和专性厌氧细菌。垃圾填埋场的主要气体成分是二氧化碳，垃圾渗滤液COD、挥发性脂肪酸和金属离子浓度继续上升至中期达到最大值，此后逐渐下降。pH值继续下降到达最低值，然后逐渐上升。

4. 甲烷发酵阶段

当垃圾填埋场氢气含量下降到最低点时，进入甲烷发酵阶段，此时产甲烷菌将有机酸及氢气转化为甲烷。有机物浓度、金属离子浓度和电导率迅速下降，BOD/COD下降，可生化性下降，同时，pH值开始上升。

5. 成熟阶段

当垃圾填埋场垃圾中易生物降解组分基本被降解完后，进入成熟阶段。此阶段由于垃圾中绝大部分营养物质已随垃圾渗滤液排出，只有少量微生物对垃圾中的一些难降解物质进行降解。此时pH值维持在偏碱状态，垃圾渗滤液可生化性进一步下降，浓度已经很低。

五、垃圾渗滤液处理趋势

1. 垃圾渗滤液量与质的变化

垃圾渗滤液产量大、成分复杂且污染物浓度极高。随着"无废城市"建设的推广普及，可逐步降低垃圾渗滤液产量及各类污染物的浓度，突破垃圾渗滤液处理量与质上的困境。

2. 干垃圾含水率下降

"无废城市"建设，以及该框架下垃圾分类政策的实施，使我国干垃圾含水率逐渐下降。当垃圾含水率低于40%，中转站及焚烧厂垃圾渗滤液的产生量可以忽略。"原生垃圾零填埋"等政策杜绝填埋场低龄垃圾渗滤液的产生。填埋场中老龄垃圾渗滤液是未来主要处理对象。

3. 处理技术创新

技术创新、提质增效是未来处理垃圾渗滤液工艺的发展方向。生物处理应重点关注短程硝化反硝化、厌氧氨氧化等低碳节能技术的发展。深度处理应将重心放在以高级氧化为代表的非膜法全量化处理工艺上，不仅可解决浓缩液问题，还能彻底去除痕量有机物，降低其中痕量高危及尚未知风险物带来的环境及健康风险。垃圾渗滤液是一种高浓度、高污染的有机废水，处理难度大，我国幅员辽阔，自然条件差异大，不同地区的生活垃圾种类不同，导致垃圾渗滤液水质水量有显著差异，客观上要求处理工艺的创新。我国垃圾渗滤液处理技术向多样化、精细化的方向发展，以实现垃圾渗滤液无害化、全量化、资源化处理的目标。

4. 行业一体化趋势

环境治理工程涉及主体较多、项目建设投资大、运营周期长，在环境治理项目中，更加注重全盘统筹，顶层设计，倾向于策划、规划、设计、建设及后期运营一体化解决方案。随着大型环保综合治理项目越来越多，围绕全产业链的"设计-建设-投资-运营"一体化解决方案将成为行业发展的趋势。

5. 第三方治理模式

第三方治理模式具有专业化、集中化的优点，一方面，污水治理企业的专业性使其能以低成本、高效率的方式帮助排污企业实现污水达标排放；另一方面，这种集中式的污水治理模式有利于政府有效监管。第三方治理模式能实现排污企业、垃圾渗滤液及高难度污废水治理企业和政府的多赢，将成为垃圾渗滤液及高难度污废水治理行业的新方向。

国家陆续出台相关政策，大力推广环境污染第三方治理模式。建立吸引社会资本投入生态环境保护的市场化机制，推行环境污染第三方治理。选择一批园区深入推进环境污染第三方治理，鼓励第三方研发和推广环境污染治理新技术、新工艺，并减收企业所得税。积极推行环境污染第三方治理，开展园区污染防治第三方治理示范，探索统一规划、统一监测、统一治理的一体化服务模式。

6. 市场参与方式多元化

垃圾渗滤液处理设备产业具有资本密集的特征，因而在市场需求促进产业发展的过程中，相应的资本要素投入起着重要的带动作用。我国提出将市场作为资源配置的决定性要素，加大政府购买公共服务力度，吸引社会资本投入环境保护的市场化机制。进一步鼓励和引导社会资本参与包括城市污水处理、固废处理等在内的环境保护基础设施和公用事业的建设运营，社会资本参与方式有工程总承包（EPC）、建设-经营-转让（BOT）、移交-经营-移交（TOT）、政府和社会资本合作（PPP）、工程总承包＋运营（EPC＋O）等。

第二节　城市垃圾渗滤液的处理方法

一、垃圾渗滤液处理技术概况

我国现行的垃圾渗滤液处理技术路线一般是"预处理＋生化处理＋深度处理"。预处理阶段主要是为了去除氨氮、无机物以及提高垃圾渗滤液的可生化性。生化处理阶段则适用于去除垃圾渗滤液中溶解的有机物等。深度处理阶段则是进一步处理生化阶段难降解的有机污染物、SS、氨氮（NH_3-N）等污染物。根据运行经验，实际工程中氨氮处理工艺较成熟，生化处理阶段采用厌氧＋好氧相结合的处理工艺，技术成熟。深度处理阶段应用最广泛的为反渗透膜技术，设备的处理能力好，但也存在设备稳定性较差、投资大、运行成本高等问题。

二、垃圾渗滤液处理工艺分类、原则

1. 工艺分类

经过长期的研究探索及工程实践，针对垃圾渗滤液处理工艺，可分为以下几类：①物化法，如膜分离技术、混凝沉淀技术等。②生化法，如厌氧发酵＋活性污泥法。③混合法，如厌氧发酵＋活性污泥法＋后置膜处理技术。

2. 工艺选择原则

垃圾渗滤液处理厂工艺选择原则，可根据进水水质特点、排放标准要求和渗滤液处理的规模，结合当地自然和社会经济等条件综合分析确定，主要有：①采用先进、可靠的处理技术，确保出水稳定，并达到设计排放标准。②工程建设投资小、占地少、设施设备简单，且施工周期短、难度低。③工程运行费用低，管理、维修方便，自动化程度高。④可根据进水水量、水质，灵活调整运行方式和参数，最大限度发挥处理装置和构筑物的处理能力。

三、垃圾渗滤液处理生物法比较

生物法中，好氧工艺的活性污泥法和生物转盘的处理效果较好，停留时间较短，运行稳定，但工程投资大，运行管理费用高。稳定塘工艺相对比较简单，投资省，管理方便，但停留时间长，占地面积大，且净化能力随季节变化较大。厌氧处理工艺发展很快，特别适合高浓度的有机废水，缺点是停留时间长，污染物的去除率相对较低，对温度的变化较敏感。厌氧系统产生的气体可用于系统的能量需要，若这部分能量合理利用，能保证厌氧工艺有稳定的处理效果，还能降低处理费用。因此，对高浓度有机物的垃圾渗滤液，采用厌氧和好氧工艺的组合处理，能提高处理效率，降低运行费用。

四、物理化学处理法工艺

物理化学处理法过去只用在处理填埋时间较长的单元中排出的垃圾渗滤液，随着控制排放标准的日益严格，物理化学处理法也用来处理新鲜的垃圾渗滤液，是后处理工艺中最常用的方法之一。物理化学处理法包括絮凝沉淀、化学氧化法、活性炭吸附和膜分离等。

1. 絮凝沉淀

生物处理后的垃圾渗滤液进行絮凝沉淀时（利用铁盐或铝盐作絮凝剂），即使在 BOD 很低（<25mg/L）的情况下，COD 的去除率仍可达到 50%。絮凝沉淀工艺的不足之处会产生大量的污泥，氨氮的去除率较低等，选用时需慎重。

2. 化学氧化法

化学氧化工艺可有效消除污染物，而不会产生絮凝沉淀工艺中形成的污染物被浓缩的污泥。该工艺常用于废水的消毒处理，很少用于有机物的氧化，主要是由于投加药剂量很高而带来的经济问题。对于垃圾渗滤液中一些难控制的有机污染物，化学氧化工艺可适当考虑使用。常用的化学氧化剂有次氯酸钙、臭氧和过氧化氢等。用次氯酸钙作氧化剂时，COD 的去除率不超过 50%。用臭氧作氧化剂时，很少有剩余污泥的问题，COD 的去除率也不超过 50%，对含有大量的有机酸的酸性垃圾渗滤液使用臭氧作氧化剂不是很有效，因为有机酸是耐臭氧的，相应需很高的投加剂量和较长的接触时间。过氧化氢作氧化剂时，可去除硫化氢，主要用来除臭气。

3. 活性炭吸附

活性炭吸附工艺适用于处理填埋时间较长的或经过生物预处理后的垃圾渗滤液，它能去除中等分子量的有机物质。早在 20 世纪 70 年代，欧洲的实验室研究表明，COD 的去除率为 50%～60%，若用石灰石做预处理，去除率可高达 80%。在生产性试验中，由于垃圾渗滤液水质水量多变等原因，去除效率下降，活性炭被大量污染。

4. 膜分离

因其能去除中等分子量的溶解性有机物，膜分离经常用于垃圾渗滤液的后处理中，国内早期利用醋酸纤维膜进行的试验表明，COD 的去除率可以超过 80%，虽然在运行过程中有膜污染的问题，但反渗透作为后处理工艺设在生物预处理后或物理化学法后，负责去除低分子量的有机物、胶体和悬浮物，可提高处理效率和膜的使用寿命。

五、垃圾渗滤液处理组合工艺

垃圾渗滤液处理工艺分为预处理、生物处理和深度处理三种。预处理主要是物理法，目的是去除氨氮和无机杂质，或改善垃圾渗滤液的可生化性。生物处理包括厌氧法、好氧法等，处理对象主要是垃圾渗滤液中的有机污染物和氨氮。深度处理主要采用纳滤及反渗透，处理对象主要是垃圾渗滤液中的悬浮物、溶解物和胶体等。后处理对象是垃圾渗滤液处理过程产生的剩余污泥及纳滤和反渗透产生的浓缩液，包括污泥的浓缩、脱水、干燥、焚烧及浓缩液的蒸发、焚烧、压滤后填埋等。

根据垃圾渗滤液的进水水质、水量及排放要求综合选取适宜的工艺组合方式，推荐选用"预处理＋生物处理＋深度处理"组合工艺，也可采用如下工艺组合："预处理＋深度处理""生物处理＋深度处理"等。大量工程实践表明，垃圾渗滤液由于成分极其复杂，采用单一的处理方法很难处理达标。需采用不同类型工艺方法组合处理。垃圾渗滤液处理的组合工艺一般为"预处理＋生物处理＋深度处理＋后处理"，可以采用如下三种组合方式。

（1）厌氧＋MBR＋纳滤＋反渗透。该工艺增加了厌氧工艺段，垃圾渗滤液由调节池经过滤等预处理后首先进入厌氧反应器，通过厌氧反应器内的酸化细菌将垃圾渗滤液中的难溶或大分子有机物水解酸化，形成小分子物质，进而被产甲烷菌利用生成甲烷、二氧化碳等气体逸出，达到去除有机污染物的目的。产生的沼气可综合利用，形成二次能源。厌氧出水经过去除残留的厌氧污泥后，进入后续的处理工序。厌氧反应器需根据进水水质选择，通常有上流式厌氧反应器（UASB）和复合厌氧反应器（UBF）及其他变形厌氧反应器等。纳滤和反渗透根据水质、排放指标选择，两者串联。工艺特点是，该工艺流程中含有厌氧工艺和MBR工艺，二者都可以相对降低系统的运行费用，其运行费用较低，对处理生化性能好的高浓度垃圾渗滤液有着很大的优势。该工艺适合处理可生化性能好、碳氮比大的高浓度垃圾渗滤液类型，出水达到排放标准甚至达到回用水标准。

（2）两级碟管式反渗透（DTRO）。该工艺使用碟管式反渗透设备，DT膜组为两级，第二级DT膜系统用来对第一级DT膜系统透过液进一步处理，第二级膜柱浓缩液排向第一系统的进水端，提高系统的回收率，透过液排入清水储罐进行出水的后处理。工艺特点是，两级反渗透具有极高的去除率，通常的垃圾渗滤液在经过两级DTRO处理后可达到排放标准甚至达到回用水标准。该工艺适合处理可生化性较差的垃圾渗滤液，具有流程简单有效的特点。

（3）MBR＋纳滤/反渗透。该工艺的MBR主要由反硝化池、硝化池及膜分离池组成，膜组件有中空纤维微滤和管式超滤。纳滤或反渗透根据水质、排放指标选择；或者选择两者串联。工艺特点是，MBR工艺采用了超滤膜，经超滤处理的出水再进入纳滤或反渗透膜，能降低纳滤或反渗透膜的负荷，延长纳滤或反渗透膜的寿命。该工艺适合处理可生化性能好的垃圾渗滤液类型，如填埋初期垃圾渗滤液，出水达到排放标准甚至回用水标准。但由于清洗的局限性，该工艺不适用于结垢离子浓度过高的垃圾渗滤液类型，或在前处理中增加预处理去除水中的结垢离子。

第三节　城市垃圾渗滤液政策及处理对策

一、城市垃圾渗滤液环境污染事件频发

近年来，中央环保督察及"回头看"行动中通报多省垃圾填埋场垃圾渗滤液处理不当或违法违规排放，各地垃圾填埋场垃圾渗滤液积存严重、隐患突出，频频出现直排、偷排现象，甚至部分老旧填埋设施由于防渗系统老化导致垃圾渗滤液直接渗入地下，对地下水、地表水和周边环境造成严重危害。垃圾渗滤液污染物成分复杂、浓度高、危害大，受技术水平、处置方式及标准不完善等因素限制，安全有效解决难度大，成为影响区域生态环境安全的重要隐患，是我国生态环境保护工作的突出短板之一。为进一步强化生活垃圾二次环境污染防治能力建设，国家有关部门提出了完善垃圾渗滤液处理设施等相关要求。

垃圾渗滤液污染事件为何频发？原因主要有：工艺不合理、设计有缺陷导致出水不达标；运营成本偏高导致有的项目设施建设后处于闲置状态；监管不到位，对偷排现象处罚不力等。由于垃圾渗滤液危害性强、浓度高、水质水量波动大、处理难度大，再加上行业起步时间较晚，处理工艺技术不如城市生活污水行业成熟，因此对处理设施的设计、建设和运营都有更高的要求。然而，目前国内垃圾渗滤液处理项目大多采用 EPC 建设模式，倾向于采用低价中标的方式确定承包商，导致垃圾渗滤液处理设施的建设标准相对偏低。加上当前垃圾渗滤液处理行业的市场竞争机制不健全，市场准入门槛低，相当数量的中小型设备生产、代理企业或技术运营能力较弱的环保公司都可通过低价中标等方式获得项目，进一步导致垃圾渗滤液处理工程质量下降，影响行业健康发展。此外，这类模式不利于解决项目前期资金不足的问题，导致项目推进缓慢。承包商在项目通过了竣工验收和短暂的试运行后就将项目设施移交，待业主接手后，由于缺少专业人员、运营维护经验不足，项目设施往往不能连续稳定达标运行，有些设施被闲置甚至报废，造成了极大的浪费。

二、垃圾渗滤液相关标准及政策

1. 垃圾渗滤液相关规划

2012 年 8 月 30 日，原环境保护部发布《生活垃圾填埋场渗滤液污染防治技术政策（征求意见稿）》，要求到 2015 年末，全国生活垃圾填埋场渗滤液处理设施配套建设率应达到 100％。2016 年，国务院发布《"十三五"生态环境保护规划》，要求加强垃圾渗滤液处理处置，向社会公开垃圾处置设施污染物排放情况。同年，国家发展改革委、住房城乡建设部等发布《"十三五"全国城镇生活垃圾无害化处理设施建设规划》，提出"渗滤液处理设施要与垃圾处理设施同时设计、同时施工、同时投入使用，也可考虑与当地污水处理厂协同处置"等相关要求。2016 年，国家发展改革委、住房城乡建设部等发布《关于进一步加强城市生活垃圾焚烧处理工作的意见》，要求加强对垃圾焚烧过程中烟气污染物、恶臭、飞灰、垃圾渗滤液的产生和排放情况监管，控制二次污染。2021 年 5 月，国家发展改革委、住房城乡建设部联合发布《"十四五"城镇生活垃圾分类和处理设施发展规划》

（发改环资〔2021〕642 号），提出完善垃圾渗滤液处理设施。后面将不断更新发布。

2. 垃圾渗滤液相关规范

垃圾渗滤液排放规范有《生活垃圾渗沥液处理技术规范》（CJJ 150—2010）、《生活垃圾填埋场渗滤液处理工程技术规范（试行）》（HJ 564—2010）等。

3. 垃圾渗滤液相关标准

垃圾渗滤液排放标准主要有《生活垃圾填埋场污染控制标准》（GB 16889—2008）和《生活垃圾焚烧污染控制标准》（GB 18485—2014），规定现有和新建生活垃圾填埋场垃圾渗滤液需经过处理后达到标准规定的排放限值才能直接排放，填埋场垃圾渗滤液不得排入污水处理厂等。各标准关于垃圾渗滤液处理的有关规定如下：

（1）《生活垃圾填埋场污染控制标准》（GB 16889—2008）规定：2011 年 7 月 1 日起，现有全部生活垃圾填埋场应自行处理生活垃圾渗滤液，并执行规定的水污染排放质量浓度限值。

（2）《生活垃圾焚烧污染控制标准》（GB 18485—2014）规定：生活垃圾渗滤液和车辆清洗废水应收集，并在生活垃圾焚烧厂内处理或送至生活垃圾填埋场垃圾渗滤液处理设施进行处理，处理后满足 GB 16889—2008 的要求后，可直接排放。

（3）垃圾渗滤液若通过污水管网或采用密闭输送方式送至采用二级处理方式的城市污水厂处理，应满足以下重要条件：城市二级污水处理厂每日处理生活垃圾渗滤液和车辆清洗废水总量不超过污水处理量的 0.5%；城市二级污水处理厂应设置生活垃圾渗滤液和车辆清洗废水专用调节池，将其均匀注入生化处理单元。

（4）住房城乡建设部 2008—2019 年陆续发布系列技术规范：《生活垃圾渗滤液碟管式反渗透处理设备》（CJ/T 279—2008）、《生活垃圾渗沥液处理技术规范》（CJJ 150—2010）、《生活垃圾渗沥液卷式反渗透设备》（CJ/T 485—2015）、《生活垃圾渗沥液厌氧反应器》（CJ/T 517—2017）等，对垃圾渗滤液技术路线和设备进行了规范和指导。2023 年 9 月 22 日，住房城乡建设部发布行业标准《生活垃圾渗沥液处理技术标准》（CJJ/T 150—2023），自 2024 年 1 月 1 日起实施。原行业标准《生活垃圾渗沥液处理技术规范》（CJJ 150—2010）同时废止。

（5）《中华人民共和国固体废物污染环境防治法》自 2020 年 9 月 1 日起施行，其中涉及对垃圾的一系列管理和措施。

（6）2022 年 2 月 28 日，生态环境部发布了《生活垃圾填埋场污染控制标准（征求意见稿）》，在水处理行业内，特别是以膜法处理垃圾渗滤液的行业中，引起了极大关注。该标准中的重点调整有：污染物检测项目增加、鼓励间接排放且明确了间接排放水质水量标准、处理的垃圾渗滤液产生的浓缩液不得回灌等。

三、垃圾渗滤液处理的对策

垃圾渗滤液是否达标排放，已成为事关垃圾处理场安全和无害化运行的关键要素。垃圾处理更事关民生福祉和我国生态文明建设，必须引起重视，确保垃圾渗滤液得到妥善处理。

1. 改变现有环境技术管理模式

改变现有环境技术管理模式应强化管理的科学性、有效性和可操作性。系统修订技术规范，结合国情、地域特征及现有技术的科学性、技术可达性及经济可行性，分地区、分类别制定相应的污染物排放及控制标准，制定污染物处理技术规范，完善相关法规、指南、政策及其他技术文件。考虑我国各地自然社会经济条件差异较大，应在综合考虑区域环境容量、经济发展水平、渗滤液特性及变化趋势、污水处理能力、处理后的达标污水排放水体敏感性等因素的基础上，探讨垃圾渗滤液按区域分级管理策略。

2. 调整思路

为规范垃圾渗滤液处理，促进行业健康发展，应调整思路，从购买处理设备设施转变为购买环境服务；转变政府职能，从投资建设转变为监督管理。通过营造充分的竞争环境和履行规范的招商程序，吸引具有较强的技术、运营能力的大型企业参与项目的投资、建设及运营，推动垃圾渗滤液处理的市场化运作。

3. 加强监督管理

明确垃圾渗滤液的高污染风险属性和处理要求，牢固树立"遵标守法"的意识。

4. 攻克集成处理技术

污染物的控制不外乎"源头控制、过程控制、末端治理"三方面。依托现有经济及技术基础，积极研发科学、高效、经济的垃圾渗滤液处理技术，着眼高效脱氮、厌氧技术开发等相关研究。对垃圾渗滤液集成处理技术展开攻关，不再依赖简单的技术串联达标排放，降低运行成本，避免资源浪费。

5. 加大技术研发投入

鼓励科研院所研发新的技术，对现有技术进行升级和创新。加大投入，通过中试研究，降低运行成本、优化运行参数、集成开发，推动科研成果产业化发展。加大基础研究投入，科学筛选垃圾渗滤液处理的技术路线并优化标准，鼓励区分水质回收或处理、非膜法等新型垃圾渗滤液处理技术的开发与示范，大力推进科技创新及其成果的推广应用。

6. 加大设备开发力度

加强垃圾渗滤液一体化设备的开发，为小型垃圾渗滤液处理站提供成熟稳定的处理设备。

7. 加强垃圾渗滤液源头减量

一方面推进垃圾源头分类分质，减少进入垃圾填埋场高含水率组分；另一方面强化垃圾填埋场雨污分流。

8. 资金投入

督促有关责任单位采取切实措施，保证垃圾处理及垃圾渗滤液处理的基本资金投入，确保配套污染控制措施的顺利建设与稳定运行。

9. 加强培训

加强基层人员职业培训，切实提高从业人员技术水平和项目运行、管理水平，推进第三方治理。

10. 发挥行业协会力量

充分调动和发挥中国城市环境卫生协会、中国环境保护产业协会等专业组织力量，在行业内树立标杆企业和标杆项目，促进同行交流学习。

第四节　城市垃圾渗滤液管理

一、严格执行排放标准

贯彻《中华人民共和国环境保护法》《中华人民共和国固体废物污染环境防治法》《中华人民共和国土壤污染防治法》《中华人民共和国水污染防治法》《中华人民共和国大气污染防治法》，防治环境污染，改善生态环境质量，推动生活垃圾填埋技术进步。《生活垃圾填埋场污染控制标准》首次发布于 1997 年，并于 2008 年首次修订，2022 年第二次修订。涉水部分调整了垃圾渗滤液进入污水集中处理设施处理的技术要求，细化了生活垃圾填埋场运行、封场及后期维护与管理期间的污染控制要求。

污水集中处理设施（concentrated wastewater treatment facilities）是为两家及两家以上排污单位提供污水处理服务的污水处理设施，包括各种规模和类型的城镇污水集中处理设施、工业集聚区（经济技术开发区、高新技术产业开发区、出口加工区等各类工业园区）污水集中处理设施，以及其他由两家及两家以上排污单位共用的污水处理设施等。城镇污水处理厂（municipal wastewater treatment plant）是对进入城镇污水收集系统的污水进行净化处理的污水处理厂。工业污水处理厂（industrial wastewater treatment plant）除城镇污水处理厂外，专门处理其他单位的工业污水，或为工业集聚区（经济技术开发区、高新技术产业开发区、出口加工区等各类工业园区）内的排污单位提供污水处理服务并作为工业集聚区配套设施的污水处理厂。直接排放（direct discharge）是排污单位直接向环境水体排放水污染物的行为。间接排放（indirect discharge）是排污单位向污水集中处理设施排放水污染物的行为。

1. 选址

垃圾填埋场不得选在江河、湖泊、运河、渠道、水库最高水位线以下的滩地和岸坡，以及长远规划中的水库等人工蓄水设施的淹没区和保护区内。

2. 设计、施工与验收对垃圾渗滤液系统要求

垃圾填埋场应根据当地自然条件，合理设置以下设施：计量设施、垃圾坝、防渗系统、垃圾渗滤液收集和导排系统、垃圾渗滤液处理系统、防洪系统、雨污分流系统、地下水收集导排系统、填埋气体导排及处理系统、覆盖和封场系统、环境监测设施、应急设施及其他公用工程和配套设施。

垃圾填埋场应设置防渗衬层渗漏监测系统，以便及时发现防渗衬层的渗漏。渗漏监测系统的构成应至少包括下列方式之一或组合：渗漏检测层，防渗衬层渗漏监测设备，地下水监测井。垃圾填埋场应分区设计，并设置单独的渗滤液收集和导排系统，不得在垃圾填埋场内将不同分区的垃圾渗滤液混合导排至调节池。垃圾渗滤液收集和导排系统的设计应确保垃圾填埋场运行期和后期维护与管理期内该系统不出现损毁和堵塞现象。垃圾填埋场内应设置垃圾渗滤液液位检测设施，以满足检测要求。

垃圾填埋场应设置垃圾渗滤液调节池，调节池应采用人工合成材料进行防渗。当人工合成材料为高密度聚乙烯防渗膜时，其质量控制应符合规定。调节池顶部应进行覆盖，防

止恶臭物质的排放。调节池容量为汛期（不少于 3 个月）产生的垃圾渗滤液总量。

垃圾填埋场应根据需要建设垃圾渗滤液处理设施，在垃圾填埋场的运行期和后期维护管理期内，对垃圾渗滤液处理达标后排放。对于蒸发量大、降雨量少的地区，可不建设垃圾渗滤液处理设施。

垃圾填埋场应实行雨污分流并设置雨水排水系统，收集、排出汇水区内可能流向填埋区的雨水、上游雨水及未填埋区域内未与生活垃圾接触的雨水。雨水排水系统收集的雨水不得与垃圾渗滤液混合。

填埋库区基础层底部应与地下水年最高水位保持 1m 及以上的距离。当填埋区基础层底部与地下水年最高水位距离不足 1m 时，应建设地下水收集导排系统。地下水收集导排系统的设计应符合最新规定，确保垃圾填埋场的运行期和后期维护与管理期内，地下水最高水位与填埋区基础层维持 1m 及以上的距离。

当垃圾填埋场产生的填埋气体无法利用，或不准备利用，或不满足火炬燃烧要求无法采用火炬处理时，为减少甲烷气体的产生，垃圾渗滤液导排管的设计应满足下列条件：垃圾渗滤液导排管与填埋气导排竖管连接，并与大气连通；通过管阀等措施使垃圾渗滤液导排管排放口与大气连通。

垃圾填埋场环境保护竣工验收中，应对已建成的防渗衬层的完整性、垃圾渗滤液收集和导排系统的有效性、填埋气体导排系统和地下水收集导排系统的有效性进行质量验收。

应确保垃圾渗滤液收集和导排系统的有效性，以保证防渗衬层上的垃圾渗滤液水头不大于 30cm。采用垃圾渗滤液回灌方式处置时，应防止垃圾渗滤液阻塞导排管道和滴灌、灌溉管道。当垃圾渗滤液导排不畅导致无法满足要求时，应停止使用回灌处置方式。

垃圾填埋场运行期及封场后期维护与管理期间，应建立运行情况记录制度，如实记载运行管理情况。主要包括进场垃圾运输车牌号、车辆数量、生活垃圾量、垃圾渗滤液产生量、材料消耗、填埋作业记录、垃圾渗滤液液位记录、垃圾渗滤液收集处理记录、填埋气体收集处理记录、封场及后期维护与管理情况、环境监测数据等。同时还应记录进入垃圾填埋场处置的非生活垃圾的来源、种类、数量、填埋位置。

3. 污染物排放控制要求

现有和新建生活垃圾填埋场直接排放的水污染物执行表 8-1 规定的水污染物排放限值。

表 8-1　　　　　　　　　　直接排放的水污染物排放限值

序号	污染物项目	直接排放	污染物排放监控位置
1	色度	40	垃圾填埋场废水总排放口
2	化学需氧量（COD）/（mg/L）	100	
3	生化需氧量（BOD）/（mg/L）	30	
4	悬浮物/（mg/L）	30	
5	总氮/（mg/L）	40	
6	氨氮/（mg/L）	25	
7	总磷/（mg/L）	3	

续表

序号	污染物项目	直接排放	污染物排放监控位置
8	总铜/(mg/L)	0.5	
9	总锌/(mg/L)	1	
10	总钡/(mg/L)	1	垃圾填埋场废水总排放口
11	总硒/(mg/L)	0.1	
12	粪大肠菌群数/(个/L)	10000	
13	总汞/(mg/L)	0.001	
14	总镉/(mg/L)	0.01	
15	总铬/(mg/L)	0.1	
16	六价铬/(mg/L)	0.05	
17	总砷/(mg/L)	0.1	垃圾渗滤液调节池废水排放口
18	总铅/(mg/L)	0.1	
19	总铍/(mg/L)	0.002	
20	总镍/(mg/L)	0.05	

　　根据生态环境保护工作的要求，在国土开发密度已经较高、环境承载能力开始减弱，或环境容量较小、生态环境脆弱，容易发生严重环境污染问题而需要采取特别保护措施的地区，应严格控制生活垃圾填埋场的污染物排放行为，在上述地区的生活垃圾填埋场直接排放的水污染物执行表8-2规定的水污染物特别排放限值。执行水污染物特别排放限值的地域范围、时间，由国务院生态环境主管部门或省级人民政府规定。

表8-2　　　　　　　　　　　　直接排放的水污染物特别排放限值

序号	污染物项目	直接排放	污染物排放监控位置
1	色度	30	
2	化学需氧量（COD）/(mg/L)	60	
3	生化需氧量（BOD）/(mg/L)	20	
4	悬浮物/(mg/L)	30	
5	总氮/(mg/L)	20	
6	氨氮/(mg/L)	8	
7	总磷/(mg/L)	1.5	垃圾填埋场废水总排放口
8	总铜/(mg/L)	0.5	
9	总锌/(mg/L)	1	
10	总钡/(mg/L)	1	
11	总硒/(mg/L)	0.1	
12	粪大肠菌群数/(个/L)	10000	

续表

序号	污染物项目	直接排放	污染物排放监控位置
13	总汞/(mg/L)	0.001	
14	总镉/(mg/L)	0.01	
15	总铬/(mg/L)	0.1	
16	六价铬/(mg/L)	0.05	垃圾渗滤液调节池废水排放口
17	总砷/(mg/L)	0.1	
18	总铅/(mg/L)	0.1	
19	总铍/(mg/L)	0.002	
20	总镍/(mg/L)	0.05	

水污染物间接排放控制要求如下。

生活垃圾填埋场的水污染物排入污水集中处理设施，垃圾填埋场运营单位与污水集中处理设施运营单位应签订具有法律效力的合同，取得污水集中处理设施运营单位的同意，并在合同中规定垃圾填埋场污水排入污水集中处理设施的流量、浓度等信息和监测、管理等责任。

生活垃圾填埋场的垃圾渗滤液排入城市污水处理厂，应满足以下要求：①垃圾填埋场渗滤液应通过单独的排水管排入城市污水处理厂。②垃圾渗滤液应均匀排入城市污水处理厂，且城市污水处理厂每日处理垃圾渗滤液总量不得超过其污水处理量的 0.5%。③垃圾填埋场向城市污水处理厂排放垃圾渗滤液，表 8-3 中第 1～11 项水污染物应符合《污水排入城镇下水道水质标准》（GB/T 31962—2015）的要求，第 12～19 项水污染物应符合表 8-3 规定的水污染物排放限值。④垃圾填埋场和城市污水处理厂运营单位应分别对垃圾填埋场污水排放口与城市污水处理厂进口实施在线监测，对于不具备在线监测技术规范的污染物应进行手工监测，监测频次每日一次。双方应共享监测数据。

表 8-3　　　　　　　　　　　　间接排放的水污染物排放限值

序号	污染物项目	间接排放	污染物排放监控位置
1	色度	64	
2	化学需氧量（COD）/(mg/L)	500	
3	生化需氧量（BOD）/(mg/L)	300	
4	悬浮物/(mg/L)	400	
5	总氮/(mg/L)	70	
6	氨氮/(mg/L)	45	垃圾填埋场废水总排放口
7	总磷/(mg/L)	8	
8	总铜/(mg/L)	2	
9	总锌/(mg/L)	5	
10	总钡/(mg/L)	5	
11	总硒/(mg/L)	0.5	

续表

序号	污染物项目	间接排放	污染物排放监控位置
12	总汞/(mg/L)	0.001	
13	总镉/(mg/L)	0.01	
14	总铬/(mg/L)	0.1	
15	六价铬/(mg/L)	0.05	垃圾渗滤液调节池废水排放口
16	总砷/(mg/L)	0.1	
17	总铅/(mg/L)	0.1	
18	总铍/(mg/L)	0.002	
19	总镍/(mg/L)	0.05	

生活垃圾填埋场的垃圾渗滤液排入工业污水处理厂，应满足以下要求：①填埋场垃圾渗滤液应通过单独的排水管排入工业污水处理厂。②垃圾填埋场向工业污水处理厂排放垃圾渗滤液，表8-3中第1～11项水污染物可协商确定间接排放限值，并以此作为超标判定依据；未协商的水污染物和第12～19项水污染物应符合表8-3规定的水污染物排放限值。③协商确定某项水污染物排放限值时，工业污水处理厂应提供相关材料证明其具备有效去除该项污染物的能力。④垃圾填埋场和工业污水处理厂运营单位应分别对垃圾填埋场污水排放口与工业污水处理厂进口实施在线监测，对于不具备在线监测技术规范的污染物应进行手工监测，监测频次每日1次。双方应共享监测数据。

4.污水排放口和浓缩液

垃圾填埋场只允许设立一个污水排放口。处理垃圾渗滤液产生的浓缩液应单独处置，不得回灌生活垃圾填埋场或进入污水集中处理设施。

5.水污染物监测要求

采样点的设置与采样方法，按照规定执行。垃圾渗滤液及其处理后排放废水污染物的监测频次，应根据废物特性、覆盖层和降水等条件确定，至少每月1次。

地下水监测要求。应根据场地水文地质条件，以及时反映地下水水质变化为原则，布设地下水监测井并符合以下要求：①本底井1眼，设在填埋场地下水流向上游30～50m处。②污染扩散井不少于4眼，分别设在垂直垃圾填埋场地下水走向的两侧各30～100m处。③污染监视井不少于3眼，分别设在垃圾填埋场地下水流向下游30m、50m、100m处。④设置地下水收集导排系统的，应在导排管出口处设置1口污染监测井，无地下水收集导排系统时无须设置。⑤监测井的建设与管理应符合技术要求。对于地下水含水层埋藏较深或地下水监测井较难布设的基岩山区，经环境影响评价确认地下水不会受到污染时，可减少地下水监测井的数量。

在垃圾填埋场投入使用之前应监测地下水本底水平。在垃圾填埋场投入使用之时即对地下水进行持续监测，直至封场后垃圾填埋场产生的垃圾渗滤液中污染物浓度连续2年低于限值时为止。地下水监测指标为pH值、总硬度、溶解性总固体、高锰酸盐、氨氮、硝酸盐、亚硝酸盐、硫酸盐、氯化物、挥发性酚类、氰化物、砷、汞、六价铬、铅、氟、镉、铁、锰、铜、锌、总大肠菌群，不同质量类型地下水的质量标准执行《地下水质量标准》（GB/T 14848—2017）中的规定。

垃圾填埋场运行期间，运营单位自行监测频率为每个月至少1次；如周边有环境敏感区应加大监测频次。封场后，应继续监测地下水，频率至少每季度1次；如监测结果出现异常，应及时进行重新监测，并根据实际情况增加监测项目，间隔时间不得超过3天。垃圾填埋场运行及封场期内，当发现地下水水质有被污染的迹象时，应及时查找原因，发现渗漏位置并启动应急措施，防止污染扩散。

运营单位应至少每月1次对垃圾填埋场内垃圾渗滤液液位进行测定，测定期限为相关规定的时间。运营单位应定期根据填埋场内垃圾渗滤液液位及渗漏监测系统测定结果对防渗衬层的完整性、垃圾渗滤液收集和导排系统的有效性以及地下水水质进行评估和检测，同时应根据评估和检测结果确定是否对垃圾填埋场后续运行计划进行修订以及采取必要的应急处置措施，运行期间，评估频次不得低于2年1次；封场后进入后期维护和管理阶段，评估频次不得低于3年1次。满足相关要求废物的处理设施所有者应定期进行采样监测，重金属浸出浓度的监测频次应不少于每天1次，二噁英的监测频次应不少于每6个月1次。

二、纳入环保监测和督察重点

垃圾渗滤液一旦外泄，其污染杀伤力很大。同时，往往也是城市水环境管理的薄弱环节，因此，将其纳入环保监测的重点，在线实时控制，重点督察，尤为重要。

三、选择合适的处理工艺

垃圾渗滤液含有高浓度的有机物和有毒物质，水质水量变化大，成分复杂，是难处理废水，单独采用一种方法处理是难以满足要求的，需要因地制宜，选择合适的处理技术路线，采用多种方法的组合工艺。

四、完善监管体系

城管、环卫等部门负责垃圾渗滤液规范处理工作。加大日常检查考核力度，强化数据分析，注重结果反馈，全面形成检查、整改、督办"三位一体"的监管体系。推进智慧监管。整合现有监控系统，完备称重系统、摄像头、放水口传感器等监控装备，充分运用现代化科技手段，将垃圾渗滤液处理监管纳入"一网统管"平台，通过大数据分析实现垃圾渗滤液处理的全过程监管。

五、落实主体责任

高度重视，切实履行主体责任，加强组织领导，发挥职能作用，完善规章制度，严格执行标准，分解落实责任，守牢环保底线，确保垃圾渗滤液处理规范。要严肃问责追责，定期委托第三方对属地垃圾渗滤液预处理后的水质进行专项检测，不达标的要立即组织整改。城市管理局会同生态环境部门不定期进行抽查，对未按规范要求处理垃圾渗滤液的及时进行通报，并对相关责任人按照规定问责。

复 习 思 考 题

1. 垃圾渗滤液特点是什么？
2. 垃圾渗滤液的主要危害有哪些？
3. 垃圾渗滤液有哪些物化法处理工艺？
4. 垃圾渗滤液管理措施是什么？
5. 小组情景讨论：作为设计院的一名副所长，你带领团队承接了一个中型垃圾填埋场设计任务，在选址、设计等方面对垃圾渗滤液系统有什么要求？

案例 8　A 省 M 市部分生活垃圾填埋场生态环境问题突出

第九章　城市河湖水环境管理

第一节　城市河湖水环境概述

一、河湖概况

1. 河流

河流是指降水或由地下涌出地表的水汇集在地面低洼处，在重力作用下经常或周期地沿着流水本身造成的洼地流动。河是一种自然形成的水道，一种水体形式。河流中的水通常是淡水，可能从冰川，较高的地势发源，流向较低地势的海、洋、湖、地下缝隙或另一条水道。

"河"字在秦汉以前基本上是黄河的专称，而河流称为"川"或者"水"。《山海经》曰："昆仑山，纵广万里，高万一千里，去五万里，有青河、白河、赤河、黑河环其墟。"东汉班固《汉书·地理志》中"常山郡·元氏县"的释文里就有黄河一词。黄河的"黄"字用来描述河水的浑浊，战国时期的《左传·襄公八年》郑国的子驷引《逸周诗》说"俟河之清，人寿几何！"《尔雅·释水》记有"河出昆仑，色白，所渠并千七百一川，色黄。"黄河上源的星宿海由扎陵湖、鄂陵湖等数量众多的水泊和海子组成，在阳光照耀下星宿海的无数湖沼光彩夺目，如同孔雀开屏，十分美丽壮观，当地的藏族居民把这一段黄河称作"玛曲"，即"孔雀河"的意思。

河流分类原则多种多样，按注入地可分为内流河和外流河。内流河注入内陆湖泊或沼泽，或因渗透、蒸发而消失于荒漠中；外流河则注入海洋。中国常以河流径流的年内动态差异进行河流分类，共划分为东北、华北、华南、西南、西北、内蒙古和青藏高原 7 种类型。中国流域面积在 $100km^2$ 以上的河流达 5 万条，其中长江长达 6397km，为世界第三大河。世界上河网密集的地区往往位于湿润气候区，如亚马孙平原，该区的亚马孙河长 6480km，为世界第一大河流。

流域：每一条河流和每一个水系都从一定的陆地面积上获得补给，这部分陆地面积便是河流和水系的流域，也就是河流和水系在地面的集水区。河流和水系的地面集水区与地下集水区往往并不重合，但地下集水区很难直接测定。所以，在分析流域特征或进行水文计算时，多用地面集水区代表流域。由两个相邻集水区之间的最高点连接成的不规则曲线，即为两条流域或两个水系的分水线。任何河流或水系分水线内的范围就是它的流域。

比降：河源与河口的高度差，即是河流的总落差。某一河段两端的高度差，则是这一河段的落差。单位河长的落差，叫作河流的比降，通常以小数或千分数表示。

纵断面：河流纵断面能够很好地反映河流比降的变化。以落差为纵轴，距河口的距离为横轴，据实测高度指定出各点的坐标，连接各点即得到河流的纵断面图。河流纵断面分为 4 种类型：全流域比降接近一致的，为直线形纵断面；河源比降大，向下游递减的，为平滑下凹形纵断面；比降上游小而下游大的，为下落形纵断面；各段比降变化无规律的，可形成折线形纵断面。

横断面：河流中垂直于流向并以河床为下界、水面为上界的断面，是河流的横断面。由于地转偏向力和弯曲河道中河水离心力的影响，水面具有横比降；由于流速不均匀，水面还发生凹凸变形，因此，河水面不是一个严格的平面。

河流分段：一条河流常常可以根据其地理-地质特征分为河源、上游、中游、下游和河口五段。河源的确定通常是根据"河源唯远"和"水量最丰"的原则。其余各段的划分，则应以河流的主要自然特征为依据。但实际上由于不同研究者分别着重考虑地貌、水文或其他特征，因此，一条河流上下游的划分常常不一致。

河流流速：流速指水质点在单位时间内移动的距离。它取决于纵比降方向上水体重力的分力与河岸和河底对水流的摩擦力之比。河流中流速的分布是不一致的。河底与河岸附近流速最小，流速从水底向水面和从岸边向主流线递增。绝对最大流速出现在水深的 $1/10 \sim 3/10$ 处，弯曲河道的最大流速接近凹岸处，平均流速与水深 6/10 处的点流速相等。

河流流量：单位时间内通过某水断面的水量，称为流量（单位为 $\mathrm{m^3/s}$）。

河川径流：形成是一个连续的过程，但可以划分为几个特征阶段，一般为停蓄阶段、漫流阶段和河槽集流阶段。三个阶段是指长时间连续降水下发生的典型模式。实际上由于每次降水的强度和持续时间不同，各流域自然条件也不一样，无论是不同流域，或是同一流域在不同降水过程中的径流形成，都可能有差别。

洪水：按来源可分为上游演进洪水和当地洪水两类。上游径流量显著增加，洪水自上而下沿河推进，就形成上游演进洪水。当地洪水则是由所处河段的地面径流直接形成的。由于洪水形成条件不同，洪水过程线也有单峰、双峰、肥瘦等差别。

河流一般可分为上游、中游与下游 3 个部分。河流根据平面形态、河型动态和分布区域的不同，有不同的类型。按平面形态可分为顺直型、弯曲型、分汊型和游荡型；按河型动态主要分为相对稳定型和游荡型两类。山区与平原的河流地貌各自有着不同的发育演化规律与特点。山区河流谷地多呈 V 形或 U 形，纵坡降较大，谷底与谷坡间无明显界线，河岸与河底常有基岩出露，多为顺直河型；平原河流的河谷中多厚层冲积物，有完好宽平的河漫滩，河谷横断面为宽 U 形或 W 形，河床纵剖面较平缓，常为一光滑曲线，比降较小，多为弯曲型、分汊型与游荡型。

河流水流是线状水流，时间上分为常年性水流和暂时性水流；水流结构上则分为层流（流动的水质点彼此平行，并保持恒定的速率和方向）和紊流（流动的水质点呈不规则运动，其速率和方向不断变化），以及环流（水质点在横向上构成一个个环状向前的水流）和旋涡流（水质点围绕一个公共轴呈螺旋状水流）。无论哪种水流均能进行侵蚀、搬运和堆积作用。

2. 湖泊

大片内陆存留的水、河流的扩张部分，拦成的水库或间歇性的或以前曾被水覆盖的湖床、湖盆及其承纳的水体。湖盆是地表相对封闭可蓄水的天然洼地。湖泊按成因可分为构造湖、火山口湖、冰川湖、堰塞湖、喀斯特湖、河成湖、风成湖、海成湖和人工湖（水库）等。按泄水情况可分为外流湖（吞吐湖）和内陆湖。按湖水含盐度可分为淡水湖、咸水湖和盐湖。湖水的来源是降水、地面径流、地下水，有的则来自冰雪融水。湖水的消耗主要是蒸发、渗漏、排泄和开发利用。

地球上湖泊总面积为 270 万 km^2，占陆地面积的 1.8%，面积大于 $5000km^2$ 的湖泊有35 个。芬兰的湖泊最多，被称为"万湖之国"，拥有大小湖泊 6 万多个。世界最大的咸水湖为伊朗与俄罗斯、哈萨克斯坦、土库曼斯坦、阿塞拜疆等国边境的里海，面积 37.1 万km^2，储水量 89.6 万亿 m^3；最大的淡水湖为美国与加拿大边境的苏必利尔湖，面积 8.21万 km^2，储水量 11.6 万亿 m^3；最大的淡水湖群为北美五大湖，总面积 24.5 万 km^2，总储水量 22.8 万亿 m^3；俄罗斯的贝加尔湖最深，最大水深 1620m；最高的湖为中国西藏自治区的纳木错，湖面海拔 4718m；最低的湖为巴勒斯坦、以色列与约旦边境的死海，湖面高程在海平面以下 395m。

湖泊按其成因可分为以下几类。

构造湖：是在地壳内力作用形成的构造盆地上经储水而形成的湖泊。其特点是湖形狭长、水深而清澈，如云南高原上的滇池、洱海、抚仙湖，青藏高原上的青海湖，新疆喀纳斯湖等。再如著名的东非大裂谷沿线的马拉维湖、坦噶尼喀湖、维多利亚湖等。构造湖一般具有十分鲜明的形态特征，即湖岸陡峭且沿构造线发育，湖水一般都很深。同时，还经常出现一串依构造线排列的构造湖群。

火山口湖：是火山喷火口休眠以后积水而成，其形状是圆形或椭圆形，湖岸陡峭，湖水深不可测，如长白山天池深达 373m，为中国第一深水湖泊。

堰塞湖：由火山喷出的岩浆、地震引起的山崩和冰川与泥石流引起的滑坡体等堵塞河床，截断水流出口，其上部河段积水成湖，如五大连池、镜泊湖等。

岩溶湖：是由碳酸盐类地层经流水的长期溶蚀而形成岩溶洼地、岩溶漏斗或落水洞等被堵塞，经汇水而形成的湖泊，如贵州省威宁县的草海。威宁城郊建有观海楼，登楼眺望，只见湖中碧波万顷，秀色迷人，湖心岛上翠阁玲珑，花木扶疏，有水上公园之称。

冰川湖：是由冰川挖蚀形成的坑洼和冰碛物堵塞冰川槽谷积水而成的湖泊。如新疆阜康天池，又称瑶池，相传是王母娘娘沐浴的地方。还有北美五大湖以及芬兰、瑞典的许多湖泊等。

风成湖：沙漠中低于潜水面的丘间洼地，经其四周沙丘渗流汇集而成的湖泊，如敦煌附近的月牙湖，四周被沙山环绕，水面酷似一弯新月，湖水清澈如翡翠。

河成湖：由河流摆动和改道而形成的湖泊。它又可分为三类：①由于河流摆动，其天然堤堵塞支流而潴水成湖。如鄱阳湖、洞庭湖、江汉湖群（云梦泽一带）、太湖等。②由于河流本身被外来泥沙壅塞，水流宣泄不畅，潴水成湖。如苏鲁边境的南四湖等。③河流截弯取直后废弃的河段形成牛轭湖。如内蒙古的乌梁素海。

海源湖：根据 2006 年出版的《地球科学大辞典》释义，海源湖又称海成湖、海迹湖、残留湖。海洋的一部分转化而成的湖泊。由于海洋沉积物或隆起地块的拦阻，海湾或内海与外海隔离而形成湖泊。它可能是咸水湖，也可能淡化成淡水湖。中国著名的太湖与西湖都是海源湖。潟湖其实也是海源湖的一种。

湖水含盐量是衡量湖泊类型的重要标志，通常把含盐量或矿化度达到或超过 50g/L 的湖水，称为卤水或者盐水，有的也叫矿化水。卤水的含盐量，已经接近或达到饱和状态，甚至出现自析盐类矿物的结晶或者直接形成盐类矿物的沉积。把湖水含盐量 50g/L 作为划分盐湖或卤水湖的下限标准。依据湖水含盐量或矿化度的多少，将湖泊划分为六种类型。淡水湖：矿化度≤1g/L；微（半）咸水湖：1g/L<矿化度<35g/L；咸水湖：35g/L≤矿化度<50g/L；盐湖或卤水湖：矿化度≥50g/L；干盐湖：没有湖表卤水，而有湖表盐类沉积的湖泊，湖表往往形成坚硬的盐壳；砂下湖：湖表面被砂或黏土粉砂覆盖的盐湖。

我国湖泊众多，共有湖泊 24800 多个，其中面积在 $1km^2$ 以上的天然湖泊就有 2800 多个。虽然湖泊数量众多，但在地区分布上很不均匀。总的来说，东部季风区，特别是长江中下游地区，分布着中国最大的淡水湖群；西部以青藏高原湖泊较集中，多为内陆咸水湖。外流区域的湖泊都与外流河相通，湖水能流进也能排出，含盐分少，称为淡水湖，也称排水湖。著名的淡水湖有高邮湖、鄱阳湖、洞庭湖、太湖、洪泽湖、巢湖等。

内流区域的湖泊大多为内流河的归宿，湖水只能流进，不能流出，又因蒸发旺盛，盐分较多形成咸水湖，也称非排水湖，如我国最大的湖泊青海湖以及海拔较高的纳木错湖等。我国的湖泊按成因有河迹湖（如湖北境内长江沿岸的湖泊）、海迹湖（如杭州西湖）、溶蚀湖（如云贵高原区石灰岩溶蚀所形成的湖泊）、冰蚀湖（如青藏高原区的一些湖泊）、构造湖（如青海湖、鄱阳湖、洞庭湖、滇池等）、火口湖（如长白山天池）、堰塞湖（如镜泊湖）等。

我国主要湖泊有鄱阳湖、洞庭湖、洪泽湖、太湖、巢湖、微山湖、白洋淀、呼伦湖、高邮湖、贝尔湖、兴凯湖、淀山湖、色林错、洪湖、扎陵湖、鄂陵湖、班公湖、乌梁素海、岱海、博斯腾湖、乌伦古湖、巴里坤湖、艾丁湖、阿其克库勒湖、西台吉乃尔湖、东台吉乃尔湖、达布逊湖、阿牙克库木湖、西金乌兰湖、乌兰乌拉湖、米提江占木错、星宿海、哈拉湖、青海湖、嘎顺淖尔、玛旁雍错、阿克赛钦湖、昂拉仁错、扎日南木错、当惹雍错、昂孜错、格仁错、羊卓雍错、滇池、纳木错、长白山天池、抚仙湖、洱海等。

湖泊是重要的国土资源，具有调节河川径流、发展灌溉、提供工业和饮用的水源、繁衍水生生物、沟通航运、改善区域生态环境以及开发矿产等多种功能，在国民经济的发展中发挥着重要作用。同时，湖泊及其流域是人类赖以生存的重要场所，湖泊本身对全球变化响应敏感，在人与自然这一复杂的巨大系统中，湖泊是地球表层系统各圈层相互作用的联结点，是陆地水圈的重要组成部分，与生物圈、大气圈、岩石圈等关系密切，具有调节区域气候、记录区域环境变化、维持区域生态系统平衡和繁衍生物多样性的特殊功能。

按自然地理条件的差异，我国湖泊分布划分为青藏高原湖区、云贵高原湖区、蒙新与黄土高原湖区、东北平原与山地湖区、东部平原湖区和东南低山丘陵湖区。我国湖泊的储水量以咸水湖为主，其次为淡水湖，两者相差约 1 倍，卤水盐湖的储水量占比最小，约相当于咸水湖的近 1/8，淡水湖的近 1/4。然而，我国湖泊资源的区域分布很不均匀，总面积和淡水蓄水量的一半分布在人烟稀少的青藏高原；在西北水资源紧缺的干旱区湖泊通常是咸水湖。

湖泊生态系统是一个复杂的综合体系，它是盆地和流域及其水体、沉积物、各种有机和无机物之间相互作用、迁移、转化的综合反映。湖泊生态系统的演化，有其自然过程和人类活动干扰与干预的过程。目前，我国的湖泊富营养化过程主要是人类活动的干扰过程所致。湖泊富营养化，是指由于营养元素的富集导致湖泊从较低营养状态变化到较高营养状态的过程，这个过程可能导致水生植物的生长被抑制，生物多样性下降，蓝藻、绿藻水华暴发，甚至引起沉水植物的急剧消失和以浮游藻类为主的浊水态的突然出现。也就是说，湖泊富营养化是指湖泊由于营养元素的富集导致湖泊生态系统的退化，进而使水质恶化的过程。营养元素的富集，包括外源输入，如人类活动和干扰、湿地沉降和内源富集与释放的物理、化学、生物等过程，是湖泊富营养化发生的根本要素。它的不同发展阶段可用湖泊营养状态分类指标来描述。湖泊生态系统的退化是湖泊富营养化发展过程的中间环节，是一个复杂的生命演化过程，并且有不同阶段的正、负反馈作用。水质恶化是湖泊富营养化发生的结果，可用地表水质评价标准来定量描述，这是一个动态的连续过程，而不是静止的状态，在不同阶段又可用定量的状态指标来表达。同时，湖泊营养物质、生态系统和水质是富营养化过程不可分割的组成部分，是一个动态的整体。

首先对受污染的湖泊进行高强度的治污，投入一定的人、财、物，对湖泊流域的污水进行截流并统一处理，达标后排放入湖。过去对湖泊富营养化治理的复杂性和长期性缺乏足够的认识，在行动上表现为急功近利、"头痛医头，脚痛医脚"，总想在短期内就能使湖泊变清，仅考虑湖泊局部环境的治理而忽视流域整体的污水治理，或者仅强调湖泊外源排放而忽视对湖泊内源循环的研究，或者仅抓对点源污染的治理而忽视面源污染的作用，到头来湖泊富营养化反而越来越严重。因此，必须全面考虑湖泊富营养化的治理过程，在流域全面截污、高强度治污的基础上，对湖泊生态系统的修复进行人工干预，因势利导，科学地进行健康湖泊生态系统的修复。

3. 河流与湖泊互为补给

一是湖泊在河流的源头，湖泊水成为河流的补给水源。如长白山天池在松花江源头，补给松花江。二是湖泊在河流的中下游地区，汛期由河水补给湖泊水，枯水期湖泊水补给河水，二者互相补给。湖泊对河流有蓄洪补枯的作用，因此，湖泊对河流有调节作用，如长江中下游的鄱阳湖和洞庭湖等。有些湖泊的湖水主要由注入其中的河流补给，而部分湖水通常由另一条河流输走，因河流输出湖水的同时，也输出了盐分，形成淡水湖。分布在内陆干旱地区的湖泊其补给水源是河流，而没有向海的出口，水体在这些湖中停滞并蒸发，河流带来的无机盐便积累起来并达到饱和状态，形成咸水湖。

河流是地球水循环的一个重要的、不可缺少的环节，内陆河流把水从高山输送到内陆盆地底部或湖泊中，实现水的小循环；外流河把大量水由陆地带入海洋，弥补海水的蒸发损耗，实现水的大循环。同时，热量和矿物质也随水一起输送。南北向河流把温度较高的水送往高纬地区，或者相反，都对流域气温具有调节作用。固体物质的随河水迁移，使地表高处不断夷平和低处不断被充填。河流既是山地景观的创造者，又是大小冲积平原的奠基者，还是内陆和海洋盆地中盐类的积累者。

4. 我国七大水系

我国大陆地区地域宽广，气候和地形差异极大，境内河流主要流向太平洋，其次为印度洋，少量流入北冰洋。我国境内七大水系均为河流构成，为江河水系，均属太平洋水系，分别为珠江水系、长江水系、黄河水系、淮河水系、海河水系、松花江水系、辽河水系。

（1）珠江水系。珠江水系是一个由西江、北江、东江及珠江三角洲诸河汇聚而成的复合水系，发源于云贵高原乌蒙山系马雄山，流经云南、贵州、广西、广东、湖南、江西 6个省（自治区）和越南的北部，支流众多、水道纷纭，并在下游三角洲漫流成网河区，经由分布在广东省境内 6 个市县的虎门、蕉门、洪奇门（沥）、横门、磨刀门、鸡啼门、虎跳门和崖门八大口门流入南海。珠江年径流量 3300 多亿 m^3，居全国江河水系的第 2 位，仅次于长江，是黄河年径流量的 7 倍，淮河的 10 倍。全长 2320km，流域面积 453690km^2（其中 442100km^2 在中国境内，11590km^2 在越南境内），是中国南方最大河系，是中国境内第三长河流。

（2）长江水系。长江全长 6300km，为中国第一长河，在世界上仅次于非洲的尼罗河和南美洲的亚马孙河，居世界第三位。长江发源于青藏高原的唐古拉山脉各拉丹冬峰西南侧，干流流经青海、西藏、四川、云南、重庆、湖北、湖南、江西、安徽、江苏、上海 11个省（自治区、直辖市），在上海市崇明岛注入东海。支流延伸至贵州、甘肃、陕西、河南、广西、广东、浙江、福建 8 个省（自治区）。长江水系支流流域面积 1 万 km^2 以上的支流有 49 条，流域面积 5 万 km^2 的支流为嘉陵江、汉江、岷江、雅砻江、湘江、沅江、乌江和赣江；年均径流量超过 500 亿 m^3 的有岷江、湘江、嘉陵江、沅江、赣江、雅砻江、汉江和乌江。

（3）黄河水系。黄河全长 5464km，为中国第二长河。发源于青藏高原巴颜喀拉山北麓的约古宗列盆地，流经青海、四川、甘肃、宁夏、内蒙古、山西、陕西、河南、山东 9个省（自治区），在山东省东营市垦利区注入渤海。黄河在陕西省的支流是泾河、渭河，泾河是渭河的最大支流。黄河主要支流有白河、黑河、湟水、祖厉河、清水河、大黑河、窟野河、无定河、汾河、渭河、洛河、沁河、大汶河等。黄河上的主要湖泊有扎陵湖、鄂陵湖、乌梁素海、东平湖。

（4）淮河水系。淮河是华东地区的主要河流之一，介于长江与黄河之间，为中国第六大河，全长 1000km。淮河水系以废黄河为界，分淮河及沂沭泗河两大水系，二水系通过京杭大运河、淮沭新河和徐洪河贯通。主干和主要支流如下：淮河、白露河、史灌河、淠河、东淝河、池河、洪汝河、沙颍河、西淝河、涡河、濉潼河、新汴河、奎濉河、沂沭泗水系、沂河、沭河、泗河、东鱼河、洙赵新河、梁济运河。

（5）海河水系。海河干流起自天津金钢桥附近的三岔河口，东至大沽口入渤海，长度仅为 73km。但是，它却接纳了上游北运河、永定河、大清河、子牙河、南运河五大支流和 300 多条较大支流，构成了华北最大的水系——海河水系，这些支流像一把巨扇铺在华北平原上。海河水系：蓟运河、潮白河、北运河、永定河、大清河、子牙河、漳卫河；滦河水系：滦河、冀东沿海诸河；徒骇马颊河水系。

（6）松花江水系。松花江水系发育，支流众多，流域面积大于 1000km^2 的河流有 86条。其中，面积大于 1 万 km^2 的支流，在松花江上游有 3 条，在嫩江有 8 条，在松花江干流有 6 条。松花江有南北两源，南源为正源。南源西流松花江源于长白山天池，全长958km，流域面积 78180km^2，占松花江流域总面积的 14.33%，供给松花江干流 39% 的水量。北源嫩江也是松花江第一大支流，发源于大兴安岭伊勒呼里山，全长 1379km，流域面积 28.3 万 km^2，占松花江流域总面积的 51.9%，供给松花江干流 31% 的水量。两江在吉林省三岔河镇汇合后形成东流松花江，流至同江市注入黑龙江。东流松花江长939km，流域面积 18.64 万 km²。

松花江流域一大特点是湖泊较多，大小湖泊共有 600 多个。这些湖泊大部分在松花江中下游、嫩江下游以及嫩江支流乌裕尔河、双阳河、洮儿河和霍林河下游的松嫩平原低洼地带，有的湖泊在江道上或江道旁侧，并与江道连通，如镜泊湖、月亮湖、向海和连环湖等，这些湖泊对调节和滞蓄洪水，可以起到一定的作用。

（7）辽河水系。辽河发源于河北省平泉市七老图山脉的光头山，流经河北、内蒙古、吉林、辽宁四省（自治区），全长 1345km，注入渤海，流域面积 21.9 万 km²。辽河有二源，东源称东辽河，西源称西辽河，两源在辽宁省昌图县福德店与西源汇合，始称辽河。一般以西辽河为正源。流域地势东北部高，西部低，海拔高程 2～2039m，河道弯曲，呈不规则河型，水系发育，大小支流 70 余条，中下游河道宽浅，河道宽 1000～2000m，水流缓慢，泥沙淤积，河床质为沙壤土，洪水期易遭灾害，年结冰期约 4 个月。辽河流域总面积 21.9 万 km²，其中山地占 35.7%、丘陵占 23.5%、平原占 34.5%、沙丘占 6.3%。流域地势大体是自北向南、自东西两侧向中间倾斜，中下游形成辽河平原，高程 200m 以下。主要支流：老哈河、西拉木伦河、少冷河、浑河、太子河、大辽河、东辽河、秀水河、绕阳河、招苏台河、养息牧河、柴河、乌力吉木伦河、教来河、柳河。

二、河湖水环境

1. 河流环境

河流环境是指河水所流经的空间环境，包括河床、漫滩、阶地、水体及水中所含各种物质。河流的水量、水质和悬浮物质成分及含量都取决于河流环境，与其所流经的地质、地理环境密切相关。如长江流域位于多雨的亚热带和温带地区，水量丰富。黄河流经半干旱的黄土高原，水量较少，且含大量泥沙，成为世界上含沙量最高的河流。由于受人类活动的影响，原始的河流环境受到严重破坏，引起河流流域内发生水土流失、泥石流、滑坡等地质灾害以及水污染等环境问题。因此，保护和治理河流环境已成为当务之急。

河流污染主要表现为：①环境污染造成某些水域水生物锐减，局部河段水生物绝迹或水体富营养化。②大量施用农药化肥，含磷洗涤剂，使某些水生物种类灭绝。③自然灾害改变和破坏了生境，使水生物种减少或迁移。④围河筑堤和乱捕，使水生物种类逐渐减少，遗传资源大量消失。⑤实施环境保护和生态建设营造良好的生境条件，生物多样性和遗传资源得以恢复。

河流对自然有很大影响，流水还不断地改变着地表形态，形成不同的流水地貌，比如冲沟、深切的峡谷、冲积扇、冲积平原及河口三角洲等。此外，在河流密度较大的地区，辽阔的水面对这个地区的气候通常也有一定的调节作用。地形、地质条件对河流的流向、流程、水系特征及河床的比降等起制约作用。河流流域内的气候，特别是气温和降水的变化，对河流的流量、水位变化、冰情等影响很大。土质和植被的状况又影响河流的含沙量。一条河流的水文特征是多方面因素综合作用的结果，例如，河流的含沙量，既受土质状况、植被覆盖情况的影响，又受气候因素的影响；降水强度不同，冲刷侵蚀的能力就不同。所以，在土质植被条件都一样的情况下，暴雨中心区域的河段含沙量相对较大。

河流的环境功能一般指流动的水体，具有一定的稀释扩散能力和自净能力。某一河流由于各河段所处的地区不同，其环境功能不一样，纳污能力也不一样。我国南方的河流水量丰沛，环境容量较大；北方的河流水量较小，环境容量也不大，尤其在枯水季节，有些河流几近干涸，环境容量更小。

河流水环境容量由三部分组成，即存储容量、输移容量和自净容量。存储容量是与时间无关的量，无再生能力。输移容量主要是指水流稀释扩散污染物质的能力，对于河流要慎重利用它。而自净容量是指河流降解污染物的综合能力，它可以不断再生，值得重点开发利用。河流水环境容量的计算模型很多，但基本都是水环境容量＝稀释容量＋自净容量＋输移容量。环境容量的计算方法有解析法、试错法、系统分析法等，其中以解析法应用最广泛。

2. 湖泊水环境

湖泊水环境通常指地表洼地积水形成水面宽阔的水体空间环境，由湖盆、湖水和水中所含各种物质（有机物、无机物）和生物体等共同组成。湖滨带是湖泊的重要组成部分，湖泊水环境的范围可以扩展到湖滨带，对湖泊的保护具有重要作用。湖泊基本化学组分及含量是研究湖泊水环境元素迁移、形态转化和水质变化的基本依据，一定程度上可反映湖泊的物理、化学及生物学性质。湖泊水环境容量是指在一定环境目标下，湖泊所能容纳的某种污染物的最大允许负荷量，是与湖泊功能、流域发展、湖泊水文与水质等密切相关的重要水质管理参数。湖泊水环境容量包括 3 个要素：研究水域、水质目标和容许负荷量。

湖泊是地球上重要的淡水蓄积库，地表上可利用的淡水资源 90％都蓄积在湖泊里。因此，湖泊与人类的生产、生活密切相关，具有很重要的社会、生态功能，如调水防洪，生产、生活水源地，水产养殖，观光旅游等。同时，一些湖泊还是生物多样性最丰富的湿地生态系统的一部分，为各种生物提供了宝贵的栖息地。湖泊可分为自然湖泊、人工湖泊（水库）。由于湖泊特定的水文条件，如流速缓慢、水面开阔等，使湖泊在水环境性质、物质循环、生物作用等方面与河流水环境有不同的特征。

湖泊的水环境特征：①水流迟缓，湖水的换水周期长。湖泊内的水一般流动性较差，浊度较低，透明度较高，但水流不易混合，会出现水质分布不均匀，尤其是深水湖泊或容量大的湖泊更显著。②矿化度较河流高。由于水在湖泊中停留时间较长，对底质的溶蚀作用较强，加上湖面水蒸发，一般湖水矿化度较河流高，导致水质成分的变化。③水质成分变化受湖泊面积大小影响。湖泊面积大小不仅影响水量调节，而且导致水质成分变化。大湖泊的水质比小湖泊稳定，相当于大区域中水质的平均状态，小湖泊水质具有显著的区域特征。④水生生物因素对水中气体及生物生成物质影响大。一般受热条件好，矿化度低的小湖泊中生物活动频繁，成为水质动态变化的最重要因素之一。对于大湖或矿化度高的湖泊，生物的作用减弱。

三、地表水环境质量标准

依据地表水水域环境功能和保护目标，按功能高低依次划分为五类：Ⅰ类：主要包括源头水，国家自然保护区。Ⅱ类：主要包括集中式生活饮用水、地表水源地一级保护区，珍稀水生生物栖息地，鱼虾类产卵场，仔稚幼鱼的索饵场等。Ⅲ类：主要包括集中式生活饮用水、地表水源地二级保护区，鱼虾类越冬、洄游通道，水产养殖区等渔业水域及游泳区。Ⅳ类：主要包括一般工业用水区及人体非直接接触的娱乐用水区。Ⅴ类：主要包括农业用水区及一般景观要求水域。

《地表水环境质量监测技术规范》（HJ 91.2—2022）标准规定地表水环境质量监测的布点与采样、监测项目与分析方法、监测数据处理、质量保证与质量控制、原始记录等内容。

第二节　城市河湖水环境存在的问题

一、全国主要江河与重点湖泊水环境质量状况

根据生态环境部近年资料，长江、黄河、珠江、松花江、淮河、海河、辽河七大流域及西北诸河、西南诸河和浙闽片河流水质优良断面比例较大，主要污染指标为化学需氧量、高锰酸盐指数和生化需氧量。其中，长江流域、浙闽片河流、西南诸河、西北诸河和珠江流域水质为优；黄河、辽河和淮河流域水质良好；海河和松花江流域为轻度污染。生态环境部监测的全国 200 多个重点湖泊中，水质优良湖泊占比较大，主要污染指标为总磷、化学需氧量和高锰酸盐指数。其中，太湖和巢湖均为轻度污染、轻度富营养，主要污染指标为总磷；滇池为轻度污染、轻度富营养，主要污染指标为化学需氧量和总磷；洱海和丹江口水库水质均为优、中度富营养；白洋淀水质为良好、中度富营养。

二、河湖水环境存在的问题

工业化和城市化的快速发展，导致城市水环境不断恶化，水质变差、水量减少、干旱断流、内涝频发，严重影响城市生态系统的完善和发展，城市河湖水系本应发挥的水循环及生态保护功能逐渐丧失。同时，雨水资源流失、雨水径流对城市河湖水体造成严重的非点源污染、城市多发的洪涝灾害等，也使城市安全和可持续发展面临挑战。

我国城市河湖水环境大致存在如下问题：管理体制机制不完善；城市水污染较严重；城市水污染治理滞后；水污染事故时有发生；城市水资源开发利用程度过高；城市供水安全存在隐患；城市用水效率偏低；城市防洪减灾压力较大；城市水生态系统退化等。这些问题突出表现在：河道断流、湖泊萎缩引发河川之危、水源之危；生态流量不足导致河流生态系统退化；河湖水域生态空间遭到挤占侵占；地下水超采严重；水土流失量大面广等。

三、河湖生态环境复苏

1. 河湖生态环境复苏概况

河湖生态环境是对影响人类生存与发展的河流湖泊水资源及水动力条件、水环境质量、河湖空间形态及生物多样性等要素和资源的质量、数量和状态的总称，是关系经济社会持续发展的复合生态系统。河湖生态环境复苏是指针对受损的河湖生态系统，通过采取

保护、修复、治理和管控等措施，促进其休养生息、逐步恢复生态功能，从而提升水生态系统质量和稳定性，维护河湖健康。

河湖生态环境复苏的对象是与公众生产生活及经济社会持续健康发展密切相关且生态环境受损严重的河湖，主要是河道断流、湖泊萎缩干涸、生态流量保障不足、水域岸线占用问题突出的河湖以及地下水水位下降、水土流失严重的区域。复苏河湖生态环境的目标是从生态系统整体性和流域系统性出发，维护河湖生态系统功能，提升水生态系统质量和稳定性。

水生态系统质量可用河湖生态流量及水文过程、水环境质量、水域岸线空间形态、生物多样性状况、水生态系统服务功能等指标表征。水生态系统稳定性是指水生态系统抵抗外界环境变化和干扰，保持和恢复水生态系统结构和功能稳定，实现良性循环的能力，一般包括抵抗力稳定性、恢复力稳定性，主要通过反馈调节机制实现。

2. 河湖生态环境复苏意义

一是推动水环境高质量发展的重要举措；二是满足人民群众需要的重要方面；三是加快推进生态文明建设的必然选择；四是筑牢国家生态安全屏障的重要基石。

3. 河湖生态环境复苏原则

河湖生态环境复苏，遵循自然生态规律和河湖演变规律，注重河湖复苏与经济社会发展的协同性、联动性、整体性，强化水资源刚性约束，促进经济社会发展与水资源水环境承载力相协调。从过度干预、过度利用向节约优先、自然恢复、休养生息转变，从水质保护为主向流域山水林田湖草沙系统治理转变，以复苏河湖生态环境助推水利高质量发展。复苏原则：一是系统治理，协同推进；二是目标导向，突出重点；三是问题导向，分类施策；四是创新机制，社会参与；五是完善监控，加强管护。

4. 河湖生态环境复苏实现路径

开展河湖生态环境现状调查评价，以生态环境问题识别为基础，以提升水生态系统质量和稳定性为核心，针对各类生态环境要素提出复苏目标与指标，提出主要对策措施，结合实施情况开展河湖生态环境监测预警、复苏效果监测评估，实施适应性管理，不断优化措施体系。针对生态流量及过程、水环境质量、水域岸线空间、地下水、水土流失等生态环境要素，分析河道断流、湖泊萎缩干涸、生态流量不足、水质恶化、水域岸线空间占用、自然形态受损、地下水超采、水土流失、生态综合失衡等九方面问题，开展胁迫因素分析；按照辨证施治的理念，强化分类施策、系统诊疗，做到逐步退还、持续减荷、合理扩容、系统治理、强化监管，针对性提出复苏河湖生态环境的目标与主要对策。

5. 河湖生态环境复苏举措

以提升水生态系统质量和稳定性为目标，以"顶层设计→专项行动→关键技术→制度标准→监测评估"为链条，推进河湖生态环境复苏。主要举措有：一是进行河湖生态环境复苏顶层设计；二是开展河湖生态环境复苏专项行动；三是开展河湖生态环境复苏关键技术研究；四是健全河湖生态环境复苏制度和标准体系；五是加强河湖生态环境复苏数字化、智慧化平台建设。

第三节　城市河湖水环境管理策略

一、河湖生态协同发展

实现碳达峰、碳中和是我国经过深思熟虑作出的重大战略决策，只有纳入生态文明建设整体布局，才能推动经济社会绿色转型和系统性深刻变革。"双碳"背景下，水生态环境的地位和作用更加凸显。推动新阶段水环境高质量发展，满足人民日益增长的美好生活需要，必须贯彻落实我国的生态文明思想，完整、准确、全面贯彻新发展理念，按照"节水优先、空间均衡、系统治理、两手发力"的治水思路，推动新阶段水环境高质量发展。

"优美河湖"的四大认定标准——水清、岸绿、安全、宜人。

（1）水清。综合治理通过河道清淤，新建污水管线，新建农村污水处理站，城乡结合部及农村排出的生活污水可以直接进入污水处理站，彻底避免污水流入河道，实现内源污染控制。同时，为避免初期雨水污染，新建初期雨水调蓄池，以降低雨水污染对河湖水生态系统的损伤，实现面源污染全流程控制。在水资源方面，合理利用再生水，通过全流域水系连通工程实施生态补水，确保干支流活水畅流。

（2）岸绿。以水源净化、水质提升为主，对河湖的治理兼顾其生态恢复和景观打造。河道两岸的植物相连成片，走在上边，仿佛置身天然氧吧，秉承"以人为本"的设计理念。

（3）安全。结合实际情况，配套建设信息监控管理系统平台——河湖智慧水务平台，包括区域防洪联合调度运维、区域水环境动态管控运维、视频监控集成运行管理等，实现大数据时代下对水环境业务数据的智能分析，以更加精细、动态的方式服务于水环境治理的各个环节，从而达到智慧管理的目标，为水安全、水资源、水生态、水环境、水景观、水管理和水生活保驾护航。

（4）宜人。对于再生水补给河湖，为了其长治久清，精心挑选适应以及有助于降低河湖水污染物的多种水生植物，比如香蒲、千屈菜、苦草、黄菖蒲等。为提升区域生态环境质量和居民生活环境品质，设计多种亲水景观和设施，例如健康步道、木栈道、观景平台等；河岸周边添置公共健身设施，不仅可以临水赏花、移步换景，还能提供健康优美的休闲环境。

二、水生态环境保护及湖泊分级管理

改善水环境质量要坚持"三水"共治，统筹水环境、水生态、水资源，要坚持精准治污，综合考虑生态水位、生态养殖等多方面因素，合理利用水资源配置。树立流域系统治理理念，按流域管理和单元管控的思路，实行地表水分级管理模式，压实地方管理责任。按照"分级管理、属地负责"的原则，建立市、县、镇、村四级河湖长制。科学设置河流、湖泊水质管理目标和管控断面，按要求开展水质监测，精准掌握水质变化情况，系统开展水环境生态修复治理和保护工作，全面提升区域水环境质量，让公众切身感受到身边水环境质量的改善，提升幸福感。加强水环境风险防控，建立应急预案和应急监测措施，加强汛期重点水体叶绿素a、藻密度等指标监测，及时掌握水华发生状况，及时通报预警，为科学防控决策提供依据。

三、河湖水环境修复方法

1. 控制外源污染

控制外源性负荷是改善河湖富营养化状态的根本途径。工业主要途径是清洁生产；农业主要途径是退耕还林还草、精准施肥等；消费主要途径是改变消费习惯等。

2. 稀释和冲刷

稀释和冲刷是一种常用的技术，这种技术可以有效减少污染物的浓度和负荷，减少水体中藻类的浓度，促进水的混合，稀释藻类的有害分泌物等。稀释和冲刷的机理相当于一个流动或者连续的培养系统。当含低浓度营养元素的水被注入系统时，导致系统营养物质浓度降低，藻类生物量也随之下降，同时，营养元素和藻类能够以更快的速度被置换或者冲洗出水体。

3. 深层水抽取

水体质量恶化一般从深层水开始，将深层水抽出来一部分进行处理是一种可供选择的技术。深层水停留时间缩短，转为厌氧状态的机会就减小许多，减小底泥中富营养元素和重金属离子释放的速率，减小对鱼类的不利影响，也减小污染物质或者富营养元素向表层水的扩散传播。

4. 水体循环

水体循环可以通过泵、射流或者曝气实现，通常是完全循环，这样可以防止水体分层或者破坏已经形成的分层。经过水体循环，溶解氧增加，污染物质氧化加快，改善好氧水体生物的生存环境。通过水体循环，温度也可以得到升高。水体循环因此能够降低内源性的磷负荷，通过增加混合层的深度和减少光线暴露机会降低藻类的数量。水体循环同时强化一些相反的作用过程。

5. 深水曝气

深水曝气的目的有：一是在不改变水体分层的状态下提高溶解氧浓度；二是改善冷水鱼类的生长环境和增加食物供给；三是通过改变底泥界面厌氧环境为好氧条件来降低内源性磷的负荷；四是降低氨氮、铁、锰等离子性物质的浓度。

6. 底泥疏浚

底泥疏浚是修复河湖水质的一项有效技术。底泥是河湖中的内污染源，有大量的污染物质积累在底泥中，包括营养盐、难降解的有机物、有害有毒物质、重金属等。在浅水河湖中，底泥的富营养元素很容易释放进入表层水体，导致藻类繁殖，水体水质急剧恶化，这种现象极容易发生在春夏交替的季节，此时，内源性的磷的负荷影响较大。

7. 生态控制

生态控制技术是利用水生生物之间的生态关系，将水生生物数量控制在一定范围之内。这种技术可以避免施用药物所产生的副作用和使用机械所需要的高成本，具有长期持久的效果。为避免引入危险物种的风险，对河湖进行生态控制前，应进行水体生态调查。

四、河湖水生态系统构建

河湖水生态系统构建虽有相似之处，但以湖泊较为复杂，下面以湖泊为例。

1. 构建清水型水生态系统

通过沉水植物种植、底栖生物和鱼类投放、挺水植物种植、优化调整等各项措施，增强水体自净能力，吸收降解水体中的污染物，成功构建清水型水生态系统并稳定运行。工程主要内容：沉水植物群落构建；大型底栖动物群落构建；鱼类群落构建；挺水植物群落构建；水生态系统优化调整。湖泊清水型水生态系统中，沉水植物作为水生态系统食物网链的初级生产者，是使湖泊从浮游植物为优势的混水态转换为以大型植物为优势的清水态的关键，在生长发育过程中，对水体的营养盐（污染物质）具有吸收、吸附、促沉降，防底泥再悬浮的功能。沉水植物的生长发育过程是吸收水中营养盐的过程，也是不断净化水质的过程，因此人们将沉水植物比喻为水体中的"天然净化器"。沉水植物的根茎叶均可为微生物提供良好的附着环境，在植物体上形成高净化效率的微生物，在植物叶片、根际光合作用下，为水生生物在植物体周围及根际处形成良好的生存环境，沉水植物又被形象地称为"水下森林"。

2. 沉水植物群落构建

沉水植物群落构建方法是，将可降解材料制作的袋子装好培养土，根据当地气候和水质环境选择沉水植物，把要种植的沉水植物幼苗或种子种植于培养土中，对于不同的沉水植物要使用不同的袋子进行种植。用绳索把种植有沉水植物的小袋子交互排列固定，将连接在一起的小袋子放置在装有碎石的大网袋中，露出植物，再把多个大网袋用绳索交互相连，投入湖中。对于组建小组的沉水植物群落来说，要将不同的植物分别种植在不同的袋子里，使植物并排连接成群落，通过分开种植，形成不同沉水植物的群落单元，根据需要可设置多个群落单元，以便形成大片的群落。至于使用装有培养土的可降解材料制作的袋子，随着时间的推移降解后，与培养土一起释放到碎石的缝隙之间。碎石之间的缝隙提供了植物根系生长的空间，同时，在石缝之间的培养土，给新长成的根系提供了营养。培养土释放后和碎石结合得更加紧密，为植物提供了很好的固定基床。由于多个种植袋交互相连，使种植袋不会被水流冲走，而一些过于稀软的底泥也会被碎石固定起来，底泥基床会越来越稳固，即使网袋破碎也不会受到影响。

3. 挺水植物群落构建

挺水植物是水生植物的主要组成部分，能给许多其他生物提供生长环境，增加生态系统的多样性和稳定性。挺水植物根系发达，通过根系向沉积物输送氧气，改善沉积物氧化还原条件，减少氮、磷等营养盐的释放，减少沉积物再悬浮，增加水体的净化能力。经过合理配置，挺水植物具有很强的观赏性，能够起到美化湖泊的功能。利用挺水植物作为生态护坡，可使坡面与当地生态环境融为一体，具有保水、抗蚀、增加坡面强度以及截流面源污染等多项功能，不仅能为植物生长持续提供充足稳定的养分和良好的生长环境，还很好地联系土壤与水体的关系，使水体与土地及生物环境结合，避免环境"生态短路"的问题。

4. 大型底栖动物群落构建

生态系统运行后，各水生动植物会有死亡、沉降，在湖底形成沉积物的过程，因此，生态系统工程设计中必须有有机物循环功能群的设计。由于新建湖泊沉积物积累较慢，从生态系统完整性考虑，需要投放具有有机碎屑摄食能力不同梯度的有机物分解功能群落。此外，沉水植物附着物过厚会影响沉水植物的光合作用，使沉水植物生长减缓，净化效果降低。通过投放大型底栖动物，可以适度扰动沉水植物，以达到利用水体冲洗沉水植物的目的，从而为沉水植物清除附着物，促进其生长。

5. 鱼类群落构建

湖区蓄水完成后，鱼类会逐步建立种群，尤其是小型鱼类和底栖杂食性鱼类，这对浮游动物会有较大影响，不利于浮游动物的控制和清水态湖泊的形成。底栖鱼类还会增加沉积物的再悬浮和营养盐的释放，如草食性或杂食性鱼类密度过大，会破坏水生植物生长，导致系统崩溃。控制这些鱼类的数量，构建控制浮游植物能力强、健康的食物网结构。

6. 水生态系统优化调整

新建湖泊的生态系统结构的形成是缓慢的，在完成沉水植物群落构建、大型底栖动物群落构建、鱼类群落构建、挺水植物群落构建等工程后，初期系统还不够稳定，必须予以群落结构优化调整，使各个种群之间与周边环境协调发展、有机融合后才能形成稳定的清水态生态系统，以长久保持水质清澈。在系统优化调整过程中，通过对系统各要素的连续监测来分析影响生态系统正常运行的内外因素，同时优化水生高等植被结构、食物网结构和底栖生态系统结构，统筹协调生态系统各营养级，最终建立稳定、长效的湖泊清水型生态系统。

五、相关举措

1. 推进污水资源化与再生利用

加快推进污水处理厂建设，大力推动郊区农村污水治理进程，完善排水管网。加快城市污水处理厂升级改造，将再生水水质提高到地表水Ⅳ类标准。加大雨污合流管线改造步伐，新城建设及新建小区实行雨污分流。推进配套再生水管网建设，扩大再生水利用。实行地表水、地下水、再生水统一调度，扩大再生水在城市河湖环境用水的比重，优化配置水资源。

2. 营造城市宜居的生态景观水系

加强城市河湖日常维护管理，采取工程、生物等措施，保持河湖水质达标。加强护城河水系、风景园林水系等水域的保护，逐步恢复具有历史价值的河湖水面，再现河湖水系的历史风貌。在郊区建设水网、湿地，改善居民区的生态环境。

3. 完善水务法制等服务体系

修订完善城市河湖治理规划。加强水务法制建设，研究出台排水和污水处理再生利用法规，完善城市河湖保护管理法规体系，健全法律制度。组织制定水利工程养护标准、再生水利用技术指标要求的地方性标准、规范，为加强城市河湖保护管理工作奠定坚实的技术基础。以水务管理单位体制改革为契机，按照建设服务型循环水务的要求，进一步明确公益性和准公益性水务管理单位承担的公益性任务，明确职能定位，强化水务行政管理职能和监管职能。

4. 加强执法队伍建设

加强水政监察队伍能力建设，充实执法装备、设施，改善执法条件。按照"文明、规范、高效、廉洁"的要求管理水政监察队伍，全面贯彻落实水行政执法责任制，明确岗位责任，确立工作目标，推进建立权责明确、行为规范、监督有效、保障有力的水行政执法体系。明确行政处罚程序，规范执法行为，全面实行政务公开，严格依法行政。建立健全执法人员资格管理制度、错案追究制度、罚没财务管理制度、罚缴分离制度、执法监督制度、执法评议考核制度和执法人员奖惩制度。建立外部监督机制，在办公场所适当位置设立举报箱和投诉箱，向社会公布举报电话，聘请行风监督员，及时接受和处理对水行政监察人员的举报、申诉，做到实名举报、申诉，件件有结果、有回音，坚持文明办案，使用文明用语，以优质的服务塑造水行政执法队伍的良好社会形象。

第四节　城市水环境生态文明建设

一、城市水环境生态文明理念

遵循人、水、社会和谐发展客观规律，以水定需、量水而行、因水制宜，把生态文明理念融入水资源开发、利用、治理、配置、节约、保护的各方面和水环境规划、建设、管理的各环节，以建设永续的水资源保障、完整的水生态体系和先进的水科技文化为主线，坚持保护优先、修复为辅，统筹经济社会与水资源、水生态协调发展。通过优化水资源配置、实施水生态综合治理、完善水生态保护格局，为经济社会可持续发展提供更加可靠的水环境基础支撑和生态安全保障。

以水资源可持续利用、水生态体系完整、水生态环境优美、水文化底蕴深厚为主要内容的水生态文明，是生态文明建设的资源基础、重要载体和显著标志。统筹考虑水的资源功能、环境功能、生态功能，科学谋划水生态文明建设布局，注重兴利除害结合，防灾减灾并重，治标治本兼顾，促进流域与区域、城市与农村、经济与社会协调发展，实现水资源的优化配置和高效利用。

水生态文明建设，是科学配置、节约利用和有效保护水资源以实现水资源的永续利用，有效保护和综合治理水环境以提升水环境质量，有效保护和系统修复水生态以增强水生态服务功能的一项系统工程。水生态文明建设是生态文明建设最重要、最基础的内容。迫切需要大力推进水生态文明建设，并将之作为生态文明建设的先行领域、重点领域和基础领域。

遵循生态平衡的法则和要求，立足区域生态功能与特色，优化生态功能区空间布局，以城市总体规划为基础，以城市水系为骨架，以保障城市防洪排涝安全能力为前提，以提升城市品质为主题，实施城市河道治理和水环境整治、水利风景区创建、水景观建设等工程。着力打造河湖相通、城水相融、水清岸绿、人水和谐、环境优美、品位提升、内涵丰富的宜居宜业城市，使河湖有水、水面清洁、水体流动，实现水资源可持续利用、水生态体系完整、水生态环境优美的目标。

二、提升城市水环境的综合功能

水环境是城市生态系统的重要构成，丰富了城市景观。城市水系在承载生产、生活的同时，积淀了城市的历史和文化。着力提升水环境的生态功能、景观品质与文化品位。畅通城市水系，强化水体交换，优化生态功能。

统筹考虑城市河道的景观建设、生态恢复和两侧环境整治、污水截流治理、工业生产废水达标排放、河道清淤和河面保洁、水系沟通、补充活水及保护历史遗存、挖掘文化特色等工作。城市水环境治理规划，将路网、防洪、治污、绿化、景观、安居等工程融为一体，体现"截、治、引、活、迁、建、管"的统筹，为实施综合治理打下了基础。

紧抓水环境综合整治的规划、建设和管理工作，严格目标管理，加强检查督促。形成建设部门牵头，规划、城管、市政公用、园林、水利、环保等部门共同参与的城市水环境综合整治工作机制。将城市污水处理工程建设列入地方政府年度工作目标，落实责任，强化考核，为水环境治理的顺利开展提供强有力的组织保障。在项目立项、环评、可研、设计等环节，严格按照国家规定的建设程序，进行充分的论证。

污水处理设施建设是水环境整治的关键措施，投资巨大。加大财政资金投入，多渠道筹集资金。加快城市污水处理厂建设和管网配套，增强截污治污效果。依靠科技进步，推广先进适用的水处理技术，促进城市水体生态环境优化。强化政府监管，保障公众利益，使城市河流真正成为流动的河、清澈的河、美丽的河。

三、水生态文明建设的基本原则

1. 人水和谐

牢固树立人与自然和谐相处理念，尊重自然规律和经济发展规律，充分发挥生态系统自我修复能力，以水定需、量水而行、因水制宜，推动经济社会发展与水环境承载力相协调。

2. 防治结合

规范各类涉水生产建设活动，落实各项监管措施，着力实现从事后治理向事前保护转变。在维护河湖生态系统的自然属性，满足人们基本水资源需求的基础上，突出重点，推进生态脆弱河流和地区水生态修复，适度建设水景观。

3. 统筹兼顾

科学谋划水生态文明建设布局，统筹考虑水的资源、环境、生态功能，合理安排生活、生产和生态用水，协调好上下游、左右岸、干支流、地表水和地下水关系，实现水资源的优化配置和高效利用。

4. 因地制宜

根据各地水资源禀赋、水环境条件和经济社会发展状况，形成各具特色的水生态文明建设模式。选择条件相对成熟、积极性较高的城市或区域，开展试点和创建工作，探索水生态文明建设经验，辐射带动流域、区域水生态的改善和提升。

四、水生态文明工程建设

1. 科学编制水环境规划

确定水功能区限制纳污红线，从严核定水域纳污容量，严格控制入河湖排污总量。

2. 实施防洪排涝工程

充分考虑排水体系和内河排涝的耦合作用，发挥低洼地调蓄作用，建立与水环境保护和水景观相融合的防洪排水体系。

3. 实施水环境整治工程

依据水功能区划分成果和要求，围绕河湖水系沟通，对河湖水系进行综合治理和修复。尽量恢复扩大城市中的原有水面和湿地面积，留足生态用水，保护河湖水环境，提高水生态系统的净化能力，以达到改善水环境质量的目的。

4. 实施水景观工程

根据区域现状、城市发展规划、城市防洪规划及地区定位，在保障防洪安全、水工程运行安全的前提下，在河湖水域沿岸带及各种水域周围进行景观和亲水环境建设，着力打造亮丽水景观，提升城市品位，彰显城市特色。

5. 实施水土保持工程

对城市所有生产开发项目，严格落实水土保持"三同时"制度。对城市周围的矿山迹地进行整治改造，结合园林城市建设恢复植被，增加城市绿化面积。

6. 实施水文化工程

以水为核心，结合文物的保护和开发，挖掘历史人物、古迹等涉水文化，展示现代科技水文化成果。

五、坚持长效管理

强化队伍建设，成立水环境巡查队伍。强化督查指导，坚持日常巡查、重点督查、季度考核制度，加强城市河道、水库、塘堰等水环境的保洁管理，加大河道、水库、塘堰水面的打捞力度和岸坡垃圾的清理力度，确保水面、岸坡的环境卫生得到改善和提高。实施清淤补水，实施养殖治理，加强排水管理。

第五节　河长制及湖长制管理

一、河长制

河长制，即由我国各级党政主要负责人担任河长，负责组织领导相应河湖的管理和保护工作。全面推行河长制，是以保护水资源、防治水污染、改善水环境、修复水生态为主要任务，全面建立省、市、县、乡四级河长体系，构建责任明确、协调有序、监管严格、保护有力的河湖管理保护机制，为维护河湖健康发展、实现河湖功能永续利用提供制度保障。河长制工作的主要任务包括六方面：一是加强水资源保护，全面落实最严格水资源管理制度，严守"三条红线"。二是加强河湖水域岸线管理保护，严格水域、岸线等水生态空间管控，严禁侵占河道、围垦湖泊。三是加强水污染防治，统筹水上、岸上污染治理，排查进入河湖污染源，优化入河排污口布局。四是加强水环境治理，保障饮用水水源安全，加大黑臭水体治理力度，实现河湖环境整洁优美、水清岸绿。五是加强水生态修复，依法划定河湖管理范围，强化山水林田湖草沙系统治理。六是加强执法监管，严厉打击涉河湖违法行为。

2003 年，浙江省长兴县在全国率先实行河长制。2016 年 12 月，中共中央办公厅、国务院办公厅印发了《关于全面推行河长制的意见》，并发出通知，要求各地区各部门结合实际认真贯彻落实。截至 2018 年 6 月底，全国 31 个省（自治区、直辖市）已全面建立河长制，共明确省、市、县、乡四级河长 30 多万名，另有 29 个省设立村级河长 76 万多名，打通河长制"最后一公里"。河长制由来如下。

地处太湖流域的浙江湖州长兴县，境内河网密布，水系发达，有 547 条河流、35 座水库、386 座山塘。得天独厚的水资源禀赋，造就了长兴因水而生、因水而美、因水而兴的文化特质。但在 20 世纪末，这个山水城市在经济快速发展的同时，也给生态环境带来了不可承受之重，污水横流、黑河遍布成为长兴人的心病。2003 年，长兴县为创建国家卫生城市，在卫生责任片区、道路、街道推出了片长、路长、里弄长，责任包干制的管理让城区面貌焕然一新。同年 10 月，县委办下发文件，率先对城区河流试行河长制，由时任水利局、环境卫生管理处负责人担任河长，对水系开展清淤、保洁等整治行动。

2007 年夏季，由于太湖水质恶化，加上不利的气象条件，导致太湖大面积蓝藻暴发，引发了江苏省无锡市的水危机。痛定思痛，当地政府认识到，水质恶化导致的蓝藻暴发，问题表现在水里，根子却在岸上。解决这些问题，不仅要在水上下功夫，更要在岸上下功夫；不仅要本地区治污，更要统筹河流上下游、左右岸联防联治；不仅要靠水利、环保、城建等部门切实履行职责，更需要党政主导、部门联动、社会参与。2007 年 8 月，无锡市实行河长制，由各级党政负责人分别担任 64 条河道的河长，加强污染物源头治理，负责督办河道水质改善工作。河长制实施后效果明显，无锡境内水功能区水质达标率从 2007 年的 7.1% 提高到 2015 年的 44.4%，太湖水质也显著改善。

省级总河长由一把手担任。2016 年 12 月 13 日，水利部等十部委在北京召开视频会议，部署确保到 2018 年年底前全面建立河长制的目标任务。强化落实河长制，从突击式治水向制度化治水转变。加强后续监管，完善考核机制；加快建章立制，促进河长制体系化；狠抓截污纳管，强化源头治理，堵疏结合，标本兼治。2020 年下半年起，上海市奉贤区探索建立"河长＋检察长"依法治河新模式，形成司法力量与行政力量合力，共同推进水生态的区域保护。

全面推行河长制是落实绿色发展理念、推进生态文明建设的内在要求，是解决复杂水问题、维护河湖健康的有效举措，是完善水治理体系、保障国家水安全的制度创新。

二、湖长制

湖长制，即由湖泊最高层级的湖长担任第一责任人，对湖泊的管理保护负总责，其他各级湖长对湖泊在本辖区内的管理保护负直接责任，按职责分工组织实施湖泊管理保护工作。县级及以上湖长负责组织对相应湖泊下一级湖长进行考核，考核结果作为地方党政领导干部综合考核评价的重要依据。湖长制是河长制的必要补充，其实施有利于促进绿色生产生活方式的形成，有利于建立流域内社会经济活动主体之间的共建关系，形成人人有责、人人参与的管理制度和运行机制。湖长的任务是：严格湖泊水域空间管控，严格控制开发利用行为；加强湖泊岸线管理保护，实行分区管理，强化岸线用途管制；加强湖泊水资源保护和水污染防治，落实最严格水资源管理制度和排污许可证制度，严格控制入湖污染物总量；加大湖泊水环境综合整治力度；开展湖泊生态治理与修复；健全湖泊执法监管机制。

2017 年 12 月 26 日，中共中央办公厅、国务院办公厅印发《关于在湖泊实施湖长制的指导意见》，要求到 2018 年年底前在湖泊全面建立湖长制。2018 年 9 月，河北雄安新区成立河湖长制工作领导小组。2018 年 10 月，浙江绍兴发布了全国首个《湖长制工作规范地方标准》。2019 年 1 月，全国已全面建立湖长制，在 1.4 万个湖泊（含人工湖泊）设立省、市、县、乡四级湖长 2.4 万名，其中，85 名省级领导担任最高层级湖长，此外，还设立村级湖长 3.3 万名。

湖长主要做什么？最高层级湖长负责统筹协调湖泊与入湖河流的管理保护工作，确定湖泊管理保护目标任务，组织制定"一湖一策"方案，明确各级湖长职责，协调解决湖泊管理保护中的重大问题，依法组织整治围垦湖泊、侵占水域、超标排污、违法养殖、非法采砂等突出问题。其他各级湖长对湖泊在本辖区内的管理保护负直接责任，按职责分工组织实施湖泊管理保护工作。

跨区域湖泊谁任湖长？各省（自治区、直辖市）行政区域内主要湖泊，跨省级行政区域且在本辖区地位和作用重要的湖泊，由省级负责同志担任湖长；跨地市级行政区域的湖泊，原则上由省级负责同志担任湖长；跨县级行政区域的湖泊，原则上由地市级负责同志担任湖长。

湖长会面临什么样的复杂情况？河湖关系复杂，湖泊管理保护需要与入湖河流通盘考虑、协调推进；湖泊水体连通，边界监测断面不易确定，准确界定沿湖行政区域管理保护责任较难；湖泊水域岸线及周边普遍存在种植养殖、旅游开发等活动，管理保护不当极易导致无序开发；不同湖泊差异明显，必须因地制宜、因湖施策，统筹管理保护。

湖长工作谁来监督？各级党委和政府要加强组织领导，层层建立责任制，强化部门联动；各地区各有关部门要建立"一湖一档"，加强分类指导，完善监测监控；要通过湖长公告、湖长公示牌、湖长 APP、微信公众号、社会监督员等多种方式加强社会监督；各地要建立健全考核问责机制，县级及以上湖长负责组织对相应湖泊下一级湖长进行考核，考核结果作为地方党政领导干部综合考核评价的重要依据；实行湖泊生态环境损害责任终身追究制，对造成湖泊面积萎缩、水体恶化、生态功能退化等生态环境损害的，严格按有关规定追究相关单位和人员的责任。

三、河湖长制

1. 发起历程

河湖长制即河长制、湖长制的统称，是由各级党政负责同志担任河湖长，负责组织领导相应河湖治理和保护的一项生态文明建设制度创新。通过构建责任明确、协调有序、监管严格、保护有力的河湖管理保护机制，为维护河湖健康生命、实现河湖功能永续利用提供制度保障。2021 年 5 月 31 日，水利部印发《全面推行河湖长制工作部际联席会议工作规则》《全面推行河湖长制工作部际联席会议办公室工作规则》《全面推行河湖长制工作部际联席会议 2021 年工作要点》《河长湖长履职规范（试行）》等。

2. 主要职责

（1）总河湖长职责：负责领导本行政区域内河湖长制工作，分别承担总督导、总调度职责。

（2）市、区级河湖长职责：负责牵头协调推进河湖突出问题整治、水污染综合防治、河湖巡查保洁、河湖生态修复和河湖保护管理，协调解决实际问题，检查督导下级河湖长和相关部门履行职责。

（3）街乡级河湖长职责：负责本辖区内河湖管理工作，制定落实河湖管理方案，组织开展河湖整治工作，按照属地管理原则配合执法部门打击涉水违法行为。

（4）村级河湖长职责：负责本村范围内河湖整治工作，落实专管员职责，确保河湖监管到位、保洁到位、整治到位。

3. 河湖长制助力长治久清

在总河湖长带领下，全面落实河湖长制工作，各级河湖长切实增强巡河护河意识，进一步提升治水管水能力水平。

污染防治，河湖面貌焕然一新。积极推进河湖水系连通、中小河流治理、河湖沟塘整治及疏浚，全面加强工业污染防治，积极推进造纸、有色金属、电镀等重点行业水专项治理，强化畜禽污染防治，促进河湖面貌持续改善。清理河湖"四乱"（乱占、乱采、乱堆、乱建），持续改善生态环境。河湖清理"四乱"是打赢打好河湖管理保护攻坚战的第一抓手。持续推动河湖长制落实落细，压实压紧河湖长责任，深入推进河湖"清四乱"常态化、规范化。

建设美丽幸福河湖，突出地域特色，彰显水安全、水生态、水景观、水文化、水经济，从防洪保安全、优质水资源、健康水生态、宜居水环境、先进水文化五个维度开展美丽幸福河湖建设。严格水生态空间管控，完成河湖管理范围划界，纳入国土空间规划，严格落实规划刚性约束，实施河湖功能分区管控，维护河湖健康。

长治久清，建立管护长效机制。跨界河湖联防联控联治、探索试点流域生态补偿、"河湖长＋检察长"河湖监管、"互联网＋监管"河湖信息化管理，多举措构建长效治理机制，不断擦亮山清水秀生态美的金字招牌。

4. 河湖长制实施工作评价

制定出台《××年度河湖长制工作评分细则》，为全年河湖长制工作画出路线图、列出时间表、标出重点项。探索推行河湖长制绩效管理，将工作绩效与评先树优等深度融合，推动河湖长制提档升级。

评分内容包括河湖长制日常工作内容，分为加分项、扣分项两部分，通过正向激励＋反向约束，建立一套全面、客观、公正的工作评分机制，对各河湖长制工作进行全面评价。其中，受到省级及以上综合性表彰，经验做法在全国、全省、全市复制推广，获得上级激励资金等九项内容被列为工作突出加分项，表现突出的将分别给予 0.25～5 分加分；在河湖安全、美丽示范河湖建设、河湖健康评估、一河一策编制落实、河湖水域岸线管理利用保护、小型水库与水闸安全运行管理、水土流失防治等九大项重要事项中未按时完成任务、工作不力的，将予以不同程度的扣分。

通过年初制定督导考评办法、年中进行中期评估、年末召开总河湖长述职会议、进行最终评估，逐步构建起闭环管理体系，以结果为导向，切实推动河湖长制工作落实，评出成效。

复 习 思 考 题

1. 湖泊按其成因可分为哪几类？

2. 河流与湖泊如何互为补给？

3. 河流环境容量由哪三部分组成？

4. 河湖生态环境复苏原则是什么？

5. 小组情景讨论：年底到了，作为市综合考评委员会办公室负责人，你如何对本市河湖长制实施工作评价考核？

案例 9　S 市推进 M 河水环境综合治理

第十章 城市生态湿地水环境管理

第一节 城市生态湿地概述

一、湿地概况

湿地一般被认为是陆地与水域之间的过渡地带。《国际湿地公约》认为湿地是地球上除海洋（水深6m以上）外的所有大面积水体。人们从不同的角度认为湿地是一种特殊的生态系统，该系统不同于陆地生态系统，也有别于水生生态系统，它是介于两者之间的过渡生态系统。湿地覆盖地球表面仅有6%，却为地球上20%的已知物种提供了生存环境，具有不可替代的生态功能，享有"地球之肾"的美誉。"湿地"一词最早出现于1956年美国鱼和野生动物管理局《39号通告》，定义为"被间歇的或永久的浅水层覆盖的土地"。1979年，美国为了对湿地和深水生态环境进行分类，重新界定了湿地内涵，认为湿地是陆地生态系统和水生生态系统之间过渡的土地，该土地水位经常存在或接近地表，或者为浅水所覆盖等。1971年在拉姆萨尔通过了《关于特别是作为水禽栖息地的国际重要湿地公约》，该公约将湿地定义为：不论其为天然或人工、常久或暂时之沼泽地、湿原、泥炭地或水域地带，带有静止或流动、或为淡水、半咸水或咸水水体者，包括低潮时水深不超过6m的水域。

中国湿地面积占世界湿地的10%，亚洲第一，世界第四。在中国境内，从寒温带到热带，从沿海到内陆，从平原到高原山区都有湿地分布，一个地区内常有多种湿地类型，一种湿地类型又常分布于多个地区。1992年，我国加入《关于特别是作为水禽栖息地的国际重要湿地公约》（简称《国际湿地公约》或《湿地公约》，英文缩写为RAMSAR），列入国际重要湿地名录的湿地已达30多处。我国对沼泽、滩涂等湿地研究具有丰富的经验积累，在实践中形成了具有中国特色的湿地分类系统，认为湿地指海洋和内陆常年有浅层积水或土壤过湿的地段。近年中国在湿地保护方面的行动非常积极。2018年，国务院印发《关于加强滨海湿地保护严格管控围填海的通知》，要求加强滨海湿地保护，严格管控围填海活动。2019年，"中国黄（渤）海候鸟栖息地"被列入联合国教科文组织世界遗产名录，也有多处湿地被列入《国际重要湿地名录》。2021年12月，全国人大常委会审议通过《中华人民共和国湿地保护法》，这是中国第一部统筹兼顾湿地保护与生态恢复的法律，国家对湿地实行分级管理及名录制度。该法所称湿地，是指具有显著生态功能的自然或者人工的、常年或者季节性积水地带、水域，包括低潮时水深不超过6m的海域，但是水田以及用于养殖的人工的水域和滩涂除外。2022年11月13日，《湿地公约》第十四届缔约方大会通过中国提议的《加强小微湿地保护和管理》决议，鼓励将符合标准的小微湿地列入《国际重要湿地名录》。上述措施都有助于保持中国湿地丰富的生物多样性，特别是保护六种濒危鹤类，以及从澳大利亚和新西兰迁徙而来的候鸟。

二、湿地特征

1. 生物多样性

由于湿地是陆地与水体的过渡地带，同时兼具丰富的陆生和水生动植物资源，形成其他任何单一生态系统都无法比拟的天然基因库和独特的生物环境，特殊的土壤和气候提供了复杂且完备的动植物群落，它对于保护物种、维持生物多样性具有难以替代的生态价值。

2. 生态脆弱性

湿地水文、土壤、气候相互作用，形成了湿地生态系统环境主要因素。各因素的改变，或多或少导致生态系统的变化。特别是水文受到自然或人为活动干扰时，生态系统稳定性受到一定程度破坏，影响生物群落结构，改变湿地生态系统。

3. 生产力高效性

湿地生态系统同其他任何生态系统相比，初级生产力较高。据测算，湿地生态系统每年平均生产蛋白质 $9g/m^2$，是陆地生态系统的 3.5 倍。

4. 效益的综合性

湿地具有综合效益，既有调蓄水源、调节气候、净化水质、保存物种、提供野生动物栖息地等基本生态效益，也有为工业、农业、能源、医疗等提供大量生产原料的经济效益，同时，还有作为物种研究、教育基地、提供旅游等社会效益。

5. 易变性

易变性是湿地生态系统脆弱性表现的特殊形态之一。当水量减少以至干涸时，湿地生态系统演变为陆地生态系统；当水量增加时，该系统又演化为湿地生态系统。水文决定了湿地生态系统的状态。

三、湿地作用

广阔众多的湿地具有多种生态功能，孕育着丰富的自然资源，被称为"地球之肾"、物种储存库、气候调节器，在保护生态环境、保持生物多样性及发展经济中，具有不可替代的重要作用。

1. 巨大储库

每年汛期洪水到来，众多的湿地以其自身的庞大容积、深厚疏松的底层土壤（沉积物）蓄存洪水，从而起到分洪削峰、调节水位、缓解堤坝压力的重要作用。我国天然湖泊和各类水库调洪能力不下 2000 亿 m^3。长江 22 个通江湖泊尽管面积锐减，容水量仍达 600 多亿 m^3，洞庭、鄱阳两湖蓄洪能力不少于 200 亿 m^3，对于调节长江洪水、消减洪灾依然起着关键作用。同时，湿地汛期蓄存的洪水，汛后又缓慢排出多余水量，可以调节河川径流，有利于保持流域水量平衡。

2. 水源地

湿地之水，除了江河、溪沟的水流外，湖泊、水库、池塘的蓄水，都是生产、生活用水的重要来源。据估算，我国仅湖泊淡水储量就达 225 亿 m^3，占淡水总储量的 8%。有些湿地通过渗透还可以补充地下蓄水层的水源,对维持周围地下水的水位,保证持续供水具有重要作用。

3. 生态环境的优化器

大面积湿地通过蒸发作用能产生大量水蒸气,不仅可以提高周围地区空气湿度,减少土壤水分丧失,还可诱发降雨,增加地表和地下水资源储量。湿地周围的空气湿度比远离湿地地区的空气湿度高 5% 以上,降水量也相对较多。因此,湿地有助于调节区域小气候,优化自然环境,对减少风沙干旱等自然灾害十分有利。湿地还可以通过水生植物的作用,以及化学、生物过程,吸收、固定、转化土壤和水中营养物质含量,降解有毒和污染物质,净化水体,减轻环境污染。

4. 重要的物种资源库

我国湿地分布于高原、平川、丘陵、滩涂等多种地域,跨越寒、温、热多种气候带,生态环境类型多样,生物资源十分丰富。据统计,全国内陆湿地已知的高等植物约 1548种、高等动物 1500 种左右;海岸湿地生物物种约 8200 种,其中,植物约 5000 种,动物3200 种左右。在湿地物种中,淡水鱼类 770 多种,鸟类 300 余种。特别是鸟类在我国和世界都占有重要地位,湿地鸟的种类约占全国的 1/3,其中有不少珍稀物种。世界 166 种雁鸭,我国有 50 种,占 30%;世界 15 种鹤类,我国有 9 种,占 60%,在鄱阳湖越冬的白鹤,占世界总数的 95%。亚洲 57 种濒危鸟类,我国湿地内就有 31 种,占 54%。这些物种不仅具有重要的经济价值,还具有重要的生态价值和科学研究价值。

5. 物产能源基地

广阔多样的湿地,蕴藏丰富的淡水、动植物、矿产及能源等自然资源,可以为社会生产提供水产、禽蛋、莲藕等多种食品,以及工业原材料、矿产品等。湿地水能资源丰富,可以发展水电、水运,增加电力和交通运输能力。许多湿地自然环境独特,风光秀丽,也不乏人文景观,是人们旅游、度假、疗养的理想胜地。此外,湿地还是进行科学研究、教学实习、科普宣传的重要场所。

6. 物质生产

湿地具有强大的物质生产功能,蕴藏丰富的动植物资源。比如,七里海沼泽湿地是天津沿海地区的重要饵料基地和初级生产力来源。七里海在 20 世纪 70 年代以前,水生、湿生植物群落 100 多种,其中具有生态价值的约 40 种。哺乳动物约 10 种,鱼蟹类 30 余种。芦苇作为七里海湿地最典型的植物,苇地面积达 6 万亩❶,具有很高的经济价值和生态价值,不仅是重要的造纸工业原料,也是农业、盐业、渔业、养殖业、编织业的重要生产资料,还能起到防风抗洪、改善环境、改良土壤、净化水质、防治污染、调节生态平衡的作用。另外,随着宁河区大力实施七里海湿地保护修复工程,七里海可利用水面达 3.5 万亩,年产河蟹 2000t 以上,是著名的七里海河蟹的产地。

7. 大气组分

湿地内丰富的植物群落,能吸收大量的二氧化碳气体,并释放氧气。湿地中的一些植物还具有吸收空气中有害气体的功能,能有效调节大气组分。当然,湿地生态环境也会排

---

❶　1 亩 ≈ 666.67m² 。

放甲烷、氨气等温室气体。湿地有很大的生物生产效能，植物在有机质形成过程中，不断吸收 CO_2 和其他气体，特别是一些有害气体。湿地的氧气则很少消耗于死亡植物残体的分解。湿地还能吸收空气中粉尘及携带的各种细菌，起到净化空气的作用。另外，湿地具有很大的吸附能力，能吸附污水中的重金属离子和有害成分。

8. 水分调节

湿地在蓄水、调节河川径流、补给地下水和维持区域水平衡中发挥着重要作用，是蓄水防洪的天然"海绵"，在时空上可分配不均的降水，通过湿地的调节，避免了水旱灾害。沼泽湿地具有湿润气候、净化环境的功能，是生态系统的重要组成部分。其大部分发育在负地貌类型中，长期积水，生长了茂密的植物，其下根茎交织，残体堆积。潜育沼泽一般也有几十厘米的草根层。草根层疏松多孔，具有很强的持水能力，能保持大于自身绝对干重 3~15 倍的水量。不仅能储蓄大量水分，还能通过植物的蒸发，把水分源源不断地送回大气中，增加空气湿度，调节降水，在水的自然循环中起着良好的作用。

9. 净化

湿地像天然的过滤器，有助于减缓水流的速度。当含有毒物和杂质（农药、生活污水和工业排放物）的流水经过湿地时，流速减慢有利于毒物和杂质的沉淀和排除。一些湿地植物能有效地吸收水中的有毒物质，净化水质。湿地能够净化环境，起到排毒的功能。如氮、磷、钾及其他一些有机物质，通过复杂的物理、化学变化被生物体储存起来，或者通过生物的转移（如收割植物、捕鱼）等途径，永久脱离湿地，参与更大范围的循环。湿地中有相当一部分的水生植物包括挺水性、浮水性和沉水性的植物，具有很强的清除毒物的能力。因此，人们常利用湿地植物的这一生态功能来净化污染物中的病毒，有效清除污水中的毒素，达到净化水质的目的。

10. 动物栖息地

湿地复杂多样的植物群落，为野生动物尤其是一些珍稀或濒危野生动物提供良好的栖息地，是鸟类、两栖类动物的繁殖、栖息、迁徙、越冬的场所。水草丛生的湿地环境，为各种鸟类提供了丰富的食物来源和营巢、避敌的良好条件。在湿地内常年栖息和出没的鸟类有天鹅、白鹳、鹈鹕、大雁、白鹭、苍鹰、浮鸥、银鸥、燕鸥、苇莺、椋鸟等约 200 种。有的湿地是西伯利亚和东北地区鸟类南迁越冬的中途站。

11. 局部小气候

湿地可影响小气候。湿地的蒸发作用可保持当地的湿度和降雨量。在有森林的湿地中，大量的降雨通过树木被蒸发和转移，返回到大气中，然后又以雨水的形式降到周围的地区。如果湿地被破坏，当地的降雨量就会减少，对该地区的农业生产将产生不利的影响。有时，附近湿地产生的晨雾可减少土壤水分的丧失。湿地是用自然的、生物的方法来处理污水，使水质得以提升，湿地能调节局部气候，随着湿地的增加，城市的水量平衡会优化，小气候会变得更好。

四、人工湿地

1. 国外相关研究

采用人工湿地技术净化污水始于 1953 年，德国的一位博士在研究中发现芦苇能去除大量有机物和无机物。20世纪70年代末期逐渐发展成为一种独具特色的新型污水处理技术。人工湿地通过过滤、吸附、沉淀、离子交换、植物吸收和微生物分解来实现对废水的高效净化，同时，通过营养物质和水分的生物循环，促进绿色植物生长，实现废水的资源化与无害化。人工湿地污水处理技术具有处理效果好，出水水质稳定，氮、磷去除能力强，运转维护管理方便，工程基建和运转费用低，对负荷变化适应能力强，适于处理间歇排放污水等主要特点。同时，人工湿地对保护野生动物和提高局部地区景观的美学价值均有益处。因此，大力开发人工湿地污水处理技术，对我国水环境污染治理意义重大，前景广阔。

2. 国内有关应用

国内研究起步较晚，直到"七五"期间才开始做较大规模的实验，取得人工湿地工艺特征、技术要点和工程参数等方面的研究成果。从20世纪80年代末开始，先后在天津、北京、深圳、成都和上海建设了人工湿地污水处理工程，并对污水处理的规律及机理进行了系统的研究。21世纪以来，我国在人工湿地污水处理技术及其在工程应用方面取得了较大的进展，目前已有很多座人工湿地投入运行，应用于处理生活污水、市政污水、景观河湖水、工业污水、采矿污水等。这些人工湿地产生了良好的经济和社会效益，为我国的环境保护做出了贡献。

从工程实际的角度出发，按照系统布水方式的不同或水流方式的差异，人工湿地可分为表面流人工湿地、水平潜流人工湿地、垂直潜流人工湿地。我国单一的表面流人工湿地实际工程应用较少，大多是与水平潜流或垂直潜流混合应用。

3. 人工湿地技术特点

人工湿地是一个独特的基质-植物-微生物生态系统。当污水通过系统时，其中污染物质和营养物质被系统吸收、转化或分解，从而使水质得到净化，垂直潜流人工湿地具有独特的结构和水流模式，占地面积相对较小，能长期稳定运行，是一种高效生态治污技术，具有工艺先进、技术可靠、高效节能、简便易行、运行费用低和改善生态环境等优点，为科学、低碳、生态的先进污水处理技术之一。

第二节 城市生态湿地生物多样性

一、湿地生物种类

湿地生态系统中生物种类繁多。由于湿地是陆地与水体的过渡地带，同时兼具丰富的陆生和水生动植物资源，形成了天然基因库和独特的生物环境。特殊的土壤和气候提供了复杂、完备的动植物群落，对于保护物种、维持生物多样性具有难以替代的生态价值。湿地生态系统的生物群落是重要的物种资源库，植物、动物、微生物种类非常丰富，对于保持物种多样性有重要意义。

生物多样性通常有生物种类的多样性、基因（遗传）的多样性和生态系统的多样性。基因（遗传）的多样性是指物种的种内个体或种群间的基因变化，每个物种都是一个独特的基因库，基因的多样性决定了生物种类的多样性。湿地生态系统中斑嘴鸭、小白鹭与水域中鱼类之间是捕食关系，斑嘴鸭、小白鹭都生活在水中，存在竞争关系。例如，小白鹭所在的一条食物链是：水草→鱼→小白鹭。生态系统中的物质和能量沿着食物链和食物网流动。

1. 湿地植物

指生长在水陆交汇处，土壤潮湿或者有浅层积水环境中的植物。湿地植物种类繁多，主要包括水生、沼生、盐生以及一些中生的草本植物，在自然界具有特殊的生态价值，同时也是园林、庭院水景观赏植物的重要组成部分。湿地植物在湿地生境的进化过程中，经历由沉水植物→浮叶植物→浮水植物→湿生（挺水）植物→陆生植物的进化演变过程，而其演变过程与湖泊水体沼泽化进程相吻合。这些湿地植物在生态环境中相互竞争、相互依存，构成了多姿多彩、类型丰富的湿地王国。按照湿地植物的生长特征和形态特征可分为五类。

（1）沼生型植物。湿地中湿生植物种类繁多，如湿生鸢尾类及石菖蒲、海芋、芋类、水八角、水虎尾、芦竹、荻类、稻、野生稻、睡菜、苔草类、慈姑、莎草类、毛茛类等。

（2）挺水型植物。挺水型植物株形高大，直立挺拔，花色艳丽，绝大多数有茎、叶。挺水型植物下部或基部沉于水中，根或茎扎入泥中生长发育，上部挺出水面。挺水型植物如莲、千屈菜、菖蒲、水葱、藤草类、香蒲、芦苇等。

（3）浮叶型植物。浮叶型植物根状茎发达，花大、色艳；无明显地上茎或茎细弱不能直立，体内通常储藏有大量的气体，使叶片或植株能平衡地漂浮于水面上。浮叶型植物如王莲类、睡莲类、萍蓬草类、芡实、苔菜类等。

（4）漂浮型植物。漂浮型植物根不生于泥中，植株漂浮于水面之上，随水流漂泊，多数以观叶为主。漂浮型植物如浮萍、满江红、大漂、槐叶萍、凤眼莲、水蕨等。

（5）沉水型植物。沉水型植物根、茎生于泥中，整个植株沉入水体，通气组织特别发达，利于在水中空气极度缺乏的环境中进行气体交换；叶多为狭长或丝状，植株的各部分均能吸收水中的养分，在水下弱光的条件下也能正常生长发育，但对水质有一定要求，因为水质会影响其对弱光的利用。花小、花期短，以观叶为主。沉水型植物如海菜花类、黑藻类、金鱼藻类、眼子菜类、苦草类、水筛类、水毛茛类、狐尾藻类等。

2. 湿地动物

我国湿地类型多样、分布面积广，孕育了丰富多样的湿地动物；共有湿地兽类 7 目 12 科 31 种；湿地鸟类 12 目 32 科 271 种；爬行类 3 目 13 科 122 种；两栖类 3 目 11 科 300 种。此外，鱼类、甲壳类、虾类、贝类等脊椎和无脊椎动物种类繁多，资源丰富。

（1）湿地鸟类。我国湿地鸟类资源丰富，主要由鹤类、鹭类、雁鸭类、鸻鹬类、鸥类、鹳类等组成，此外尚有少量猛禽和鸣禽，其中有许多珍稀濒危物种。

（2）湿地鱼类。我国大部分河流湿地、湖泊湿地和海岸湿地水温适中，光照条件好，水生生物资源丰富，为鱼类提供丰富饵料，因此鱼类种类多，经济价值高。

（3）湿地两栖类。两栖动物是脊椎动物中从水到陆的过渡类型，除成体结构尚不完全适应陆地生活，需要经常返回水中保持体表湿润外，繁殖时期必须将卵产在水中，孵出的幼小动物还必须在水内生活；有的种类甚至终生在水内生活，所以两栖动物全部归入湿地动物。

（4）湿地爬行类。爬行动物是完全适应陆地生活的真正陆生动物，但其中有一部分种类生活在半水半陆的湿地，是典型湿地种类。

（5）湿地兽类。我国湿地兽类与两栖类和爬行类不同，湿地兽类的品种较多。生活在水中或经常活动在河湖湿地岸边；如白鳍豚、江豚、水獭、水貂等；适合潮湿多水生活条件，如麋鹿、大麝鼩、田鼠等；经常出没湿地兽类，如川西北沼泽的獐、藏原羚，三江平原湿地的狼、黑熊、狍等。

（6）无脊椎动物甲壳类。无脊椎动物甲壳类属于节肢动物门、甲壳纲，是一个比较庞大的动物类群，大部分种类为海产，淡水种类不多。甲壳类不仅种类繁多，而且生态类型多样。按生态习性大体可分为浮游甲壳类和底栖甲壳类两大类，前者一般个体小，适应浮游生活，后者常适应底栖生活。分布在中国海域的甲壳类中，大部分为海产种，淡水种类虽少，但分布很广。

二、湿地生物多样性受损

湿地生态系统的生物资源多种多样，十分丰富，为人类提供了大量动植物产品，并对环境起到了良好的保护作用，但对其开发利用必须保持开发量小于资源的生长、更新量，以实现可持续利用和生态系统的平衡稳定。若在一定时间内滥捕滥采，耗用无度或破坏栖息地，会导致资源退化枯竭或物种消失。我国湿地生物资源的过度利用，以酷渔滥捕导致鱼类资源衰退的问题最严重，鱼类物种日趋单一，种群结构越来越低龄化、小型化。

生物入侵导致湿地劣化。我国已知入侵湿地的外来水生和湿生植物有 10 余种。其中，属恶性杂草的有空心莲子草（水花生）1 种；属区域性恶性杂草的有大藻、凤眼莲（水葫芦）、大米草、互花米草 4 种，其余为一般外来物种。凤眼莲和大米草被认为是全球 100 种最具威胁的外来物种。我国湿地的外来种入侵，导致本地物种多样性不可弥补地消失，湿地生境劣化，降低了湿地的社会价值、经济价值和生态效益，还可能间接危及人类健康。如何有效防止有害生物入侵湿地，保护湿地生态系统的生物及生态安全等问题，将成为湿地环境保护、湿地生物多样性及生态系统可持续发展的重要研究课题。

三、改善湿地生物多样性

1. 我国湿地生物多样性面临的问题

（1）对湿地的盲目开垦和改造。湿地开垦、改变天然湿地用途和城市开发占用天然湿地，是造成我国天然湿地面积削减、功能下降的主要原因。随着湿地面积减少，湿地生态功能明显下降，生物多样性降低，呈现生态环境恶化现象。

（2）湿地污染加剧。湿地环境污染是我国湿地面临的最严重的威胁之一，不仅对生物多样性造成严重危害，也使水质变坏。污染湿地的因子包括大量工业废水、生活污水的排放，油气开发等引起的漏油、溢油事故，以及农药、化肥引起的面源污染等，而且环境污染对湿地的威胁正随着工业化进程的发展而迅速加剧。

（3）生物资源过度利用。我国重要的经济海区和湖泊，酷渔滥捕的现象十分严重，不仅使重要的天然经济鱼类资源受到很大的破坏，而且严重影响着这些湿地的生态平衡，威胁其他水生物种的安全。生物资源的过度利用导致资源下降，致使一些物种趋于濒危。生物资源的过度利用还导致湿地生物群落结构的改变以及多样性的降低。

2. 改善湿地生物多样性措施

（1）建立自然保护区。自然保护区是有代表性的自然系统、珍稀濒危野生动植物的天然分布区，包括自然遗迹、陆地、陆地水体、海域等不同类型的生态系统。自然保护区是对生物多样性的就地保护场所。自然保护区的主要功能是保护自然生态环境和生物多样性，确保生物遗传资源和景观资源的可持续利用，另外，自然保护区还具备科学研究、科普宣传、生态旅游等重要功能。

（2）对珍稀濒危物种实施移地保护。这是在生物多样性分布的异地，通过建立动物园、植物园、树木园、野生动物园、种子库、水族馆、海洋馆等不同形式的保护设施，对比较珍贵的物种、具有观赏价值的物种或其基因实施由人工辅助的保护。这种保护在很大程度上是挽救式的，保护了物种的基因，但这种保护是被动的，可能保护的是生物多样性的活标本。毕竟移地保护利用的人工模拟环境，自然生存能力、自然竞争等在这里无法形成。当然，移地保护可以为异地的人们提供观赏的机会，带来一定的收入，进行生物多样性的保护宣传，在某种程度上可促进生物多样性保护区事业的发展。

（3）生物多样性就地保护。在那些非自然保护区或风景名胜地区，社区贫困是造成自然资源较少和生物多样性下降的最直接原因。在这样的地区，宜发展生态农业、生态旅游产业，通过城乡互动，吸引城市居民主动参与经济落后但生物多样性丰富地区的保护，通过城市消费者的自觉消费带动生物多样性保护。

（4）提高公众对生物多样性保护的意识。除专业人士外，公众对生物多样性的认识水平相对较低。必须针对不同的人群进行生物多样性基本宣传教育。只有公众对生物多样性保护意识提高，才能动员全民力量实施生物多样性保护的相关计划。

3. 湿地生态系统恢复

湿地生态系统恢复工程与技术主要包括自然湿地恢复和人工湿地构建。前者是指通过生态技术或生态工程对退化或消失的湿地（沼泽、湖泊、河流）进行修复或重建，再现干扰前的结构和功能，以及相关的物理、化学和生物学特性，使其发挥应有的作用。主要包括提高地下水位来养护沼泽，改善水禽栖息地；增加湖泊的深度和广度以扩大湖容，增加鱼的产量，增强调蓄功能；迁移湖泊、河流中的富营养沉积物及有毒物质以净化水质；恢复泛滥平原的结构和功能以利于蓄纳洪水，提供野生生物栖息地，同时也有助于水质恢复。后者主要指由人工建造和监督控制，充分利用湿地系统净化污水的能力，利用生态系统中的物理、化学和生物的三重协同作用，通过过滤、吸附、沉淀、离子交换、植物吸收和微生物分解等实现对污水的高效净化。

第三节　城市生态湿地建设技术

一、遵循的原则

《人工湿地水质净化技术指南》实施应遵循四个基本原则。一是准确定位。人工湿地水质净化工程只承担达标排放的污水处理厂出水等低污染水的水质改善任务，而不直接承担治污任务。二是生态优先。优先利用自然或近自然的生态方式提升水的生态品质，坚持选择本土物种。三是因地制宜。根据当地实际情况开展工艺设计。鼓励利用坑塘、洼地、荒地等便于利用的土地和城镇绿化带、边角地等开展人工湿地建设。四是绩效明确。加强进出水监管，明确污染物削减要求。坚持建管并重，健全运行维护机制，保障经费，实现长效运行。

二、水质提升技术

水质提升技术主要包括细分子超饱和溶氧超强磁化技术、底泥矿化修复技术、针对性的水体净化剂、砾间矿化生态湿地技术、硬质河岸改造-生态活性水岸技术等。

1. 细分子超饱和溶氧超强磁化技术

（1）技术概况。该技术是将专利技术与生态系统修复相结合，运用物理化学、电化学、生物化学等多学科先进技术及原理，提升水体的自净能力，从根本上提高水体自身的生命力、免疫力，促进河湖内原有生态系统更好地发挥去除污染物的作用，逐步恢复水体原有的自然生态平衡环境体系，达到净化水体的目的。

（2）技术优势。溶解氧含量可达 $50\,mg/L$ 以上，氧的利用率达 95％以上；占地面积小；不投加任何化学药剂或生物制剂；治理效果显著。

（3）应用范围。黑臭水体治理、地表水水质提升等。

（4）作用效果。快速提高水体中溶解氧含量，减少难降解污染物，改变水体氧化还原状态，削减水体氮、磷等营养物质含量。

2. 底泥矿化修复技术

（1）技术概况。矿化耦合生态演替技术以改性矿物为主体，水体在矿化剂作用下，大幅提升生态系统的自净能力，削减水中污染物浓度，实现消除黑臭的治理目标。同时底泥矿化的矿物粉为一种缓释剂，在较长时间内，对水体起到长效治理的作用。

（2）技术优势。对底泥污染进行削减控制，对环境无影响，不会产生因为清淤造成的二次污染以及运输处理费用，是水生态治理领域的一种先进的环境友好的技术措施。

（3）应用范围。黑臭水体治理、底泥原位治理、地表水水质提升。

（4）作用效果。有效消除黑臭水体，治理藻华，长效改善水质。

3. 针对性的水体净化剂

（1）技术概况。该技术是以沙状沸石为载体，复合菌种而制成的高科技微生物产品。将微生物沉降到底泥表面，以底质污染物和病原菌作为养分，对被污染水体进行消化、分解、净化。

（2）技术优势。即便是很深的河道、湖塘、港湾都可以使用，在流动性水体中微生物也不易被冲走。

（3）应用范围。净化水体，消减淤泥、增加水体溶解氧、提升水体透明度；消除藻华，吸收转化水体中总氮、总磷等富营养物质；去除黑臭，去除水底含有氨、亚硝酸盐、硝酸盐、硫化氢、硫黄合剂等成分。

（4）作用效果。针对性的水体净化剂，沸石载体，不会被水流冲走，海水淡水均可使用，4～6 个月投加一次。

4. 砾间矿化生态湿地技术

（1）技术概况。利用基质-微生物-植物生态系统有效去除水体中的污染物。

（2）技术优势。基质中添加的矿化填料可显著提高湿地对氮、磷等营养物质的去除效率，同时填料中底栖动物仿生巢结构可以有效减缓湿地堵塞，延长湿地运行时间，减小湿地运维成本。

（3）应用范围。污水处理厂尾水提标净化、污染水体水质提升、面源污染拦截净化等。

（4）作用效果。削减水中污染物浓度，使污水处理厂尾水由一级 A 提升到地表水准Ⅳ类水水质标准。

5. 硬质河岸改造-生态活性水岸技术

（1）技术概况。生态活性水岸是国家水体污染控制与治理科技重大专项成果。利用人工湿地和砾间净化的原理，在有限的空间内对入河污水进行净化。

（2）技术优势。生态活性水岸可对已建成的硬质化驳岸进行生态化改造，恢复并增强生态系统基本功能，增加水生植物、小型动物、微生物的活性，遏制藻类生长。

（3）应用范围。地表水水质提升、硬质驳岸改造。

（4）作用效果。可有效净化入河污水，改善硬质渠道化河道，对污染河流起到生态防护作用。

三、湿地生物恢复技术

1. 物种选育技术

植被重建能否成功很大程度上取决于植物种类的选择，常用的湿地植被恢复的植物包括以下几种：①挺水植物：芦苇、茭白、菖蒲、香蒲、水葱、李氏禾等。②浮叶、浮水植物：荇菜、野菱、莲、水鳖等。③沉水植物：金鱼藻、狐尾藻、眼子菜、黑藻、菹草、红线草等。④浮岛植物：多选择根系发达的美人蕉、水葱、旱伞竹等。根据湿地受损情况和环境条件，选择恢复所使用的植物。筛选完植物后，采用组织培养或快速繁殖方法进行培育，生长至一定程度后移植到现场。

2. 物种栽植技术

根据不同的物种和湿地环境特点采用不同的栽植技术。

（1）直接播种技术，可有效模仿自然状态下种子散播过程和苗木自然更新过程，具有成本低、效率高、播种时间弹性强、易于大面积作业等优点，但是竞争力较低。

（2）繁殖体移植技术，针对无性繁殖的植物物种，使用根或者茎作繁殖体直接移植栽种，能有效提高移植成活率。该技术需要较长的工作时间，成本较高。

（3）裸根苗移植技术，裸根苗移植与直接播种相比，受杂草竞争、啮齿动物、草食动物及浅水水涝的影响较低，具有容易监测、成功率高和初期生长快等优势，但适宜的种植季节较短。

（4）容器苗移植技术，具有培养时间短、种子利用率高、可以为苗木嫁接菌根、可在生长季节种植、成功率高等优势，但成本高、费时、操作困难、难以大规模种植。

（5）草皮移植技术，利用未受到干扰区域的原始植被，移植到受损或退化的湿地中，使其作为先锋种恢复湿地植被。

3. 种子库技术

种子库作为重要的用于植被恢复的工具，具有区域特有的物种组成和遗传特性，能够使用自身资源恢复退化或受损湿地的植被，并对维持物种多样性具有十分重要的意义。主要包括两种方法。

（1）直接利用本地土壤或基质中残留的种子库以及从附近环境相似的地区移植种子库。

（2）把含有种子库的土壤通过喷洒等手段覆盖于受损湿地表层，然后利用土壤中存在的种子完成湿地植被的修复和重建。

4. 水生植物恢复技术

被污染的水体的水生生物群落重新营造时，应选择抗污染和对水污染具有生态净化功能的植物群落。为水生植被的恢复创造适宜的环境条件，利用多样化的技术方法，适度恢复水生植被，同时合理配置水生植被的群落结构。主要包括沉水植物恢复技术、挺水植物恢复技术和浮叶植物恢复技术。

（1）沉水植物恢复技术。包括生长床-沉水植物移植技术、浅根系沉水植被恢复技术和深根系沉水植被恢复技术。

（2）挺水植物恢复技术。首先要对基底进行改造，做平整处理后再进行地形地貌再造，引入先锋物种，改善环境条件，逐步营造其他挺水植物群落。

（3）浮叶植物恢复技术。浮叶植物生长和生存对水质和光照无特殊要求，可直接种植或移栽。

5. 种植密度控制技术

结合整地程度、种植效率、物种特性、物种存活率等因素，通过估计，根据目标植被覆盖率确定当前所需的植物密度。

6. 种群竞争控制技术

主要有两种：耕作和除草剂。

（1）耕作主要是对进行恢复的湿地进行翻地，可以显著提高湿地阔叶苗林木的生存率和生长力。

（2）除草剂能够有效抑制草本植物间的竞争。一般在种植前采取控制措施，其他措施如整地、施肥、控制食草动物破坏等，需根据恢复地的环境条件决定是否采取。

7. 造林技术

除种植水生植物恢复湿地植被外，还应尽量栽种防护林，可以减缓风速，降低水分蒸发量，拦截污染物，涵养水源，为野生动植物提供适宜的栖息环境。防护林的宽度一般以30～50m为宜。可采用滴灌技术、保水剂技术、集水造林技术、加深土壤熟化层技术、秸秆和地膜覆盖造林技术等方法，提高种植的成活率。

8. 群落空间配置技术

根据湿地的形态、底质、水环境乃至气候等多重条件来确定群落的水平及垂直结构，复合搭配各类生活型的植物物种，丰富物种多样性，加强群落的稳定性，提高群落的适应力。主要包括物种多样化模式、优势种主导模式、水质净化型模式以及景观功能型模式。

（1）物种多样化模式。挺水、湿生、浮叶、沉水、漂浮等湿地植物依序构成湿地恢复区植被系统的组成部分，并逐步形成一个有机和谐统一的组合体，各组成部分比例协调，景观层次和色彩丰富。如挺水植物主要包括芦苇、菰、香蒲、旱伞竹、蘼草、水葱等，湿生植物主要包括斑茅、红蓼、野荞麦等，浮叶植物主要包括睡莲、荷花、芡实等，沉水植物主要包括竹叶眼子菜、黑藻、穗状狐尾藻等，漂浮植物主要包括水葫芦、浮萍、豆瓣菜等。

（2）优势种主导模式。优势种在湿地恢复区起主导作用，是植被恢复工程的主体部分，也是湿地景观的特色部分，其他物种为伴生物种。如在水产池塘中以大片荷花种植形成景观，点缀香蒲、茭白和水葱。

（3）水质净化型模式。以净化功能较强的湿地植被为主，水域内点缀少量其他水生植物，主要以保持水质良好，水体透明为主。如芦苇、香蒲为主，点缀睡莲、浮萍等。

（4）景观功能型模式。主要用于水边、驳岸、水面、堤、岛的植物配置等。配置时要考虑物种搭配和生态功能，做到观赏功能和水体自净功能统一协调。物种搭配应主次分明，高低错落，符合各水生植物对生态环境要求。如种植芦苇、水葱，搭配千屈菜、鸢尾、香蒲、菖蒲、慈姑等，形成多色彩的湿地植被景观。

9. 水文环境变化配置技术

（1）常水位以上滩地植被带恢复配置模式，以种植低矮湿生植物的幼苗为主，如斑茅、红蓼、野荞麦等。

（2）常水位以下植被带恢复配置模式，以种植高大挺水植物的幼苗或繁殖体为主，如芦苇、香蒲、水葱等。

（3）滨水带植被恢复配置模式，以种植湿生灌木繁殖体或幼苗为主，如旱柳、天目琼花、灌木柳、榆树等。

（4）隔离带植被配置模式，以种植高大乔木和灌木为主，如杨树、刺槐、柳树、君迁子等。

（5）固坡及护岸植被带配置模式，以种植根系发达的灌木为主，如紫穗槐、红瑞木、丝棉木等。

10. 植被带恢复技术

进行植被带恢复时，先在所选区域进行先锋水草带建设，通过选用新型、高效的人工载体，将先锋植物放置在选定的区域中作为生态基，改善水体环境。

11. 群落镶嵌组合技术

根据植物种群的特性，将不同生态类型的种群斑块有机镶嵌组合，构成具有一定时空分布特征的群落，使不同季节均有植物存活生长并充分发挥其生态功能，综合考虑不同季节物种镶嵌组合栽植以及乔木、灌木、草本植物间的配置比例。

四、湿地生境恢复技术

1. 基底恢复技术

通过工程措施，维护基底的稳定性，稳定湿地面积，并对湿地的地形、地貌进行改造。基底恢复技术包括湿地及上游水土流失控制技术、湿地基底改造技术等。主要应用于土壤较贫瘠或缺少壤质土的退化湿地的恢复。通过工程措施对营养贫瘠区域回填壤质土，增强湿地基质储存水分和营养物质的能力，为植被提供良好的营养条件，为鸟类等动物提供栖息地。

湿地基质恢复技术主要包括分层回填、种植坑回填和种植槽回填三种技术。

（1）分层回填技术是在土壤贫瘠的开阔区，分层回填符合湿地植被生长要求的土壤，恢复湿地基质。

（2）种植坑回填技术是在恢复区范围内，挖掘不同规格的种植坑回填壤土，恢复湿地基质。

（3）种植槽回填技术是在土壤贫瘠的岸带，挖掘种植槽，回填壤土，恢复湿地基质。

2．湿地水文恢复技术

湿地水文恢复技术包括湿地水文条件的恢复和湿地水环境质量的改善。湿地水文条件的恢复通常是通过筑坝抬高水位、修建引水渠等水利工程措施来实现。湿地水环境质量的改善技术包括污水处理技术、水体富营养化控制技术等。由于水文过程的连续性，必须加强河流上游的生态建设，严格控制湿地水源的水质。

3．湿地水域恢复技术

湿地水域恢复技术应用于水文条件遭到破坏的退化湿地。主要是通过工程措施对水体形状、规模、空间布局进行调整，稳定水域面积，优化湿地恢复区域内水资源分配格局，重新建立水体间良好的水平联系和垂直联系，改善湿地生态环境，保证湿地生态系统营养物质的正常输入输出，调节湿地生物群落的水分条件。

湿地水域恢复技术主要包括扩挖小水面、沟通小水面、局部深挖和区域滞水四种技术。

（1）扩挖小水面技术是对太小水面的岸边进行挖掘，扩大水面浸润区域，增加淹水面积。

（2）沟通小水面技术是通过对相邻的太小水面进行连通，增强水体间自然渗透，增加水体连通性和稳定性。

（3）局部深挖技术是对水体较浅的区域进行局部深挖，增强垂直方向的水文连通，增加湿地局部水量。

（4）区域滞水技术是在区域下游地带修建小型滞水、留水设施，控制水的流失，增加区域水体面积以及水量的稳定性。

4．湿地生态水位优化技术

根据湖泊湿地的功能要求、水环境状况，综合确定湖泊湿地水位优化调度和水环境控制的目标。以水资源供需分析为手段，对各种可行的水资源配置方案进行生成、评价和比选，兼顾水资源、水生态、水环境保护目标，制定与防洪、用水安全相适应的流域水资源优化配置方案，维持合理的湖泊湿地生态水位。

5．湿地土壤恢复技术

湿地土壤恢复技术包括退耕还湿与生态农业技术、坡面工程技术等。

（1）退耕还湿与生态农业技术是指将被开垦的湿地退耕还湿，减少对环境的破坏，显著增加土壤肥力，增强湿地植物的生长能力。对于无法还湿的区域，鼓励发展生态农业，降低农业生产过程中产生的污染和对环境造成的危害。

（2）坡面工程技术是在坡面挖设水平沟和鱼鳞坑，能够改善微地形，拦截地表径流，提高土壤含水量，为植物的恢复提供合适的环境。

6. 湿地地形改造技术

湿地地形改造技术应用于退化湿地地形的改造，营造湿地生物生存的适宜环境。主要通过工程措施削低过陡或过高的地貌、平整局部地形（适合鸟类等需要）、营造生境岛、规整小型水面的形状，改善和营造湿地植被和水鸟的生存环境，增加湿地生境的异质性和稳定性。湿地地形改造技术主要包括营建浅滩湿地、规整小型水面和营造生境岛。

（1）营建浅滩湿地技术是通过对临近水面起伏不平的开阔地段进行局部土地平整，削平过高的地势，营造适宜湿地植被生长和水鸟栖息的开阔环境。

（2）规整小型水面技术是通过规整小型水面的形状，增加湿地的稳定性。

（3）营造生境岛技术是针对不同种类水鸟的栖息环境要求，基于原有的地形条件，在岸边一定距离的开阔水面营造适宜水鸟栖息的岛屿。

7. 湿地岸坡恢复技术

湖泊湿地岸坡恢复技术与岸坡条件关系密切，不同的坡度、坡高、岸坡物质等条件直接影响采用何种恢复措施。根据湿地岸坡护坡采用的技术手段和护坡材料的差异，湿地岸坡护坡分为木桩护坡，块石护坡，生态砖、生态混凝土护坡，生态袋护坡，植物护坡，生物工程护坡等。

五、湿地生态系统结构和功能恢复技术

湿地生态恢复技术的研究，急需针对不同类型的退化湿地生态系统，对湿地生态恢复的实用技术进行研究，如退化湿地生态系统恢复关键技术，湿地生态系统结构与功能的优化配置与重构及其调控技术，物种与生物多样性的恢复与维持技术等。

生态系统自我平衡技术。生态系统是否能够健康稳定发展依赖于生态系统结构与功能是否完整。在所有因素中，生态链（食物链）的完整性是维持自我平衡的关键。因此，湿地修复的同时，应注意选择一些附生功能菌比较丰富的土著物种，提高系统对自身生物残体的降解能力，同时在栽植水生植物时需要注意每类植物的密度，为底栖动物、鱼类留出空间，维护生态系统的平衡。

六、人工生态浮岛固定安装技术

1. 单元组拼接

将两浮岛单元模块的立面整齐相对，接触面用3～5条自锁式尼龙束带捆绑。为了充分发挥尼龙束带柔韧的特性，不可捆绑过紧，需要保留一定的柔韧空间，这样有利于保持浮岛的稳定性和整体性。浮岛可根据实际需要，通过多个浮岛单元的拼装摆放成任意外形，如汉字、字母、花型、数字等。

2. 摆放水生植物

将组装好的浮岛载体设置在便于操作的水体岸边，并用绳索暂时固定，再按照浮岛植物设计图案要求，将各种植物依次摆放（容器苗）或栽种（裸根苗）到浮岛载体预先设置

的种植穴中。浮岛植物并非必须使用水生或湿生植物，许多陆生花卉也可作为良好的浮岛植物素材，在节日庆典或遇有特殊要求时，可以使用陆生鲜花布置浮岛，摆放出绚丽多彩的各种文字或图案，但必须在容器内另增加垫层，避免陆生花卉根系被全株淹没。

3. 生态浮岛固定安装

将制作好的浮岛按照景观整体布局要求牵引到预定位置加以固定，浮岛锚泊定位有以下两种方法。

（1）重力沉水式固定。将预先浇注好的压重混凝土块或者沉沙袋放于水底，每个压重固定点的重物根据浮岛面积大小等实际情况，一般最低不得小于 200kg，然后用尼龙绳索与浮岛连接固定。重力沉水式固定多用于北方城市园林景观水系，因为园林景观水系中设置人工生态浮岛，一般偏重景观效果。这种水域的水位、水流、风速等自然因素相对平和稳定，浮岛定位受外力作用影响较小。重力沉水式固定可以使牵引绳索沉于水面之下，不影响观赏效果。另外，北方城市一般水源较缺乏，在设计水景观时多数采取防渗漏措施，这种方法可以保证不破坏原有防水防护层。

（2）驳岸锚固式固定。驳岸锚固式固定，主要用于天然湖泊、河流等自然水域中的人工生态浮岛的固定。此类水域中安装人工生态浮岛的主要目的，是为了水体的生态治理。天然河流、湖泊一类水系一般远离城市繁华区域，有天然水源补给，大多数没有做过防渗处理。这类水域的水位、水流等水文情况和自然气候条件比较复杂，加之主要用于水体生态治理的浮岛多数采用生长迅速、植株高大的植物品种，更易遭受风力的影响。因此，在浮岛安装固定时，必须充分考虑自然因素，尽量采用更为牢固的方式固定。将组装好的浮岛运送到设计位置，将浮岛固定点尼龙绳拉到岸边，按垂直方向在岸边固定木桩或水泥预制桩做成地锚，然后用尼龙绳索固定。每个固定点绳索根据水域涨落情况及水域流速，预留绳索长度浮动量。

第四节 城市生态湿地保护

一、湿地保护概述

2014 年，我国将湿地保护工作纳入各级党委、政府的政绩考核。近年我国湿地人为占用、破坏的现象逐渐减少，湿地生态系统涵养水源、净化水质、保护生物多样性、蓄洪抗旱、固碳等功能得到更好发挥。

二、湿地保护意义

湿地不但具有丰富的资源，还有巨大的环境调节功能和生态效益。各类湿地在提供水资源、调节气候、涵养水源，均化洪水、促淤造陆、降解污染物，保护生物多样性和为人类提供生产、生活资源方面发挥了重要作用。

1. 生态效益

（1）维持生物多样性。依赖湿地生存、繁衍的野生动植物极为丰富，有许多是珍稀特有的物种。湿地是生物多样性丰富的重要地区和濒危鸟类、迁徙候鸟以及其他野生动物的栖息繁殖地。湿地是重要的遗传基因库,对维持野生物种种群的存续、筛选和改良具有商品意义的物种,均具有重要价值。我国利用野生稻杂交培养的水稻新品种,具备高产、优质、抗病等特性,在提高粮食生产方面产生了巨大效益。

(2)调蓄洪水,防止自然灾害。湿地在控制洪水,调节水流方面功能十分显著。湿地在蓄水、调节河川径流、补给地下水和维持区域水平衡中发挥重要作用,是蓄水防洪的天然"海绵"。我国降水的季节分配和年度分配不均匀,通过天然和人工湿地的调节,储存来自降雨、河流过多的水量,从而避免发生洪水灾害,保证工农业生产有稳定的水源供给。此外,湿地的蒸发在附近区域制造降雨,使区域气候条件稳定,具有调节区域气候作用。

(3)降解污染物。工农业生产和人类其他活动以及径流等自然过程带来农药、工业污染物、有毒物质进入湿地,湿地的生物和化学过程可使有毒物质降解和转化,使当地和下游区域受益。

2. 经济效益

(1)提供丰富的动植物产品。我国鱼类和水稻产量都居世界第一位。湿地提供的莲、藕、菱、芡及浅海水域的一些鱼、虾、贝、藻类等是富有营养的副食品。有些湿地动植物还可入药。许多动植物是发展轻工业的重要原材料,如芦苇是重要的造纸原料。湿地动植物资源的利用间接带动加工业的发展。我国的农业、渔业、牧业和副业生产在相当程度上要依赖于湿地提供的自然资源。

(2)提供水资源。水是人类不可缺少的生态要素,湿地是人类发展工业、农业生产用水和城市生活用水的主要来源。我国众多的沼泽、河流、湖泊和水库在输水、储水和供水方面产生巨大效益。

(3)提供矿物资源。湿地中有各种矿砂和盐类资源。我国青藏等地区的碱水湖和盐湖,分布相对集中,盐的种类齐全,储量极大。盐湖中,不仅赋存大量食盐、芒硝、天然碱、石膏等普通盐类,而且还富集硼、锂等多种稀有元素。我国一些重要油田,大都分布在湿地区域,地下油气资源开发利用在国民经济中的意义重大。

(4)能源和水运。湿地能够提供多种能源,水电在我国电力供应中占有重要地位,水能蕴藏量占世界第一位,达 6.8 亿 kW,有巨大的开发潜力。我国沿海多河口港湾,蕴藏巨大的潮汐能。从湿地中直接采挖泥炭用于燃烧,湿地中的林草作为薪材,是湿地周边农村中重要的能源来源。湿地有重要的水运价值,沿海沿江地区经济的快速发展,很大程度受惠于此。

3. 社会效益

(1)观光与旅游。湿地具有观光、旅游、娱乐等美学方面的功能,我国许多重要旅游风景区都分布在湿地区域。滨海的沙滩、海水是重要的旅游资源,还有不少湖泊因自然景色壮观秀丽而吸引人们,成为旅游和疗养胜地。尤其是城市中的湿地,在美化环境、调节气候、为居民提供休憩空间方面有重要的社会效益。

(2)教育与科研价值。湿地生态系统、多样的动植物群落、濒危物种等,在科研中都有重要地位,为教育和科学研究提供对象、材料和试验基地。一些湿地保留生物、地理等方面演化进程的信息,在研究环境演化、古地理方面有重要价值。

三、湿地保护保障不足

湿地保护需要大量投入，目前，资金保障有的不到位；有的湿地保护管理机构、管理人员、专业人员不足；湿地保护的科技支撑相对薄弱，基础和应用研究不够；有些地区湿地权属、面积、功能区划、资源状况等基本资料数据缺失，没有建立基本数据库；生态监测评估体系和相关的保护管理政策、机制尚需完善等。

四、湿地保护对策与建议

1. 加强湿地保护基础研究

将湿地纳入自然保护地管理体系，逐步形成以国家公园为主体、自然保护区为基础、湿地自然公园为补充的保护地分类系统。修订完善湿地保护规划，以具有典型性和集中连片的湿地为主，有序推进湿地科学研究，开展本底调查，摸清家底，丰富湿地保护基础数据、资料，建立湿地数据库，为湿地保护提供科技支撑。规划适合湿地的保护措施和项目，确立重点科技攻关项目和重点湿地保护修复工程，纳入政府财政预算。加强各级湿地保护管理机构的能力建设，开展湿地生态监测，提升影响湿地生态系统健康的水量、水质、土壤、野生动植物等的监测水平，建立完善湿地监测评估体系。

2. 完善专业化队伍

在与任务职能相匹配的前提下，配置相应机构和人员。建立健全专业人才培养机制。在重要湿地探索设立湿地管护公益岗位，聘用湿地管护人员，创新湿地保护管理模式。

在湿地管理中应注重水资源协调管控。建立实行湿地生态效益补偿机制和湿地保护基金，使湿地保护有稳定的资金来源。通过法定程序，按生产生活实际用水量收取水源地保护费，用于湿地保护建设。加快推进建立湿地资源资产产权制度，将湿地产权纳入自然资源产权统一登记，明晰所有权和使用权。逐步建立布局合理的湿地保护管理体系。

3. 持续推进污染防治

以全面推进污染防治攻坚战为契机，控制点源污染，加大源头治理，监督湿地汇水区内污染企业全部达标排放。严格控制汇水区农牧业生产中农药化肥使用量，有序推进乡村生活污水处理达标排放，减少面源污染对湿地的影响。

4. 加强湿地保护管理

将重要湿地纳入生态保护红线予以严格保护，并纳入绿色发展指标体系。严格落实河湖长制，完善湿地保护责任体系，依法科学设定河长、湖长职权和责任。落实任期生态环境责任制，将湿地存量、自然湿地保护率、湿地生态状况等保护成效指标纳入生态文明建设目标评价考核制度体系，建立健全奖励机制和终身追责机制，强化地方各级政府对湿地保护的主体责任。

5. 加强湿地水环境监测

湿地水环境监测涉及范围广、类型多，应充分利用遥感、全球定位系统、地理信息系统（3S技术）和专家预测预报系统，采用宏观与微观、点与面、空中与地面、固定监测与连续观测等相结合的监测方法。湿地水环境监测要参照相关技术规程或指南等相关内容。

6. 保护湿地资源与"双碳"

湿地是全球重要自然生态系统之一，也是自然生态空间的重要组成部分。作为地球上最高效的碳汇，对于吸收大气中的温室气体，减缓全球气候变暖，助力我国实现碳达峰、碳中和目标具有重要作用。开展湿地保护和修复，能增加其强大的固碳功能，对于做好碳达峰、碳中和工作，加快生态文明建设有重要作用。

保护好湿地资源，做好碳达峰、碳中和工作，要找准把握新发展阶段、贯彻新发展理念、融入新发展格局、实现高质量发展的切入点和发力点，牢固树立绿水青山就是金山银山理念，坚定不移走生态优先、绿色低碳的高质量发展之路，努力实现碳达峰、碳中和目标，各级地方政府需要因地制宜、精准施策，采取有效措施保护湿地。

（1）建立健全湿地保护政策。立足湿地资源禀赋、区位比较优势、国家优惠政策，用活用足国家对湿地保护的政策法规，制定并实施湿地保护的专项规划、规章制度。坚持全面保护，突出功能定位，完善湿地保护分级管理体系，实行湿地名录动态管理。合理划定湿地面积管控目标，将湿地保护绩效纳入干部考核任用的重要指标，建立湿地破坏责任追究制度。健全湿地保护补助标准动态调整机制，完善多渠道投入补偿机制，开展湿地科普宣传教育。

（2）加快构建科学的湿地生态补偿标准体系和评估制度。将建立湿地生态补偿制度纳入生态文明制度建设的重要组成部分，结合实际，综合考虑区域经济发展水平、湿地生态资源禀赋、地方政府财政支付能力等多个因素，结合湿地周边公众对湿地生态价值认识水平、湿地生态补偿（支付）意愿能力、区域湿地生态补偿的迫切程度等，构建完善湿地生态补偿标准体系。同时，建立基于专家打分法、德尔菲法、主成分分析法等主客观赋权法为基础的系数来动态调整、修正完善评估体系，得出较为准确、合理的湿地生态补偿评估结果。

（3）探索推进碳汇市场基础建设。深挖湿地碳汇经济价值，推广应用先进地区开展生态系统碳汇建设的经验与做法，努力寻求国家层面在政策、资金、人才、体制等方面更多的支持帮助。扎实做好湿地碳汇市场、碳汇金融等基础理论、技术方法研究以及碳汇市场基础设施建设、数据核查等工作。教育培养一批符合我国生态环境保护所需的人才队伍，为做好碳达峰、碳中和工作提供人才支撑和智力保障。

复 习 思 考 题

1. 人工湿地技术特点是什么？

2. 改善湿地生物多样性措施有哪些？

3. 《人工湿地水质净化技术指南》实施应遵循哪四个基本原则？

4. 简要谈谈湿地保护的意义是什么？

5. 小组情景讨论：作为某湿地生态公园的技术负责人，需要让湿地生物恢复，你与另 2 名小组成员需要做哪些事？

案例 10   E 市沙河湾湿地公园

第十一章　城市临海水环境管理

第一节　城市临海水环境概述

一、海洋生态环境系统

海洋是地球的主体、生命的摇篮、人类文明的源泉。地球表面分为陆地和海洋。如以大地水准面为基准，陆地面积约占地表总面积的 3/10；海洋面积约占地表总面积的 7/10。世界大洋通常被分为太平洋、大西洋、印度洋和北冰洋。浩瀚的海洋蕴藏着十分丰富的海洋生物资源，有人曾经测算，海洋向人类提供食物的能力，相当于全世界陆地耕地面积所提供食物的 1000 倍左右。

海洋环境指地球上广阔的海和洋的总水域。包括海水、溶解和悬浮于海水中的物质、海底沉积物和海洋生物，是人类的资源宝库。随着人类开发海洋资源的规模扩大，海洋环境已日益受到人类活动的影响和污染。与大陆环境相比，海洋环境有着明显的特点。海水的温度比大陆低，而且变化较小。含盐度是海水的重要特征之一，正常海水的含盐度为3.5%。海洋的不同地带氧的含量不同，有氧化条件也有还原条件。这与大陆上多氧化条件、多淡水环境的特点有差别。海洋按海水深度及地形可进一步划分为滨海、浅海、半深海和深海四个环境分区。波基面以上称滨海区或海岸带，水动力条件、水介质条件及海底地貌，均很复杂。浅海是指波基面以下至水深 200m 的陆相区，这里地形平坦，坡度很小。浅海之外的半深海是坡度很大的大陆坡，具有起伏大、坡度陡、呈阶梯状下降的特点。大陆坡的地形崎岖，并有纵深的水下峡谷，斜坡的坡脚可达 2000m 水深。再向外则为深海大洋盆地，地形比较平坦。海洋的各种性质及海洋的各个环境，对于各类海洋生物及沉积物的存在和分布都有着重大的影响。

我国位于亚洲大陆的东南部，雄踞北太平洋西侧，大陆岸线总长度达 1.8 万 km 之多，管辖海域面积约 300 万 km²。邻近海域陆架宽阔，地形复杂，纵跨温带、副热带和热带三个气候带，四季交替明显，沿岸径流多变，具有独特的区域海洋学特征。我国海洋生物多样性丰富，近岸海域具有红树林、珊瑚礁、滨海湿地、海草床、海岛、海湾、入海河口等多种类型海洋生态系统。海洋生态系统是最重要的生态系统，影响全球生态系统的稳定与安全，人类生存及其经济、政治、文化和社会发展均与海洋息息相关。海洋生态环境在支撑社会经济发展的同时，承受着巨大的压力。

二、入海口水环境

入海口是指河、川流入海里的入口，即淡水和海水混合的区域，一部分地域为陆地，一部分为大海。随着河水带到海里的泥沙沉淀在海底，在入海口形成三角洲、海滩等。入海口区域是淡水和海水交融的地方，盐分浓度变化无常。根据海洋的潮汐周期、潮差和河川的流量变动，淡水和海水混合的水域范围不同，从地理上区分并不很明确。入海口地域的盐分浓度被从河里流入的淡水稀释，形成比淡水浓度高、比海水浓度低的状态。

入海口有淡水鱼、淡水和海水混合区域生活的鱼和在海水里生活的鱼等各种鱼，入海口的生物多样性可见一斑。该区域有盐分浓度不同的栖息处，有很多适合这种环境的动植物在其中生活。入海口海滩周边生长着芦苇等盐性植物，风景优美，食物丰富，有很多候鸟及动植物在此栖息，如长江入海口、黄河入海口等。

系统构建具有拦蓄、补源和生态保护等多种功能的工程体系，创造"河道层层拦补、污水集中处理、湿地系统净化"的入海口流域水生态综合治理模式，加强对流域污水的收集处理，成为保护海洋生态环境的重要举措。完善的污水处理体系，助推入海口水环境有效改善；有序的生态河道治理，促进入海水资源不断增加；合理的生态湿地建设，提升水资源循环利用。结合实际，推动人工湿地建设，在有条件的污水处理厂达标尾水排放口、河道岸线处，建设人工湿地，进一步削减入河污染物，保护海洋入海口水生态环境。

三、海洋污染

海洋污染是海洋环境恶化的一个突出问题。1982年《联合国海洋法公约》对海洋污染定义为：人类直接或间接把物质或能量引入海洋环境，其中包括河口港湾，以致造成或可能造成损害生物资源和海洋生物，危害人类健康，妨碍包括捕鱼和海洋其他正当用途在内的各种海洋活动，损坏海水使用质量和伤及环境美观等有害影响。按此定义，海洋污染物指污染海洋的物质或能量，如石油及其炼制品、重金属、农药、放射性物质、热废水、固体废弃物、病原生物等。海洋空间广阔，有人认为海洋有无限的自净能力，但海洋科学研究表明，海洋环境也是强度有限的生态系统，因为海洋互相沟通，动力因素极其复杂，局部海域污染也可能逐渐波及全球，甚至可能对全球生态环境产生长期危害。

海洋污染通常是指人类改变了海洋原来的状态，使海洋生态系统遭到破坏。有害物质进入海洋环境而造成的污染，会损害生物资源，危害人类健康，妨碍捕鱼和人类在海上的其他活动，损坏海水质量和环境质量等。海洋面积辽阔，储水量巨大，长期以来是地球上最稳定的生态系统。由陆地流入海洋的各种物质被海洋接纳，而海洋本身却没有发生显著的变化。近年随着世界工业的发展，海洋的污染也日趋严重，使局部海域环境发生了很大变化，并有继续扩展的趋势。

1. 分类

根据来源、性质和毒性，海洋污染可分为以下几类：一是石油及其产品。二是金属和酸、碱，包括铬、锰、铁、铜、锌、银、镉、锑、汞、铅等金属，磷、砷等非金属，以及酸和碱等，它们直接危害海洋生物的生存并影响其利用价值。三是农药，主要由径流带入海洋，对海洋生物产生危害。四是放射性物质，主要来自核爆炸、核工业或核舰艇的排污。五是有机废液和生活污水，由径流带入海洋，极严重的可形成赤潮。六是热污染和固体废弃物。主要包括工业冷却水和工程残土、垃圾及疏浚泥等。前者入海后能提高局部海区的水温，使溶解氧的含量降低，影响生物新陈代谢，甚至使生物群落改变，后者可破坏海滨环境和海洋生物的栖息环境。

2. 特点

海洋污染的特点是污染源多、持续性强，扩散范围广，难以控制。海洋污染造成的海水浑浊严重影响海洋植物的光合作用，影响海域的生产力，危害鱼类。重金属和有机化合物等有毒物质在海域中累积，并通过海洋生物的富集作用，对海洋动物和以此为食的其他动物造成毒害。石油污染在海洋表面形成面积广大的油膜，阻止空气中的氧气向海水中溶解，同时石油的分解也消耗水中的溶解氧，造成海水缺氧，对海洋生物产生危害，并祸及海鸟和人类。好氧有机物污染引起的赤潮，造成海水缺氧，导致海洋生物死亡。海洋污染还会破坏海滨旅游资源。因此，海洋污染已经引起国际社会越来越多的重视。

由于海洋的特殊性，海洋污染与大气、陆源污染有很多不同，其突出的特点：一是污染源广，不仅人类在海洋的活动可以污染海洋，而且人类在陆地和其他地方所产生的污染物，也将通过江河径流、大气扩散和雨雪等降水形式，汇入海洋。二是持续性强，海洋是地球上地势最低的区域，不可能像大气和江河，通过一次暴雨或一个汛期，使污染物转移或消除。一旦污染物进入海洋，很难再转移出去，不能溶解和不易分解的物质在海洋中越积越多，往往通过生物的浓缩作用和食物链传递，对人类造成潜在威胁。三是扩散范围广，全球海洋是相互连通的一个整体，一个海域污染了，往往会扩散到周边，甚至有的后期效应还会波及全球。四是防治难、危害大。海洋污染是积累的过程，不易及时发现，一旦形成污染，需要长期治理才能消除影响，且治理费用大，造成的危害会影响各方面，特别是对人体产生的毒害，更难以彻底清除。

3. 污染因素

（1）陆源污染。通过入海河流等途径进入海洋。沿海农田施用化学农药，在岸滩弃置、堆放垃圾和废弃物，也可以对环境造成污染损害。

（2）船舶污染。海里的船舶由于各种原因，向海洋排放油类或其他有害物质。船舶污染主要是指船舶在航行、停泊港口、装卸货物的过程中对周围水环境和大气环境产生的污染，主要污染物有含油污水、生活污水、船舶垃圾，也将产生粉尘、化学物品、废气等。

（3）海上事故。船舶搁浅、触礁、碰撞以及石油井喷和石油管道泄漏等。

（4）海洋倾废。向海洋倾泻废物以减轻陆地环境污染的处理方法。通过船舶、航空器、平台或其他载运工具向海洋处置废弃物或其他有害物质，也包括弃置船舶、航空器、平台和其他浮动工具。

（5）海岸工程建设。一些海岸工程建设改变了海岸、滩涂和潮下带及其底土的自然性状，破坏了海洋的生态平衡和海岸景观。

4. 污染监测

海洋污染监测包括水质监测、底质监测、大气监测和生物监测等。分为沿岸近海监测和远洋监测，前者因海域污染较重且复杂多变，设立的监测站较密，各站项目齐全且每月至少监测 1 次；后者主要测定扩散范围广，因海上倾废或因事故泄入海洋的污染物质，通常设站较稀，监测次数较少。此外，还有利用生物个体、种群或群落对污染物的反应以判断海洋环境污染情况的。

海洋污染监测方法可分为常规监测和遥感监测。常规监测是指现场人工采样、观测、室内化学分析测试及某些相关项目的现场自动探测。遥感监测则指利用遥感技术监测石油、温排水和放射性物质的污染。主要仪器设备有：用于航空遥感的红外扫描仪、多光谱扫描仪、微波辐射计、红外线辐射计、空中摄影机和机载测试雷达等。此外，还有远距离操纵的自动水质监测浮标。人造地球卫星也广泛用于海洋污染监测。

四、海洋环境标准

海洋环境标准指确定和衡量海洋环境好坏的一种尺度。它具有法律的约束力，一般分为三类，即海水水质标准、海洋沉积物标准和海洋生物体残毒标准。制定标准时通常要经过两个过程。首先，要确定海洋环境质量的基准，掌握环境要素的基本情况，一定阶段内海水、沉积物中污染物的种类、浓度和生物体中各种污染物的残留量。考察不同环境条件下，各种浓度的污染物的影响，并选取适当的环境指标，确定基准。其次，标准的确定要考虑适用海区的自净能力或环境容量，以及该地区社会、经济的承受能力。

五、减污降碳

高度重视海洋碳汇，推进"美丽海湾"保护与建设，着力打造可持续海洋生态环境。以美丽海湾保护与建设为统领，以渤海、长江口-杭州湾、珠江口邻近海域等三大重点海域为主战场，以海洋生态环境质量持续改善为核心，谋实各项目标任务。以《海洋环境保护法》为抓手，系统谋划和设计海洋生态环境保护法规制度体系，加快推进陆海统筹的生态环境治理体系与治理能力建设。

有效发挥森林、草原、湿地、海洋、土壤、冻土的固碳作用，提升生态系统碳汇增量。其中，海洋在全球气候变化和碳循环过程中发挥基础性的重要作用，维护发展海洋蓝色碳汇、稳步提升海洋碳汇能力是助力我国实现"双碳"目标的重要工作。一是加强海洋应对气候变化监测与评估，组织海-气二氧化碳交换通量监测评估、重点海域碳储量监测评估，加强缺氧、酸化等海洋生态环境风险的监测预警。二是推动海洋减污与应对气候变化协同增效，通过削减和控制氮磷等污染物排海量，持续降低近岸海域富营养化水平，以此缓解气候变化下海洋酸化、缺氧等生态灾害风险。三是增强海洋生态系统的气候韧性，探索以增强气候韧性和提升蓝色碳汇增量为导向的海洋生态保护修复新模式。

生态环境部着力打造"国家—省—市—海湾"分级的陆海统筹生态环境治理体系，进一步加强海湾的综合治理、系统治理和源头治理，持续改善重点海湾生态环境质量。一是坚持以海湾（湾区）为基本单元和行动载体，突出问题导向，按照问题精准、时间精准、区位精准、对象精准、措施精准的要求，着力推进"一湾一策"的整体保护。二是强化陆海污染协同治理，盯紧入海河流和入海排污口两个闸口，加快推进入海河流"消劣减氮"和入海排污口"查、测、溯、治"，加强船舶港口、海水养殖等海上污染防治。三是坚持污染减排和生态扩容并重，既要加强源头治理做好减法，降低污染物排海量，又要强化生态扩容做好加法，扩大海湾（湾区）环境容量。四是扎实推进"美丽海湾"保护与建设，根据不同海湾生态环境禀赋、问题症结情况、前期治理基础等，精准施策、持续发力，使近岸重点海湾水清滩净、鱼鸥翔集、人海和谐。

海洋生态环境质量改善要补短板。我国海洋生态环境所承载的结构性、根源性、趋势性的压力尚未根本缓解，综合性、系统性、源头性的治理亟待加强，主要面临四个方面的问题与挑战。一是在供给方面，公众对优美海洋生态环境的需要日益增长，优质海洋生态环境产品供给仍有较大不足。二是在治理方面，近岸局部海域水质改善任务依然艰巨，多数重要海湾、河口生态系统仍处于亚健康或不健康状态，治理深度和治理力度仍需进一步提升。三是在体系方面，陆海统筹的制度机制建设仍然存在薄弱环节，海洋现代环境治理体系仍有待健全完善。四是在能力方面，国家和地方海洋生态环境治理能力建设仍然存在短板弱项，特别是监测监管等基础性、支撑性、保障性能力方面短板突出。

六、提升海洋碳汇能力

海洋在全球气候变化和碳循环过程中发挥着基础性的重要作用，维护发展海洋蓝色碳汇、稳步提升海洋碳汇能力，是助力我国实现"双碳"目标的重要工作。在海洋碳汇建设上，采取多项措施：一是发布实施《关于统筹和加强应对气候变化与生态环境保护相关工作的指导意见》，明确积极推进海洋与海岸带生态保护修复与适应气候变化协同增效，推动监测体系筹融合等一系列重点任务。二是将提高海洋应对和适应气候变化工作，纳入全国海洋生态环境保护相关规划，系统部署。三是结合渤海等海域综合治理攻坚战等重大治理行动，督促地方加快实施海洋生态修复。四是组织实施海洋碳汇监测评估，开展海岸带碳通量监测，加强监测评估能力建设。

需要推进三方面工作：一是加强海洋应对气候变化监测与评估，组织海-气二氧化碳交换通量监测评估、重点海域碳储量监测评估，加强缺氧、酸化等海洋生态环境风险的监测预警。二是推动海洋减污与应对气候变化协同增效，通过削减和控制氮磷等污染物排海量，持续降低近岸海域富营养化水平，以此缓解气候变化下海洋酸化、缺氧等生态灾害风险。三是增强海洋生态系统的气候韧性，将碳中和与适应气候变化指标，纳入红树林、海草床、盐沼等典型海洋生态系统保护修复监管范畴，探索以增强气候韧性和提升蓝色碳汇增量为导向的海洋生态保护修复新模式。

第二节　城市近海排放水环境管理

一、改善近岸海域环境

加强我国近岸海域生态环境法治建设，形成陆海统筹的长效机制体制，保护近岸海域生态环境。在近岸海域地区，陆域与海域污染更是高度叠加，令近岸海域污染治理极为复杂，加之在近岸海域生态环境保护方面存在着法规不完善、机制不顺畅、执法能力弱、监管不到位等问题，我国近岸海域生态环境面临严峻威胁，沿海生态系统退化趋势明显。

完善近岸海域治理相关立法，严格防治海洋工程、海岸工程建设项目污染损害。建立跨行政区域的涉海生态环境保护近岸海域制度，在《中华人民共和国海洋环境保护法》的框架下，制定完善配套和适用于本域的区域性涉海生态保护法规，促进域内协调和有序防治。整合涉海管海体制，建立国家层面的海洋综合管理多部门会商协调机制。

建立和完善陆海统筹的海洋环境监测和监督执法管理，明确相关海洋环境执法主体和职责，落实整体到局部的执法问题。以陆海统筹为导向，探索推进海洋生态环境执法机构改革，将海洋生态环境执法与陆地生态环境执法相结合。

　　建立集中统一的海洋环境保护督查和检察制度，在涉海各省（自治区、直辖市）设置海洋生态环境保护督查办公室和检察办公室，加强对所辖省海域的环境和污染防治的执法督查、司法保护和工作检查。加快完善海洋环境公益诉讼制度，建立和完善海洋生态环境污染惩罚机制，制定出台海岸带整治修复验收标准，指导各地科学、合理、有序推进近岸海域环境治理。

　　推动近岸海域水质优良率巩固改善，为海洋建设和海洋经济高质量发展提供良好生态环境保障。海洋建设七个重点：一是以氮磷指标为重点，推进入海河流综合整治，持续改善入海河流水质，最大限度削减污染物，全力消除劣Ⅴ类水体。二是坚持标本兼治、系统推进、务求实效的原则，开展全海域入海排污口整治专项行动，分类整治入海排污口，树立标识牌，实行规范化管理，主动接受公众监督。三是以"美丽海湾"创建为抓手，指导沿海各市编制"一湾一策"污染治理方案，统筹推进海湾生态环境综合整治，加快建设"水清、滩净、岸绿、湾美"的美丽海湾。四是充分利用无人机、卫星遥感等科技手段，开展"净滩专项行动"，深入排查整治海洋垃圾污染、污水直排入海、港口码头污染、船舶修造污染等反映强烈、社会关注度高、严重影响近岸海域水质状况的突出海洋生态环境问题。五是进一步强化海洋生态环境保护执法，密切与中华人民共和国海警局、海洋与渔业监督监察部门等执法机构的协作配合，开展碧海专项执法行动，对污染损害海洋生态环境的违法行为坚持"零容忍"，切实维护海洋生态环境安全。六是坚持奖优罚劣，积极落实海洋生态补偿政策，对保护海洋生态环境成效明显的进行奖励，保护不力的进行处罚，充分发挥财政资金导向作用，调动沿海各地保护海洋、治理海洋的积极性和主动性。七是坚持"管用、好用、解决问题"的原则，科学编制海洋生态环境保护规划，科学谋划较长时期的海洋生态环境保护监管工作重点，加强规划引领，推进海洋生态环境质量巩固改善、稳中向好，加快建设绿色可持续的海洋生态环境。

二、陆海衔接保护近海水环境

1. 四个衔接

　　（1）陆域（区域、海域）环境保护要与海洋环境质量要求相衔接，以实现污染物入海监管方面的以海定陆。强化陆海污染的联防联控，特别是强化海洋环境污染治理从陆上抓起的基本思路，环境保护部门组织开展入海排污口检查整治和劣Ⅴ类入海河流国控断面整治的专项行动，管好直接向海排放污染物的入海河流和直排海污染源，实现陆海统筹、河海联治。

　　（2）沿海陆域产业布局要与海域资源环境承载能力相衔接，实现产业布局方面的以海定产。环境保护部门充分发挥"三线一单"和环境影响评价的门槛和引导作用，促进陆域和海域"三线一单"在管控条件、准入类型等有机融合，同时在开展沿海地区规划环评、工程项目环评的过程中，建立部门间协调联动机制，注重加强海洋生态环境保护审查，逐步实现产业布局方面的以海定产。

　　（3）陆域海域综合治理规划、工程和海洋环境保护目标相衔接。注重流域、区域、海域在管控措施、断面要求、治理目标等方面的衔接，从规划阶段就充分体现陆海统筹的理念。

（4）统一陆海生态环境监测布局，以实现标准和数据相衔接。按照陆海统筹、全面覆盖、聚焦重点的原则，对海洋生态环境监测网络进行整合优化，实现陆海监测网络的整合优化、融合增效。

2. 四个统筹

陆海统筹是海洋污染防治的主要抓手，是在海洋领域实现国家治理体系和治理能力现代化的重要途径。坚持陆海统筹，发展海洋经济，建设海洋强国的理念。国家加大力度推进海洋生态文明建设，实施以相关海域综合治理攻坚战为标志的海洋污染防治措施，海洋生态环境质量明显改善，陆海统筹的生态环境治理制度机制不断健全。

（1）加强流量统筹，保障重要河流的入海生态水量。近年受气候变化、大型水利工程建设等因素的影响，北方地区主要河流的入海水量明显减少。黄河个别年份出现了入海断流现象，造成黄河三角洲湿地补水不足，生态系统脆弱。湿地植被破碎化，苋科碱蓬属植物盐地碱蓬退化严重。沙丘退化，岸滩侵蚀后退，河口岸线萎缩。应加大流量统筹，保障重要河流的入海生态水量，分季节提出供水需求，在每年的5月左右（鱼类的产卵季和游泳动物的生长季节）提供足够的生态水量。

（2）加强标准统筹，协同推进落实流域海域污染物减排目标。陆域污染物主要通过河流地表水携带入海，因此海洋污染防治必须陆海统筹、河海兼顾。明确主要入海河流总氮削减目标，加强流域海域环境质量标准的衔接，对氮磷等指标提出可量化、可考核、可衔接的管控目标要求，并针对河口区的特点和生态系统的特殊性，加强河口区的水质标准研究。

（3）加强空间统筹，避免出现流域海域生态环境监管空白。如北海海域承接辽河、海河、淮河和黄河等四大流域，按相关管理职责，流域生态环境监管基本以入海断面以上的河流为管理范围，海域生态环境监管则一般以河口、岸线以下的海域为管理范围。进一步理顺流域海域生态环境监督管理机构的职责，明确管理范围，建立定期会商机制，统筹污染物减排目标、生态修复工程措施、生态环境监管行动等，做好流域海域生态环境监管的协调衔接。

（4）加强机制统筹，构建陆海统筹的生态环境治理体系。坚持源头治理、整体治理与系统治理，突出精准治污、科学治污、依法治污，协同推进减污降碳。以重点海湾河口为核心，持续改善海洋生态环境质量，提升生态系统质量和稳定性，构建陆海统筹的生态环境治理体系，助力美丽海湾建设。

1）完善责任落实和制度体系。积极推进和构建政府主导、企业主体、社会组织和公众共同参与的现代环境治理体系，压实海洋生态环境保护各方责任，形成分工负责、协调联动的大环保格局。积极推进《中华人民共和国海洋环境保护法》及其配套法律法规制度的修订和完善，加强与《中华人民共和国环境保护法》《中华人民共和国水污染防治法》等法规制度的衔接，探索建立海洋生态环境保护责任追究制度、补偿制度、激励机制等。推进规划、标准、环评、监测、执法、应急、督察、考核等领域的统筹衔接，建立陆海生态环境保护一体化设计和实施的工作机制，达到立治有体、施治有序的目的。

2）强化建设监测、监管和应急能力体系。加快船舶、无人机、在线监测、信息化等能力建设，加快沿岸应急场地和应急物资储备库建设，充分运用天、海、地多种手段，提高海洋生态环境监测、监管、应急能力和队伍专业水平。健全完善海洋突发环境事件的应急响应预案，推动沿海地市、相关部门、涉海企业等的应急处置合作及联防联控机制建设，形成覆盖重点海域的快速应急监测响应能力。

3）建立健全部门协同机制。加强生态环境系统外的部门之间的协调，统筹协调国家发展改革委、水务、住房城乡建设、农业农村、交通、海事、文化旅游、环卫等部门工作，坚持产业创新、实践创新、体制创新的原则，加强陆源污染控制和生态保护工作。加强各级生态环境部门的协调，按照中央事权与地方事权的划分原则，加强中央的指导和引领，压实地方生态环境保护主体责任，形成助推海洋生态保护和高质量发展的强大合力。

三、近岸海域综合治理

1. 加强源头治理

海洋治污不是一家之责，海洋污染大多来自陆地，加强源头治理是关键。实行"一口一策"，分类整治入海排污口。编制入海排污口溯源分析报告和整治工作方案，建立入海排污口动态管理台账。沿海各市以县区政府（管委会）为整治工作主体，市直部门分工协作、齐抓共管，"一口一策"进行分类整治。近海的工业污染、船舶污染、生活污水等，威胁海洋生态环境安全。管好直接向海洋排放污染物的入海河流和直排海污染源，是提升海洋水质的两道重要"闸口"。

突出综合治理，提升入海河流水质。推进城镇污水处理提质增效，有序实施沿海地区污水处理厂提标改造，尾水排放达到地表水Ⅳ类标准；加强农业面源污染治理，对沿河1km范围内养殖场进行检查，对环保不达标的养殖场限期整治；分类施策推进沿海各市傍水村庄生活污水无害化处理，具备条件地区统筹建设排水管网和污水处理设施，实现傍水村庄生活污水无害化处理全覆盖；持续开展涉氮重点行业企业调研帮扶，严格落实排污许可排放浓度和总量控制限值，实现入海河流入海口国考断面❶总氮浓度削减要求。

2. 整治污染隐患

整治污染隐患，着力解决部分行业不规范发展带来的环境污染和生态破坏问题。对海水养殖业进行环境综合整治，研究海水养殖尾水排放标准，引导养殖废水处理后达标排放。突出考核驱动，建立入海河流水质监测考核体系。将入海河流水质提升目标任务纳入河湖长制考核体系，建立点位、断面、河流、流域四位一体精准责任体系，压实各级河长在入海河流水质提升专项行动中的属地责任，发挥考核在推进入海河流综合治理中的正向激励和负向约束，推进入海河流和近岸海域环境质量持续改善。

3. 入海排污口整治

为深入打好污染防治攻坚战，全面加强海洋生态环境保护，以改善近岸海湾环境质量为核心，以解决群众身边突出环境问题为着力点，坚持陆海统筹，湾区共治，持续开展入海排污口整治专项行动。入海排污口是联系水里和岸上的关键节点和重要闸口，也是水环境治理的薄弱环节。通过入海排污口排查整治，摸清排污口底数，找到沿海水污染症结，对症下药、分类整治，是推动精准、科学、依法治污的重要举措。

---

❶ 国考断面是指国家地表水考核断面。

（1）提高政治站位，深刻认识入海排污口整治的重要性。海洋生态环境保护工作进入新发展阶段。开展入海排污口排查整治是根本改善海洋环境质量的一项基础性工作，也是探索陆海统筹机制的关键性举措。海洋生态环境保护工作成效关系区域经济发展和城市形象。按照因湾制宜、因湾施策的原则，重点围绕入海排污口的监测、溯源和整治三大任务，找准问题，精准治污，按照"取缔一批、治理一批、规范一批"的要求，全面开展入海排污口整治，确保水质达标。

（2）凝聚监管合力，完善入海排污口综合管控体系。制定时间表、路线图，将工作任务层层分解落实，建立"权责清晰、监控到位、管理规范"的入海排污口管控体系；充分发挥湾长制办公室综合协调职能，统筹调度、跟踪督办，确保压力传导到位、工作落实到位；建立"湾长＋检察长"海湾治理公益诉讼检察专项监督活动协作机制，依法打击破坏海湾生态环境损害公益行为，扎实推进海湾生态环境质量改善。

（3）全面溯源监测，实施入海排污口靶向整治。采用人工徒步、查阅历史资料等手段，全面收集整理各类入海排污口、海岸带状况、水系分布等相关信息资料，系统整合入海污染物调查信息、污染源监管信息，排查每个排污口"谁在排、排什么、怎么排"，摸清废水"从哪里来、到哪里去"，查清"污染单位→排污通道→排污口→受纳水体"的排污路径，建立责任明确、关系清晰、问题清楚的排污口管理台账和"一口一策"技术档案。现场核查离岸深海排污管线漏排、私接以及非法设置排污管线等问题；同步实施采样监测，重点对水质较差、造成环境信访等社会负面影响的排污口，加测行业特征指标，增加监测频次，有针对性地为实施环境污染治理措施提供依据。

（4）强化执法监管，严把陆源污染物入海关口。按照"双随机、一公开"制度要求，落实污染源日常环境监管随机抽查任务，加大涉水污染源综合执法检查力度，强化重点涉水企业在线监控数据的使用，实施差别化执法，对在线监控数据超标的及时进行现场查处，严厉打击超标排污环境违法行为。加强雨水斗、明沟、暗渠及沿海排水口网格化巡查力度，及时发现、妥善处置私搭乱接、跑冒滴漏等问题。

（5）健全入海排污口长效监管机制，推进入海排污口命名、编码和标志牌设立；同时，利用无人机走航监测等先进、高效的技术设备、手段，切实提高入海排污口综合整治工作效能，全力打造美丽海洋。

四、近岸海域污染防治实施方案

坚持稳中求进工作总基调，完整、准确、全面贯彻新发展理念，突出精准治污、科学治污、依法治污，统筹污染治理、生态保护，以巩固提升海洋生态环境质量为核心，协同推进经济高质量发展和生态环境高水平保护，全力保障海洋生态环境安全，实现经济社会高质量发展。

基本原则：一是质量导向，保护优先。以改善近岸海域环境质量为导向，各项任务措施紧密结合，确保水质只能更好，不能变差。坚持保护优先，绿色发展，以近岸海域水质改善促进区域产业结构和空间布局优化，提高环境污染治理水平。二是陆海统筹，区域联动。按照从山顶到海洋、海陆一盘棋的理念，统筹陆域和海域污染防治工作，优先构建陆海生态安全格局，重点强化陆海生态系统保护，统筹推进陆海生态环境联防共治。推动生态保护区域联动,增强近岸海域污染防治和生态保护的系统性、协同性。三是河海兼顾,部门协调。统筹入海河流和海域污染防治工作,入海河流污染整治与近岸海域污染防治紧密衔接。按照"职能互补、资源整合、信息联通、数据共享、提升效能"的原则,加强各部门协调,形成工作合力。四是突出重点,精准施策。对水质良好的海域加以保护,对水质劣于IV类或不达标的海域实施综合整治。针对各海域环境问题的特点,合理设计防治方案,管理与工程措施并举,生态系统自然修复与人工修复相结合,提升污染源排放控制和入海河流水质管理水平。

1. 推动绿色低碳发展

坚决遏制高耗能高排放项目盲目发展,严把"两高"项目准入关,依法依规淘汰落后产能、工艺和产品,对不符合规定的新、改、扩建"两高"项目坚决不予批准,对未批先建的项目依法查处。依法开展清洁生产审核,推进清洁生产和能源资源节约高效利用。强化项目环境准入管理,严格落实"三线一单"生态环境分区管控要求,依法依规开展涉海规划审查和建设项目审批或备案管理。严格落实国家围填海管控政策,妥善处置围填海历史遗留问题。加大对自然岸线保护力度,建立海岸建筑退缩线制度。

2. 深化陆源入海污染治理

强化入海排污口管理,规范备案,加强监测监控,入海排污口所排废水应全面达标排放,禁止新增非法或设置不合理的直排入海排污口。加强入海河流综合治理,不断改善入海河流水环境质量。强化陆域污水收集处理,进一步做好已建污水处理厂配套污水收集管网的排查和建设工作,不断提高城镇污水收集处理率。推进污水处理设施提标改造,出水水质应达一级A标准。加强工业集聚区污染治理和污染物排放控制。

3. 加强海上污染分类整治

实施港口船舶污染防治,落实港口船舶污染物接收、转运、处置联合监管机制,不断完善港口码头配套环保处理处置设施建设,有效防治港口码头污染。实施渔港和渔船环境综合治理,开展打击非法捕捞清理整治行动,依法坚决清理取缔涉渔"三无"船舶,没收违法禁用渔具。按照"一港一策"模式,分步推进沿海中心渔港环境综合整治工作。加强海水养殖污染防治,按照禁养区、限养区管控要求,清理整治海水养殖活动,规范海水养殖环评审批,推进养殖尾水治理生态示范工程建设和水产养殖固体废弃物整治,严厉打击违法养殖、违法占海、圈海养殖等行为,协助推进海水养殖尾水排放地方标准研究。

4. 推进海洋垃圾治理

协助开展海洋垃圾和微塑料监测。实施清洁海岸线行动,按照属地管理、行业管理和"谁使用、谁管理"的原则,建立陆海统筹、责任明确、多方协作的岸滩和海漂垃圾集中整治长效机制,加强海湾、港口、河口、岸滩等区域垃圾专项清理工作,重点海域、重要亲海空间应无明显塑料垃圾。

5. 强化重点海域治理

建设生态海岸线,加强海域、海岛精细化管理,规范无居民海岛开发利用。开展重点海域环境综合治理,推进美丽海湾保护和建设。

6. 加强海洋生态保护和修复

加强红树林保护和修复工作。加强海洋渔业资源保护和恢复,大力推进海洋牧场示范区建设，加大增殖放流力度，推行生态养殖。加快推进海洋生态保护修复项目建设，严格按照中央对地方转移支付管理有关要求，加强项目管理，加快项目执行。

7. 防范海洋突发环境事件风险

防范海上溢油及危化品泄漏风险，加强原油码头、危化品运输、重点航线等环境风险隐患排查，强化事前预防和源头管控。强化涉海环境风险源头防范，加强沿海石化聚集区、危化品生产储存等涉海环境风险源头的排查评估，动态更新涉海风险源管控清单和责任清单。完善应急物资库，开展突发海洋环境事件应急监测联合演练。

8. 建立落实环境管理机制

推进湾长制改革，建立健全海洋开发利用和生态环境保护长效机制，构建河口-近岸海域污染防治联动机制，推动经济社会发展全面绿色转型和海洋生态环境保护联防联治。加强海洋监测、监管、执法工作，强化生态环境损害赔偿和责任追究。定期分析近岸海域污染防治工作进展情况。

五、组织保障

1. 加强组织领导

相关各级人民政府对本行政区域内的海洋生态环境保护负总责，根据本地实际情况和部门职责，加强组织领导，统筹谋划，根据各项工作任务和时间要求，明确责任，扎实推进，确保本行政区域内近岸海域污染防治和海洋生态环境保护工作达到目标要求。

2. 加强指导帮扶

定期对工作进展调研，及时向相关单位和部门通报工作情况和存在问题。加强工作联动，加强业务指导、帮扶以及管控，协调解决基层存在的重大困难和问题，形成强大合力，全力推进各项工作任务实施。

3. 加强监督考核

将近岸海域水质目标完成情况，纳入污染防治攻坚战成效和年度绩效考核内容，加强考核。

六、破解多龙治水

在海湾生态环境监测能力建设、海洋资源环境承载力监测预警、海域及海岸带自然资源开发使用成本评估、海洋生态文明社会共建、海陆统筹联合执法、重点生境修复等方面开展多项先行示范工作。

建立"水气声土林"全方位、可视化、多维度的实时动态监测系统，结合海水、海漂垃圾、入海排污等重点生境特征，探索建立海岸带生态环境监管专题信息平台。海陆统筹推动建立资源环境承载力监测预警信息系统，创建承载力工作应用数据库和网络信息操作平台。

海水养殖污染管理，需要推动业态转化、不同部门间联合监管。在海洋生态环境保护领域，系统规划和协同监管。海湾环境质量和生态保护状况需要有针对性的发展规划引领，明晰不同部门职责进行协同监管，建立部门联合执法机制，解决难点痛点问题。

海洋生态环境监管最突出的问题就是多龙治水。海陆统筹的生态环境监管格局存在诸多短板。其中，海上执法力量分散、执法效能不高、海洋生态环境保护和资源合理利用不足等问题突出，主要在于当前海洋生态环境监管领域，存在生态环境、海洋管理、海洋执法、海事、海警等五部门的"五龙治水"问题，涉及国家事权和地方事权，权责不清，条块分割，信息孤岛现象，未能形成以海陆生态环境统筹监管为目标导向的管理合力。多方联动海洋环境治理，就是瞄准"五龙治水"的难点，有的放矢。制定信息共享机制、联合会商机制、联动执法机制、联合督察机制，确立工作时效。效率是第一位的，相互之间互相交流、反馈等活动都必须在规定时间办结，每月开展联合会商，每季度开展一次抽查督导。实现海洋生态环境精细化管理。增强不同部门间联合协作，提高海上生态环境综合管控能力。

提升污染溯源追责能力，各部门联合开展海陆统筹生态环境执法检查，优化分工协作，建立健全执法程序。尤其是海陆联动执法检查，有利于对导致海上生态环境污染的单位和个人进行溯源追责。针对海上突发生态环境事件应急能力，要求分别建立应急预案，落实各部门突发事件应急响应职责，明确风险防控、减灾防灾、保护修复等各阶段的工作重点。建立考核评价机制，推动海域清废、清污工作机制完善，包括海滩垃圾、海漂垃圾清理，海洋及海岸带污染治理等。

在用海审批和环境损害司法鉴定机制等方面，强化生态优先的用海项目审批程序，探索建立海上资源环境开发利用成本评估机制，完善资源环境承载能力评价预警方案，强化"三线一单"管理。完善海上生态环境损害司法鉴定工作，优化制度建设，增强法律支撑，提升海陆统筹生态环境监管的科学性。

七、江河入海口水环境质量评价方法与流程

江河入海口是陆源物质输入海洋的主要途径，江河流域径流把大量的悬浮泥沙、丰富的溶解营养盐和污染物等带入海洋，造成江河入海口以及海湾的损害。江河入海口水环境质量监测和评价的技术方法采用水质多因子综合评价方式，对入海口水环境要素数据进行综合，结合综合评价类别，以及入海口水环境质量状况判定法，最终实现对江河入海口水环境质量的评价。

我国江河入海口水环境质量评价中，多采用基于《海水水质标准》的单因子评价方法。该方法具有结果直观、操作简单等特点，但实际操作中未能建立江河入海口排海与邻近海域水质状况之间的因果关系，使江河入海口排海对邻近海域水环境质量的实际影响一直难以判断。根据入海水环境的特点，提出如下江河入海口水环境质量评价方法。

1. 江河入海口水环境质量监测

（1）监测站位布设：在江河入海口范围内，根据海域具体情况，均匀布设不少于 4 条监测断面，在盐度 2 和 20 附近布设监测断面。在监测断面上布设监测站位，所获取的数据能满足水环境质量评价的要求。在布设中须综合考虑：一是有一定的数量和密度，在突出重点区域的前提下，站位布设应具有代表性，能代表监测感潮段的全貌。二是设站海域的功能特征及其经济地位。三是污染源的分布和海域的污染状况。四是海域的水动力状况。五是兼顾各类环境介质监测站的协调。

（2）监测与评价内容：包括综合监测项目、单项监测项目和突发性污染事故监测项

目。综合监测项目包括水温、盐度、pH 值、溶解氧、化学需氧量、无机氮、活性磷酸盐、石油类，采用多因子综合评价法；单项监测项目包括重金属和持久性有机污染物等，采用单因子污染指数评价法；突发性污染事故监测项目，应根据具体情况及监测要求。

（3）监测时间及频率：监测时间选择在丰水期（5 月）、平水期（8 月）、枯水期（11月）各监测 1 次，采样时间为小潮的低潮或接近低潮时从上游向下游逐条断面采集样品。

（4）样品采集、监测分析方法、质量控制与保证等均应符合相关国标规定和要求。

2. 江河入海口水环境质量评价方法

（1）评价标准和评价因子。评价标准选用国标中的相应类别表。江河入海口水环境质量的评价因子选取 pH 值、溶解氧、化学需氧量、无机氮、活性磷酸盐、石油类。

（2）评价方法。根据评价因子的监测结果，依据国标选择相应类别的评价标准，求出各评价因子的污染指数，然后与评价参数的权重系数表给出的各评价因子的权重值积的和，求出各站位水质综合指数，并通过水质多因子综合评价类别表，求出各站位实际水质类别，最后根据水质站位类别比例计算公式，求出各类水质类别比例，再通过江河入海口水环境质量状况判定表，求出江河入海口水质综合评价结果。

八、沿海各地海洋督察整改方案措施

1. 加大海洋执法力度

建立联合执法机制，对新增违法违规用海行为零容忍，严厉查处违法用海、破坏海洋生态环境行为。严格海洋执法监管。持续开展海洋执法专项行动，创新完善联勤执法、联动攻坚、联合办案等工作机制，突出对围填海和自然海岸线、生态红线区、涉海自然保护区等重点海域生态区的执法监管。严厉查处未批先建、擅自改变用途、非法连岛等违法用海用岛行为。将涉海违法企业纳入社会信用体系，对重大典型违法案件予以曝光，实施联合惩戒。加强海域、无居民海岛使用和海洋环境管控，落实岸线分段包干责任制。落实"谁执法，谁普法"工作机制，深入开展海洋法制宣传，提高全民保护海洋意识。

2. 加强海洋生态环境建设

严格实施海洋空间规划引领，实施自然岸线保有率目标控制制度，严格海水养殖空间管控。强化近岸海域污染防治，规范入海排污口审批和管理。实施生态环境保护与修复，重视自然恢复，围绕滨海湿地、沙滩、海湾、海岛四类典型生态系统开展生态保护与修复，提升海洋生态系统质量和稳定性。坚持自然恢复为主、人工修复为辅，加大财政支持力度，通过退围还海、退养还滩、退养还湿等方式，逐步修复已经破坏的滨海湿地。

3. 探索建立海域自然资源交易机制

探索建立海域自然资源交易机制，发挥市场在资源配置中的决定性作用。开展海洋生态环境损害赔偿试点，破解"企业污染、群众受害、政府买单"的不合理格局。

4. 突出陆海统筹管理

实施入海排污口动态监管，建立"一口一册"档案，开展定期监测，严格入海排污口排放标准，推进入海排污口污染溯源排查。清理非法或设置不合理的入海排污口，加强沿海污水处理设施规划与建设，加强沿海工业污染防治。

5. 及时公开信息

按要求及时公开重点问题整改和典型违法案件查处情况，保障公众的知情权和参与权。大力宣传国家关于加强海洋综合管理和海洋生态环境保护工作的决策部署，引导社会各界积极参与海洋生态文明建设。

6. 强化海岸线管理评价考核

推动落实海洋综合管理及海洋环境保护党政同责、一岗双责。强化海岸线管理评价考核，将自然岸线保有率纳入地方政府考核指标，不达标的地区一律不得新申请用海。强化海水水质、海洋生态环境保护等内容的经济社会发展综合考核，加强考核结果运用，强化指标约束和激励。

九、建立四级海洋湾长履职机制

确立市、县（区、管委会）、乡（镇、街道）、村（社区）四级湾长体系，探索形成"以海定陆、以陆护海、网格协同、信息保障"湾长制工作模式。建立健全近岸海域水环境质量监测评价与通报制度，将重点入海排污口、直排海污染源、入海河口、渔港码头等重点区域纳入日常监测范围。围绕管控陆海污染物排放、强化海湾空间资源管控、加强海洋生态保护与修复、防范海洋灾害和事故风险、加强海洋生态环境执法监管等，明确重点工作目标任务，提出"无废岸滩"建设，探索"海上卫士"制度，推动入海河流及闸坝排水登记制度建设，开展渔港码头环境专项整治，严格落实生态空间管控区域规划，强化海洋污染应急处置能力建设，加快推进"海域空间规划""三线一单""海洋生态环境保护规划"实施、陆海污染协同治理、海洋生态修复与养护有序推进。

十、建设美丽海湾

我国海洋生态环境脆弱，一些沿海地区长期存在高强度围填海等开发行为，海岸生态空间被挤占，海洋生态退化趋势尚未根本遏制，海洋生物多样性受损，海洋赤潮、浒苔等生态灾害仍处于多发期。此外，沿海布局大量工业园区，海上石油平台数量不断增加，石油和危化品运输量持续增长，对海洋生态环境安全造成严重威胁。

具体策略上，坚持问题导向、"一湾一策"，精准落实。对于环境污染问题突出的海湾，坚持污染减排和生态扩容并重，推进水体和岸滩环境质量的全面改善；对于生态退化或受损问题突出的海湾，全面改善海湾生态系统稳定性，提升生态服务功能；对于难以满足公众亲海需求的海湾，提升生态环境品质。

近岸海域水生态环境好坏主要体现在海湾上。海湾既是各类海洋生物繁衍生息的重要生态空间，也是各类人为开发活动的主要承载体，是公众亲海戏水的重要生态空间，保护与开发的矛盾最集中。以"美丽海湾"为统领，扎实推动海湾生态环境质量改善。

第三节　城市深海排放水环境管理

一、离岸深海排放

陆源污染是海洋环境污染的最大来源，每年进入海洋的污染物质有很多来自陆源污染。入海排污口作为最典型的陆源入海排放点源，由于其可控性相对较强，并且与人类活动紧密相关，一直都是世界各国防止陆域人类活动污染近岸海洋环境的主要控制对象。

按排污口设置位置的不同，污水处理的达标尾水排海通常有两种方式：岸边排放和离岸排放。同样的污水排放量和污染物类型，岸边排放投资较小，但对海洋环境影响较大。离岸排放，对海洋环境影响相对较小，但是投资费用较大。污水排放口设置既要考虑海洋保护需求，又要兼顾投资维护成本。

在经济较发达的地区，应将排污口尽量设置在深海处，充分利用海洋的纳污能力。排污单位或者污水处理厂经过相应的处理后排放的达标尾水，经过陆地及海底排污管道，运送到海底深处，通过扩散器排放到海洋内，海洋的自净与稀释降解能力使达标尾水与海水迅速混合，在混合区内稀释降解，从而达到当地海域的海水水质标准。当需要建设离岸深海排污口时，应当遵循《中华人民共和国海洋环境保护法》及当地的海洋环境功能区划，还需综合考虑海水水深、水流以及污水排海工程设施的有关情况。排污管道、扩散器相关的规定：扩散器应设置在海洋水深 7m 以下的位置处，起点距低潮线要在 200m 以上。

二、L 市达标尾水排海工程示例

该排海工程为 L 市石化产业基地 61.34km^2 范围内所有企业达标尾水的唯一排海通道，是重要的环保基础设施，也是 J 省首条深海排放管道。项目主要建设一座排海泵站及 26km 的排海管道，建设规模为 11.83 万 m^3/d，总投资约 6.9 亿元。项目的建成是 L 市坚定不移地走绿色发展之路，全面加强生态保护，持续改善环境质量，推进生态文明建设的重大实践。

L 市达标尾水排海工程充分利用海洋的环境容量，更好地保护陆域水环境及近岸海域的水环境质量，社会效益和环境效益显著，以实际行动践行"绿水青山就是金山银山"的理念。该项目已全面建成投运，各系统运行平稳，集石化基地排水、环保应急救援和生态景观于一体，充分彰显自然生态之美、人文特色之美、文明和谐之美、绿色发展之美，在 L 市高质量发展进程中谱写了一曲新篇章。L 市达标尾水排海工程陆域和海域管道施工分别见图 11-1 和图 11-2。

图 11-1　L 市达标尾水排海工程陆域管道施工

图 11-2　L 市达标尾水排海工程海域管道施工

三、N 市污水处理厂达标尾水排海项目示例

20××年 3 月，由市政集团下属 B 公司代建的 N 市污水处理厂达标尾水排海项目，顺利通过竣工验收。

为解决 N 市污水处理厂达标尾水近岸排放问题和提升排放规模，需新建一条规模为 18 万 m^3/d 的 N 市污水处理厂达标尾水排海管道，离岸排至临时排污区。该项目通过项目组提前谋划、加强沟通，施工单位交叉作业、增加船机设备和加强工序衔接，比学赶超，参建单位通力合作，克服困难，仅用 3 个月时间就实现排海管道通水试运行。

N 市污水处理厂尾水排海管道顺利通水，改善了海洋生态景观。总投资 1.6 亿元的 N 市达标尾水排海管道，"硬骨头"不少。陆地段因为地形地质特殊，旋挖钻机施工难以成孔，只能改用冲孔灌注桩工艺。J 大桥通航口对通航船舶吨位限制在 300t 内，经论证，只好用拖轮将 1000t "巨无霸"铺管船拖至施工海域。排海管道长约 2km。其中，陆地段长度约 0.6km，海域段长度约 1.4km。海域段采用管径 DN1640 钢管，是目前该省钢管口径最大的海上沉管。

水质在线监测系统，主要用于对该达标尾水排海项目水质进行实时在线监测，监测因子包括 pH 值（酸碱度）、COD（化学需氧量）、氨氮、总磷、总氮等，在线数据与市环境监控中心联网，可实时查看流量和水质动态。该系统已完成了建设调试，监测系统运行正常。

四、深海排放口海洋环境监测

为及时掌握辖区近岸海域海洋环境污染程度、分布和变化趋势，根据《20××年 H 市海洋环境监测工作方案》的要求，20××年 3 月 29 日，市海洋环境监测中心组织人员开展对 H 市污水处理厂深海排放口进行海洋环境质量监测，本次计划对 6 个监测站点开展水质监测。本次监测采样人员 4 名，分析人员 7 名。各岗位分工协作，顺利完成采样任务。现场采集了 6 个站点水质样本和质量控制样本，总共 43 个样本。本次监测项目包括：风向风速、pH 值、盐度、溶解氧、悬浮物、氨氮等 24 项。

五、用海批复示例

S市人民政府关于高新区污水处理厂尾水深海排放工程用海的批复

S政综〔20××〕××号

市自然资源局：

你局《关于S市高新区污水处理厂尾水深海排放工程项目用海申请的请示》（S自然资〔20××〕××号）收悉。根据《中华人民共和国海域使用管理法》《F省海域使用管理条例》等有关法律、法规规定，现批复如下：

一、原则同意S市经济开发建设有限公司使用石湖半岛东侧海域，用于建设S市高新区污水处理厂达标尾水深海排放工程，项目用海总面积29.5965hm²。其中：排海管道用海24.3528hm²，用海方式为海底电缆管道用海；排污口用海5.0159hm²，用海方式为透水构筑物用海；污水排放用海0.2278hm²，用海方式为污水达标排放用海（界址点坐标详见附件）。海域使用类型为"海底工程用海"之"电缆管道用海"以及"排污倾倒用海"之"污水达标排放用海"。海域使用期限30年，自海域使用权不动产登记申请之日起计算。

二、申请人应在本批复文件印发之日起6个月内，按要求缴纳海域使用金，并在海域使用金缴纳完成后办理海域使用权不动产登记手续。请你局严格按照规定，予以办理相关手续。

三、逾期未缴纳海域使用金和办理海域使用权登记手续的，本批复自动失效。

附件：高新区污水处理厂达标尾水深海排放工程海域使用范围表

S市人民政府

20××年×月×日

六、达标尾水深海排放工程海域管道施工方法

达标尾水深海排放管道是城市污水处理工程的重要组成部分，为提高沿海城市污水的处置能力，保护海洋资源和环境，促进海洋经济的可持续发展，减轻污水对海洋环境的污染，污水排海管道由浅海逐步向深海发展。

深海排污管道铺装一般里程长，难度大。管道铺装分段长度典型的一般在480m左右，采用分段浮运、水上法兰连接、整体沉放工艺，该工艺的优点是管道法兰水面连接，质量、进度可控；缺点是陆上拼装、水上法兰连接，受天气影响大，浮拖后自由沉放水深过大，易出现管道弯折变形现象。如采用铺管船方法可实现管道无法兰接口整体焊接成型，水密性能良好，缺点是在沉放过程中虽有托架支撑，深水区铺装仍可能出现管道变形弯折现象，同时，拐点处及扩散管段铺装对铺管船不适用。

1. 管道分段下水法兰连接安装工艺步骤

（1）岸上钢管加工处理，钢管运输到作业场地，管段水上定位吊装，水下法兰连接，水陆连接完成。

（2）管段水上定位吊装过程，通过水上设置定位桩进行轴线控制，定位桩设在船舶舷边，采用两根圆管制成，使用吊车控制定位桩的升降。

（3）管段水下定位吊装过程，通过粗砂垫层基床抛填精度控制坡度偏差，近岸段砂垫

层由长臂挖掘机进行平整，深水区在垫层抛填完成后，由定位船吊起刮刀，潜水员水下找平处理，保证管道坡度满足设计要求。

2. 水上管道吊装、水下法兰连接阶段步骤

（1）过驳。管段运输到场后，运输船在距管段安装地点150m处抛锚驻位，定位船定位后绞缆靠向运输船，将运输驳上部分管段倒到定位驳上存放。

（2）定位。定位驳采用船载北斗系统定位，使设定船位框与实际安装点位重合，找出已安管段端头浮标位置，调整缆绳拉起浮标，通过北斗系统控制使船舷侧定位桩外缘与安装控制线重合，然后吊机吊定位桩下放，完成对管段路由轴线与长度控制，将船槽提前安设妥当。

（3）安放附件及限位装置。管段水下法兰连接采取限位方式加快对接效率，限位采用上部限位。每节管段吊放前将上部限位装置提前安设在管段末端位置。

（4）管段吊放。定位船北斗系统进行定位校核，管段由吊机慢慢起吊离开甲板，沿舷侧定位桩沉放。吊放前将晃绳连接到前后导向耳板上过船底临时固定于系缆桩上，另外两根分别固定在船的首尾系缆桩上，指挥起重吊机慢慢沉放管段。

（5）管段水下对接。管段沉放到底后，潜水员沿已安装好的管段浮标绳子入水，查看待安管段着床情况后叫用钩子，使待安装管段法兰限位轴搭到已安法兰定位羊角内，然后用C形夹具夹住两头法兰，加压使法兰慢慢自行靠紧。在法兰靠近前，潜水员穿插定位锥进行螺栓孔校正，然后再启动夹具收紧法兰，C形夹具连接水面液压泵站，通过千斤顶作用，使待安管段慢慢靠近已安装管段。在靠紧前，潜水员调整定位锥使螺栓孔基本对应，使定位锥全部插入螺栓孔内，潜水员检查橡胶垫圈的完好性，重启夹具使法兰全部靠紧。

（6）螺栓连接紧固。两个潜水员分两边先对1/4圆位置螺栓全部对称紧固，完成后再对角反向同时穿插紧固螺栓。

（7）附件拆除。法兰对接完成，螺栓紧固大部分做好后，将顶部限位装置拆除，将顶面剩余四颗螺栓全部穿入紧固，解除吊索，吊机将定位桩提升进行下一段的安装定位。

采用上述工艺安装管段效率大幅提高，同时，管段安装质量得到可靠保证。

复 习 思 考 题

1. 海洋污染的因素有哪些？
2. 如何做到陆海衔接保护近海水环境？
3. 近岸海域综合治理有哪些举措？
4. 你能简要谈谈达标尾水离岸深海排放吗？
5. 小组情景讨论：作为某10亿元盘子的达标尾水离岸深海排放项目的业主方负责人，你如何带领项目组成员去建成这个项目？

案例 11　在线"植珊瑚"，守护蔚蓝海岸

第十二章 城市节水环境管理

第一节 城市节水环境概述

一、节约用水概况

1. 含义

节约用水，又称节水，是指通过行政、技术、经济等管理手段加强用水管理，调整用水结构，改进用水方式，科学、合理、有计划、有重点地用水，提高水的利用率，避免水资源浪费。在全民中做好宣传，利用每年 3 月 22 日世界水日等活动，教育每个人都要在日常工作或生活中科学用水，自觉节水，从点滴做起，做到节约用水，人人有责。

2. 历史和现状

我国节水工作分为五个阶段：1980—2000 年是 1.0 时代，以微观行业工程技术节水为主；2000—2015 年是 2.0 时代，进一步发展微观技术节水，强化总量控制与定额管理相结合的用水管理；2016—2020 年是 3.0 时代，包括生产、消费、贸易的全口径节水；2022 年，我国节水开始进入 4.0 时代，即"数字"阶段，通过信息流和业务流的融合来提升水流的功效，成效显著；未来将进入 5.0 及 N.0 的更高级阶段。

我国多数城市地下水受到一定程度污染，并且有逐年加重的趋势。日趋严重的水污染不仅降低了水体的使用功能，进一步加剧了水资源短缺的矛盾，而且还严重威胁城市居民的饮水安全和健康。为缓解严峻的水形势：一是节水优先，主要体现在控制需求，创建节水型社会。二是治污为本，要求我国的水污染防治战略尽快调整，从末端治理转向源头控制和全过程控制。三是多渠道开源，主要指开发非传统水资源。2019 年 4 月，国家发展改革委、水利部联合印发《国家节水行动方案》。2023 年 8 月 7 日，水利部等九部门印发《关于推广合同节水管理的若干措施》，提出了合同节水管理 15 项措施。

目前，世界各国纷纷转向非传统水资源的开发。非传统水资源包括雨水、再生的污废水、海水、空中水资源等。另外，随着技术进步，海水淡化成本渐低，利用淡化后的海水是未来的趋势，况且，有时候，海水还可直接用作工业冷却用水和冲洗用水。

3. 世界水日

1993 年 1 月 18 日，联合国大会通过决议，将每年的 3 月 22 日定为"世界水日"，以便广泛开展宣传教育，提高公众对开发和保护水资源的认识。每次世界水日，都会有一个特定的主题。

4. 节水型社会

在水量不变的情况下，要保证工农业生产用水、居民生活用水和良好的水环境，必须建立节水型社会。包括合理开发利用水资源，在工农业用水和城市生活用水方面，大力提高水的利用率，使水危机的概念深入人心，养成人人爱护水，形成时时、处处节水的局面。

二、节水的必要性

我国幅员辽阔，东西、南北区域的雨水充沛程度不同，水资源的质和量也不一样。其中，北京、天津、青岛、大连等城市缺水最严重；地处水乡的上海、苏州、无锡、重庆等也属于水质性缺水城市。各地在节水管理环境上差别很大，重视程度也不同。

近年我国各地城市规模急剧扩大，工业飞速发展，原有的水资源已远不能满足生产、生活的需要，部分城市的饮用水安全受到威胁，接连出现的水资源短缺危机也已成为可持续发展的重要制约因素，全国每年因城市缺水影响产值达数亿元。缺水已给城市居民生活造成许多困难与不便，在一些地区、部门、城乡之间，水的需求关系日趋紧张。很多地方地下水严重超采，导致地下水漏斗不断扩大，地面加速沉降，水源污染及水质恶化，海水入侵等，导致水资源濒于枯竭。这些现象不仅表明一些缺水城市的供水现状，同时也反映出有的资源型缺水城市对水的需求已超出供水水资源的极限。节水可减少污水的排放。一般来说，工业和城市用水的70%要被排放，用水越多则排放越多。节水既可缓解水资源的供需矛盾，也有利于城市水生态环境的保护，减少污水处理的费用，减少污水排放的二次污染，有利于水源保护。解决城市水环境困境，促进其健康发展，和谐经营，已刻不容缓。

三、水法对节约用水的相关要求

（1）开发、利用、节约、保护水资源和防治水害，应当全面规划、统筹兼顾、标本兼治、综合利用、讲求效益，发挥水资源的多种功能，协调好生活、生产经营和生态环境用水。

（2）国家厉行节约用水，大力推行节约用水措施，推广节约用水新技术、新工艺，发展节水型工业、农业和服务业，建立节水型社会。各级人民政府应当采取措施，加强对节约用水的管理，建立节约用水技术开发推广体系，培育和发展节约用水产业。单位和个人有节约用水的义务。

（3）国家鼓励和支持开发、利用、节约、保护、管理水资源和防治水害的先进科学技术的研究、推广和应用。

（4）在开发、利用、节约、保护、管理水资源和防治水害等方面成绩显著的单位和个人，由人民政府给予奖励。

（5）国务院有关部门按照职责分工，负责水资源开发、利用、节约和保护的有关工作。县级以上地方人民政府有关部门按照职责分工，负责本行政区域内水资源开发、利用、节约和保护的有关工作。

（6）国家制定全国水资源战略规划。开发、利用、节约、保护水资源和防治水害，应当按照流域、区域统一制定规划。规划分为流域规划和区域规划。流域规划包括流域综合规划和流域专业规划；区域规划包括区域综合规划和区域专业规划。综合规划，是指根据经济社会发展需要和水资源开发利用现状编制的开发、利用、节约、保护水资源和防治水害的总体部署。专业规划，是指防洪、治涝、灌溉、航运、供水、水力发电、竹木流放、渔业、水资源保护、水土保持、防沙治沙、节约用水等规划。

（7）制定规划，必须进行水资源综合科学考察和调查评价。水资源综合科学考察和调查评价，由县级以上地方人民政府水行政主管部门会同同级有关部门组织进行。县级以上人民政府应当加强水文、水资源信息系统建设。县级以上人民政府水行政主管部门和流域管理机构应当加强对水资源的动态监测。基本水文资料应当按照国家有关规定予以公开。

（8）从事水资源开发、利用、节约、保护和防治水害等水事活动，应当遵守经批准的规划；因违反规划造成江河和湖泊水域使用功能降低、地下水超采、地面沉降、水体污染的，应当承担治理责任。开采矿藏或者建设地下工程，因疏通排水导致地下水水位下降、水源枯竭或者地面塌陷，采矿单位或者建设单位应当采取补救措施；对他人生活和生产造成损失的，依法给予补偿。

（9）国家对用水实行总量控制和定额管理相结合的制度。省、自治区、直辖市人民政府有关行业主管部门应当制定本行政区域内行业用水定额，报同级水行政主管部门和质量监督检验行政主管部门审核同意后，由省、自治区、直辖市人民政府公布，并报国务院水行政主管部门和国务院质量监督检验行政主管部门备案。县级以上地方人民政府发展计划主管部门会同同级水行政主管部门，根据用水定额、经济技术条件以及水量分配方案确定的可供本行政区域使用的水量，制定年度用水计划，对本行政区域内的年度用水实行总量控制。

（10）直接从江河、湖泊或者地下取用水资源的单位和个人，应当按照国家取水许可制度和水资源有偿使用制度的规定，向水行政主管部门或者流域管理机构申请领取取水许可证，并缴纳水资源费，取得取水权。但是，家庭生活和零星散养、圈养畜禽饮用等少量取水的除外。实施取水许可制度和征收管理水资源费的具体办法，由国务院规定。

（11）用水应当计量，并按照批准的用水计划用水。用水实行计量收费和超定额累进加价制度。

（12）各级人民政府应当推行节水灌溉方式和节水技术，对农业蓄水、输水工程采取必要的防渗漏措施，提高农业用水效率。

（13）工业用水应当采用先进技术、工艺和设备，增加循环用水次数，提高水的重复利用率。国家逐步淘汰落后的、耗水量高的工艺、设备和产品，具体名录由国务院经济综合主管部门会同国务院水行政主管部门和有关部门制定并公布。生产者、销售者或者生产经营中的使用者应当在规定的时间内停止生产、销售或者使用列入名录的工艺、设备和产品。

（14）城市人民政府应当因地制宜采取有效措施，推广节水型生活用水器具，降低城市供水管网漏失率，提高生活用水效率；加强城市污水集中处理，鼓励使用再生水，提高污水再生利用率。

（15）新建、扩建、改建建设项目，应当制定节水措施方案，配套建设节水设施。节水设施应当与主体工程同时设计、同时施工、同时投产。供水企业和自建供水设施的单位应当加强供水设施的维护管理，减少水的漏失。

四、提高水的利用效率

为加强城市节水管理，合理开发、利用和保护水资源，促进经济和社会可持续发展，根据《中华人民共和国水法》、国务院《城市供水条例》、地方的《城市供水管理条例》等法律、法规的规定要求：凡使用城市公共供水的单位和个人，任何单位和个人均有节水的义务。节水工作应当在保障合理用水的前提下，避免用水浪费，提高水的利用效率。城市、区（县）人民政府按照统一规划、定额管理、计划用水、综合利用的原则，采取行政、经济、科技等措施，促进节水工作的开展。

城市水行政主管部门负责城市节水的管理工作。城市水行政主管部门所属的市节约用水管理机构具体负责城市的节水日常监督管理工作。各区（县）水行政主管部门负责本区域内节水的相关监督管理工作。政府其他行业主管部门按照各自职责，做好本行业节水的管理工作。

五、节水信息系统

城市节水的信息管理涉及社会、经济、生态、环境、人口和水资源工程等相互影响与制约的各方面，因此，信息管理涉及从对水体本身的评价分析到水的应用管理，再到对一个区域可持续发展的支持能力的评价，几乎囊括一个城市的所有"水问题"。节水信息管理可以从宏观上对水资源进行规划利用，实现水的信息化，达到水资源合理分配使用，推进节水型社会建设。

建设节水型社会要从宏观上对水资源进行整合，协调好各部门之间的关系，这是一个资源系统工程。在已开发的一些针对水资源在某一领域的信息系统中，普遍存在应用单一、与其他系统信息传递不畅、数据出入、信息不共享等问题，已无法满足节水型社会的管理需要，要实现对城市水资源统筹管理，更要重视对节水信息的管理。水体具有空间属性，可以利用地理信息系统对水资源进行有效管理。基于GIS技术进行系统开发，能实现水资源管理系统的定量、定位、可视化管理，而且对于合理规划水资源的使用、水环境分析、灾害分析、预测等，都是必不可少的。

为提高城市节水管理水平，应逐步建设集城市节水数据库系统、城市水资源管理系统和城市供水管网控制调度系统于一体的城市节水监测和预警系统。加强管网技术改造、完善检测手段、提高管网安全可靠性，变被动修漏为主动堵漏，从根本上减少供水管网漏损。

六、节水资金及宣传

城市设立节水科技发展资金和技术改造资金，分别专项用于节水技术的研究，节水设备、设施、器具的研制、开发，节水先进技术的推广应用和节水技术改造项目的建设。广泛开展节水的宣传教育，增强全社会的节水意识。城市水行政主管部门制定节水公益宣传计划，定期开展节水公益宣传活动。教育行政主管部门和学校应当加强对在校学生节水的教育和宣传。新闻媒体应当积极开展节水公益宣传，对浪费用水的行为予以披露抨击。

第二节 城市节水专项规划管理

城市水行政主管部门应当根据全市水资源综合规划和本地实际，结合国民经济和社会发展规划组织编制城市节约用水专项规划,报市人民政府批准后实施。城市节约用水专项规划应当纳入城市供水专项规划,并作为城市供水工程和污水处理工程规划和建设的依据。各行业主管部门应当根据城市节水专项规划,结合本行业建设发展的情况,编制行业节水规划。

节水规划编制,要指导思想正确、思路清晰,与城市发展规划、水资源综合规划等做好衔接。对城市现状用水及节水水平分析,要符合实际。节水指标、节水措施及重点项目符合城市节水需要,对城市节水工作要有指导意义。

国家发展改革委、水利部《关于印发〈国家节水行动方案〉的通知》(发改环资规〔2019〕695号):到2035年,形成健全的节水政策法规体系和标准体系、完善的市场调节机制、先进的技术支撑体系,节水护水惜水成为全社会自觉行动,全国用水总量控制在7000亿 m^3 以内,水资源节约和循环利用达到世界先进水平,形成水资源利用与发展规模、产业结构和空间布局等协调发展的现代化新格局。

一、节水规划原则

节水规划的编制,应坚持以人为本,树立全面、协调、可持续的发展观,按照国家经济社会发展的指导原则,转变经济增长方式,加快资源节约型、环境友好型社会的建设。规划要在分析评价城市水资源总量与经济社会发展的基础上,对城市节水现状、节水指标体系、节水潜力进行分析;建立以万元GDP用水量为基础的科学指标,并进行城市用水量预测,按照经济社会发展的需求进行水资源供需平衡分析;提出城市工业、城镇生活及其他行业的节水标准、节水规划目标,以及采取的相应措施和实施方案。

二、节水规划编制阶段

对城市多个用水户进行用水设施、项目的用水情况调查,搜集大量基础资料;收集整理城市经济社会、城市规划及各行业用水资料;对调查的资料进行分类、整理与分析;按照规划指导思想、规划原则、规划依据、规划范围与规划水平年、总体目标编写完成。

三、节水规划措施

1. 明确目标

节水规划分工业和生活两个层面,明确工业、生活节水近、中、远期目标。城市工业节水,目标以万元工业增加值取水量计算,近、中、远期年均分别降低多少。明确城市工业节水仍以高用水行业为重点,主要为电力行业、化工行业、钢铁行业、食品饮料行业等。城市生活节水,目标主要为管网漏失水量的控制、节水器具的更换、装表计量的加强和节水型社区创建等方面。

2. 促进节水措施

根据节水规划列举的节水重点范围,推出多项举措,促进节水目标实现。工业用水方面,大力发展节水型工业,严格控制禁止类、限制类产业和产品的发展,推进节水型企业创建,改进高耗水行业的生产工艺,推行少水、无水新工艺,使工业用水量重复利用率提高至90%以上。

城市生活节水方面，要求高等院校和寄宿制中学学生公寓安装水表，对学生生活用水进行计量；对景观、绿化、道路用水要实施用水计量；全面推广使用节水型器具；加大城市再生水、雨水利用力度。对于管网漏失控制，从计量管理和用水管理两个方面加强供水管网管理，从检漏、压力、维修速度、质量等方面加强控制，及时发现漏水和修复，降低漏损；加强管网检漏工作；加强城市供水老旧管网的改造。同时，鼓励推广阶梯式水价；推广非常规水资源利用；节水专项资金投入占财政支出的比例逐步提高。

3. 非常规水资源利用

非常规水资源利用包括城市雨水有效利用、城市污水深度处理及回用、小区建筑中水回用等。以污水处理厂出水为水源建立再生水回用系统。再生水回用率近、中、远期目标清晰。再生水首先面向工业区等需求稳定和水量大的地区，逐步向新建区延伸；远期结合老城区的改造，逐步扩大覆盖范围，最终实现普及。

第三节　城市水资源重复利用管理

城市水资源要开源节流，重复利用，充分扩大使用效率。城市生活节水采取以下主要措施。

一、计量收费

取消居民住宅"用水包费制"，是建立合理水费体制、实行计量收费的基础。取消"用水包费制"，进行计量收费的地方都取得了明显效果。另外，调整水费也是促进节约用水的有效途径。

二、推广应用节水器具

推广应用节水器具和设备是城市生活用水的主要节水途径之一。实际上，大部分节水器具和设备是针对生活用水的使用情况和特点而开发生产的。节水器具和设备，对于主动节水的用户来说有助提高节水效果，而对于不注意节水的用户，也可以减少水的浪费。

三、配套建设节水设施

节约用水设施应当与主体工程同时设计、同时施工、同时投入使用。已建成的建设项目应当逐步建设和改造节约用水设施。建筑面积在 2 万 m^2 以上的大型城市公共建筑和建筑面积在 10 万 m^2 以上的大中型居民住宅区，应当配套建设中水回用系统。中水回用系统应当与主体工程同时设计、同时施工、同时投入使用，其间须经城市水行政主管部门竣工验收合格后使用，否则不得投入使用。

四、施工用水管理

建设工程施工中确需临时用水的，施工单位应当持建设工程施工许可证向供水企业办理用水手续。施工单位应当加强节约用水管理，提高循环用水利用率，防止用水浪费。

五、提高工业用水重复利用率

工业用水单位应当提高工业用水重复利用率，冷却、洗涤等用水应当进行循环、回收使用，不得直接排放。以水为原料生产饮料、纯净水等产品的生产企业，应当采用节水型生产工艺和技术，其原料水的利用率不得低于有关标准，生产后的尾水应当回收利用，不得直接排放。

六、使用雨水和再生水

鼓励绿化使用雨水、再生水及河水，逐步减少使用自来水。城镇地区的绿地、树木、花卉应当采用喷灌、微灌、滴灌等节水灌溉方式，并严格执行园林绿化灌溉制度，提高绿化用水效率。住宅小区、单位内部的景观环境用水和其他市政杂用用水，有条件使用雨水或再生水的，不得使用自来水。

七、使用节水洗车设施

从事车辆清洗经营业务的单位以及单位内部的车辆清洗点，应当安装、使用节水洗车设施、设备，或采用其他先进的节水、环保清洗技术。月用水量超过 $500\mathrm{m}^3$ 的车辆清洗站点，必须安装、使用循环用水设施。禁止使用居民供水设施从事经营性车辆冲洗业务。

八、耗水量大用户管理

经营洗浴、游泳等耗水量大的单位用户，应当安装、使用节约用水设施或采用符合国家规定的节水工艺，提高水的利用率。

九、自用水和管网管理

供水企业应当加强生产自用水的回收利用和供水管网的维护管理，避免水资源浪费。供水企业管网供水漏失率、供水产销差率以及水厂生产自用水比率应当符合国家标准或行业规范，超过标准部分的用水不得计入水价成本。

十、加强内部供用水设施管理

物业管理单位、房屋产权单位和用水户应当加强对内部供用水设备、设施（包括屋顶水箱）、器具的维护管理，采取防漏防渗措施，降低漏损率。发现供水设备、设施、器具漏水的，应当及时处理。消防、环境卫生等市政设施的产权人或管理单位应当加强设施管理，防止水的泄漏、流失或被取作他用。

十一、居民用水管理

居民用户应当节约用水，使用节水型器具，不得将生活用水用于生产、经营。禁止生产、销售和使用国家、省、市明令淘汰的技术落后、耗水量高的工艺、设备和产品。城市水行政主管部门应当会同有关部门制定节水型工艺、设备、器具名录，并定期向社会公布。有关行政主管部门不得要求用户购买指定的节水型设备、器具。鼓励居民用户和单位用户采用或使用节水型工艺、设备和器具。

第四节　城市用水定额与计划

一、用户分类管理

节水实行居民用户和单位用户分类管理。对单位用户实行定额管理和计划用水相结合的制度。居民用户的水价计价方式及节水管理，按照国家有关规定执行。居民用户是指因日常生活需要在居住场所发生用水行为的用水户。单位用户是指在生产、经营、科研、教学、管理等过程中发生用水行为的非居民用水户。

二、建立用水定额

有关行业主管部门、城市水行政主管部门应当根据国家和省制定的用水定额，结合城市生产生活水平，制定本市行业综合用水定额、单项用水定额和居民生活用水定额，经法定程序批准后公布实施。用水定额应当根据水资源、用水需求变化和经济技术发展情况适时修订。

水利部自 2019 年以来已陆续发布 105 项用水定额，其中农业 14 项、工业 70 项、建筑业 3 项和服务业 18 项，基本建立了全面系统的用水定额体系。国家用水定额依据《用水定额编制技术导则》要求，按照科学合理、适度从紧的原则开展编制，充分考虑水资源条件、用水现状、以及节水技术和设备发展等因素，力求实现定额指标的科学、合理、实用。作为节水工作必备的量化标尺，用水定额广泛应用于涉水规划、水资源论证、取水许可、计划用水、节水评价、节水载体建设和监督考核等各项工作，是指导各行业开展节水工作的重要技术依据，对于强化水资源精细化管理，建立健全节水制度政策等路径，提升水资源节约集约能力具有重要意义。

我国工业用水总量总体虽呈下降趋势，但工业领域仍存在较大的节水潜力，为制定的 70 项工业用水定额对用水效率提出了更高要求。通过强化对定额实施情况的评估工作，不断完善定额指标，持续提高用水定额制定的质量和时效，完善节水标准定额体系，为节水高质量发展提供基础支撑。

三、用水计划原则

用水计划的下达、核定和调整，应当遵循公开、公正、便民和效率的原则。用水计划应当满足单位用户开展生产经营等活动合理用水的需要。

四、核定用水计划

城市节水管理机构应当根据城市节水专项规划、长期供水计划、城市供水能力、用水定额和单位用户近 3 年平均用水量等因素，核定各单位用户的用水计划，并在每年年底前将用水计划下达给相关用水户。对新增单位用户，城市节水管理机构应当根据用水定额、行业平均用水水平以及该单位发展需求，核定其用水计划。城市节水管理机构在核定各单位用户的用水计划时，应当听取单位用户的意见。

五、调整用水计划

单位用户需要调整用水计划的，应当向城市节水管理机构提出调整用水计划申请，并同时提供水量平衡测试或用水节水评估报告书。城市节水管理机构应当在收到申请之日起，10个工作日内作出调整计划或进行水量平衡复测的决定。调整用水计划应当符合下列条件：用户因扩建、改建、产品结构调整、生产经营发展需要的；水的重复利用水平、用水单耗达到规定的行业指标的；内部用水设施、管道完好，用水器具符合节水要求的。

六、用水计划管理

单位用户对城市节水管理机构核定的用水计划有异议的，可以申请复核一次。在用水计划调整前，按原计划执行。单位用户应当严格执行用水计划，不得擅自转供水。单位用户应当协助供水企业做好进水总表表井的维护管理，协助抄表人员定期抄水表。因单位用户责任致使水表损坏不能计量的，用水量按进水总表额定流量不间断使用计算。单位用户应当建立健全用水管理制度和统计台账，并定期向城市节水管理机构或所在区节水行政主管部门报送统计报表。城市节水管理机构和各区节水行政主管部门利用供水企业抄表收费系统的数据，对单位用户的计划用水情况进行考核和检查。

七、水量平衡测试

单位用户应当定期开展水量平衡测试，合理评价用水水平。对经测试发现不符合有关节水要求的，应当及时采取措施予以改进。月用水量在5000m³以上的单位用户，应当至少每3年进行一次水量平衡测试；月用水量在5000m³以下的单位用户，应当至少每5年进行一次水量平衡测试或节水评估。单位用户应当及时将水量平衡测试或节水评估结果报送城市节水管理机构或所在区节水行政主管部门。城市供水行政主管部门应当制定水量平衡测试的具体实施办法并予以公布。水量平衡测试可委托具有相应技术力量的专业单位进行，也可由单位用户按照城市供水行政主管部门制定的水量平衡测试实施办法自行测试。

八、超计划用水加价收费

超计划用水实行累进加价收费制度。单位用户超出核定的用水计划用水的，城市节水管理机构或所在区节水行政主管部门应当书面通知其采取措施，降低超用水量。单位用户除按计量缴纳水费外，对超计划用水部分还应当按下列标准缴纳超计划用水加价费。超计划用水量20%（含）以内的，按现行水价的1倍计收；超计划用水量30%（含）以内的，累进部分按现行水价的2倍计收；超计划用水量30%以上的，累进部分按现行水价的3倍甚至更多计收。

超计划用水加价费的具体征收标准和范围，按照省财政、价格主管部门批准的文件执行。超计划用水加价费由城市节水管理机构负责征收，也可以由其委托供水企业或银行代收。超计划用水加价费为行政事业性收费，应全额上缴财政，实行专户管理，并严格按规定用途用于专项事业。

第五节　城市节水器具与设备管理

城市生活用水主要通过给水器具的使用来完成，给水器具是城市集中供水系统各环节中与用户最直接接触的部位，而在给水器具中，卫生器具又是与人们日常生活息息相关的，可以说卫生器具的性能对于节约生活用水举足轻重。节水器具的开发、推广和管理对于节约用水工作极其重要。

一、节水型生活用水器具

节水型生活用水器具能满足相同的饮用、厨用、洁厕、洗浴、洗衣等用水功能，较同类常规产品能减少用水量的器件、用具；在较长时间内免维修，不发生跑、冒、滴、漏的浪费现象；设计先进合理，制造精良，可以减少无用耗水量，与传统的卫生器具相比有明显的节水效果。

二、节水器具及设备

1. 节水型水龙头

具有手动或自动启闭和控制出水口水流量功能，使用中能实现节水效果的阀类产品。

2. 节水型便器

在保证卫生要求、使用功能和排水管道输送能力的条件下，不泄漏，一次冲洗水量不大于 6L 水的便器。

3. 节水型便器系统

由便器和与其配套使用的水箱及配件、管材、管件、接口和安装施工技术组成，每次冲洗周期的用水量不大于 6L，即能将污物冲离便器存水弯，排入重力排放系统的产品体系。

4. 节水型卫生洁具

具有延时冲洗、自动关闭和流量控制功能的便器用阀类产品。如高位水箱及配件、低位水箱及配件、大便器冲洗阀（延时自闭冲洗阀）、非接触式阀（电子感应）。

5. 节水型淋浴器

采用接触或非接触控制方式启闭，并有水温调节和流量限制功能的淋浴器产品。

6. 节水型洗衣机

以水为介质，能根据衣物量、脏净程度自动或手动调整用水量，满足洗净功能且耗水量低的洗衣机产品。

7. 循环水冷却装置

如玻璃钢冷却塔、喷射式冷却塔、冷却塔智能控制器、冷水机。

8. 清洗装置

如自动洗车成套设备、移动式高压清洗机。

9. 其他

如防垢除垢器、静电稳定器、冷凝器、控制小孔式浮球阀、全自动节水器、变频调速恒压变量供水系统。

三、更新节水器具及设备

要进一步加大节水型生活用水器具标准等国家有关节水和再生水利用标准及政策的宣传贯彻力度。积极组织开展节水技术、节水器具和节水产品的推广和普及工作。在所有新建、扩建、改建的公共和民用建筑中不再使用明令淘汰的用水器具；对原有房屋建筑，安装使用不符合要求的用水器具的应尽早全部更换完毕；各级建设行政主管部门要在设计、施工及竣工验收等环节严格把关，对城市节水型用水器具的安装普及纳入节水型城市的目标考核工作，以保证节水型用水器具得到广泛使用。积极科学地引导工业、城市绿化、市政环卫、生态景观和洗车等行业使用再生水等非传统水资源，减少污水排放对环境的污染，提高水的重复利用率。

第六节　城市节水管理措施

一、依法节水

健全法律法规制度并及时更新。根据国家、省相关文件要求，及时制定相关制度并按需修订现有供水、排水、非常规水利用等方面的规范性文件。根据国家、省文件要求，及时制定相关文件并按需修订现有的节约用水、水资源管理、用水管理、地下水保护方面的规范性文件。执行城市节约用水奖惩管理规定。严格执行《××市城市节约用水奖惩管理办法》，对在节约用水管理、科研、技术推广等工作中成绩突出、效果显著的单位和个人进行奖励；执行节约用水有关规定，对造成用水浪费的单位和个人进行处罚。城市节水机构依法履责，做好计划用水户日常节水培训等工作，每年度组织举办节水技术与产品推广会。

二、节水优先战略

我国坚持和落实"节水优先"方针，大力实施国家节水行动，持续推进节水型社会建设，节约用水取得明显成效。2019年4月，《国家节水行动方案》出台，水利部牵头20多个部门建立国家节约用水工作部际协调机制，共同推动落实国家节水行动各项目标任务。方案明确六大重点行动，即用水总量和用水强度双控行动、农业节水增效行动、工业节水减排行动、城镇节水降损行动、重点地区节水开源行动、科技创新引领行动得到稳步实施和推进落实。

1. 用水效率显著提升

2021年，全国用水总量控制在6100亿 m^3 以内，万元国内生产总值用水量51.8m^3、万元工业增加值用水量28.2m^3，分别较2012年下降45％、55％，农田灌溉水有效利用系数由2012年的0.516提高到0.568，全国用水效率总体与世界平均水平相当。近10年，我国用水总量基本保持平稳，以占全球6％的淡水资源养育了世界近20％的人口，创造了世界18％以上的经济总量。

2. 重点领域节水显著

大力推进工业节水改造和节水型企业建设，全国规模以上工业用水重复利用率达92%以上，计划用水覆盖水资源超载地区99%的规模以上用水工业企业。全面推进节水型城市建设，地级及以上缺水城市全部建成节水型城市，建成11.9万个节水型服务业单位。推动非常规水源纳入水资源统一配置，开展典型地区再生水利用配置试点，全国非常规水源利用量由2015年的64.5亿 m³ 增加至2021年的138.3亿 m³。全面开展县域节水型社会达标建设，全国1094个县（区）达到节水型社会标准。

3. 节水监督管理到位

建立覆盖省、市、县三级行政区的用水总量和强度控制指标体系。基本建立国家用水定额体系，编制发布105项国家用水定额。建立国家、省、市三级重点用水单位监控体系。推动严重缺水地区将节水作为约束性指标纳入考核体系，"单位地区生产总值用水量"指标纳入国家高质量发展综合绩效评价体系。建立节水评价机制，对17710个规划和建设项目开展节水评价。发布152项国家鼓励的工业节水工艺、技术和装备，推广应用312项成熟适用节水技术。

4. 节水市场化提升

推行水效标识，制定印发三批实行水效标识产品目录。推行合同节水管理，在公共机构等领域累计实施274个合同节水管理项目，吸引社会资本投资超20亿元。实施水效领跑者引领行动，遴选发布168家公共机构、23个灌区为水效领跑者。

5. 节水意识增强

加强节约用水宣传。制定发布节约用水行为规范，引导公众自觉养成节水型生产生活方式。倾力打造节水宣传"五进""节水中国 你我同行"联合行动、全国节约用水知识大赛、"节水在身边"全国短视频大赛等节水宣传教育活动品牌，联合多部门开展节水主题活动。设计发布统一的全国节水标识、节水吉祥物"霖霖"形象、节水主题歌曲《节水中国》。深入开展国家节水行动，以节约用水扩大发展空间，为推动绿色发展、促进人与自然和谐共生提供强有力支撑。

三、节水规划与建设

执行城市节水规划。按照《××市城市节约用水规划（2025—2035）》，有序推进节水规划目标任务，落实节水规划方案和措施。

建设海绵城市。根据《××市区海绵城市专项规划（2025—2035）》及《国家节水型城市考核标准》等要求，对××市区海绵城市实行统一规划、建设和管理。市区范围内的新、改、扩建项目应落实海绵城市相关规划要求。市区范围内的新、改、扩建项目在施工图审查和竣工验收等环节均有海绵城市专项审核内容。加大易涝点改造，确保已建成海绵城市的区域内无易涝点。

四、执行节水财政投入

加大节水资金投入，严格按照《××市城市节约用水资金管理暂行办法》要求，每年安排一定数额的城市节约用水资金（城市节水财政投入占本级财政支出的比例大于等于

0.5‰），用于节水基础管理、节水技术推广、节水技术咨询服务、节水设施建设与改造、节水型器具普及、节水宣传教育等活动的开展。

五、统计、计划与定额管理

执行城市节水统计制度。每年准确填报城市节水管理统计报表和基本情况汇总统计报表，如《××城市（县城）供水——公共供水综合表》《××城市（县城）排水和污水处理综合表》等。每年准确填报《××城市（县城）供水——自建设施供水综合表》，严格按照《××城市节水统计制度》要求，督促各取用水单位按规定及时、准确、全面报送节水统计报表（用水月/季报表）。

迎接国家节水型城市检查。收集各类城市节水工作台账资料，选择咨询服务单位迎接国家节水型城市检查。

实行计划用水与定额管理。对市区公共供水和自备水的非居民用水实行计划用水与定额管理，确保计划用水率达到90％以上，用水计划科学合理，并严格执行超定额超计划累进加价制度。明确重点用水户纳入监控名录的依据，每年下达重点用水户监控名录，实施动态管理。

六、加强节水"三同时"管理

严格执行《关于做好××市区建设项目节水设施建设"三同时"相关工作的通知》要求，对使用公共供水和自备水的新建、改建、扩建工程项目，均须配套建设节水设施和使用节水型器具，并与主体工程同时设计、同时施工，同时投入使用，有关部门应对建设项目进行节水设施设计方案审查、竣工验收。

七、加强城市水环境质量达标建设

全面提升城市水环境质量，确保地表水环境质量达到相应功能水体要求、市域跨界（市界、省界）断面出境水质达到国家或省考核要求，确保城市集中式饮用水水源水质达标。加强建成区黑臭水体综合整治工作，防止已治理完成的黑臭水体再次返黑返臭。

八、提升非常规水资源利用

2023年6月22日，水利部等发布了《水利部　国家发展改革委关于加强非常规水源配置利用的指导意见》（水节约〔2023〕206号），提出要着力扩大非常规水源利用领域和规模，提升水资源集约节约利用水平。

推进污水处理厂配备污水再生处理设施，并同步建设再生水管网，出台促进污水再生利用的鼓励政策和必要的惩罚措施，将再生水用于城市杂用、景观和工业，替代使用自来水。鼓励工业企业内部采用中水回用技术，对水质要求不高的用水点使用中水。加快单位和小区的雨水利用设施建设，完善雨水计量设施和雨水利用台账，禁止城市绿化浇灌使用自来水，降低市政洒扫等使用自来水的比例，以净化河水、雨水或再生水替代。

取用水户通过调整产品和产业结构、改革工艺、节水等措施节约水资源的，在取水许可有效期和取水限额内可以有偿转让相应的取水权。对水资源超载地区，除合理的新增生活用水需求，其他新增用水需求原则上应通过取水权交易解决。鼓励地方将用水权交易作为生态产品价值实现、生态保护补偿的重要手段，完善水权交易机制。鼓励社会资本通过参与节水供水工程建设运营，转让节约的水权获得合理收益。鼓励将通过合同节水管理取得的节水量纳入用水权交易。因地制宜推进集蓄雨水、再生水、微咸水、矿坑水、淡化海水等非常规水资源交易，以及利用非常规水源置换的用水权交易。

九、加强自备水管理

规范自备水管理，完备所有自备水用户取水许可手续，并实行计划开采和取用。逐步关停城市公共供水管网覆盖范围内的自备井，除特殊行业用水、应急备用井、地下水水位监测井外，关停率达到100％。在地下超采区范围内，不得新增取用地下水。降低城市供水管网漏损率，加大老旧供水管网改造力度，开展分区计量工作。严格特种行业用水计量收费，对市区特种行业用水全部设表计量收费。

十、严格价格管理

对取用地表水和地下水的用户，严格按照取用量征收水资源费。按规定征收污水处理费，污水处理费收费标准不低于国家或地方标准。鼓励使用再生水，制定包含再生水价格的指导意见，并执行落实。

十一、加强工业企业节水监督管理

督促工业企业建立健全节约用水管理制度和计量管理制度，根据《用水单位水计量器具配备和管理通则》（GB/T 24789—2022）要求，完善企业内部用水计量器具的配备，提高用水计量率，实行用水计量管理，定期进行用水统计分析，按时上报用水、节水报表。要求工业企业用水必须采用循环用水、分质供水、再生水利用等节水措施，降低用水消耗，提高水的重复利用率。工业间接冷却水、冷凝水应当循环使用或回收利用，不得直接排放。

十二、加强节水型器具管控

定期检查市区所有建材市场售卖的卫生洁具，禁止销售列入国家淘汰目录用水器具，不得售卖违反水效标识管理规定的用水器具。

十三、信息管理和节水宣传

强化城市节水信息管理。正常使用城市节水信息平台，实现计划用水单位的节水管理全覆盖。开展节水型载体创建及节水宣传，持续开展节水型企业、单位、居民小区创建工作，每年度按时举办中国水周、世界水日、城市节水宣传周等节水宣传活动，常态化开展日常节水宣传工作，提升节水宣传氛围。

十四、推进用水权改革

推进用水权改革，是发挥市场机制作用促进水资源优化配置和节约安全利用的重要手段，是强化水资源刚性约束的重要举措。对统筹推进自然资源资产产权制度改革作出部署，提出完善全民所有自然资源资产收益管理制度，明确要求建立健全用水权初始分配制度，推进用水权市场化交易。

贯彻"节水优先、空间均衡、系统治理、两手发力"治水思路，强化水资源刚性约束，坚持以水而定、量水而行，加快用水权初始分配，推进用水权市场化交易，健全完善水权交易平台，加强用水权交易监管，加快建立归属清晰、权责明确、流转顺畅、监管有效的用水权制度体系，加快建设全国统一的用水权交易市场，提升水资源优化配置和节约安全利用水平，促进生态文明建设和高质量发展。

一是以水而定，量水而行。把水资源承载能力作为用水权初始分配的重要依据，统筹生活、生产、生态用水需求，强化水资源刚性约束，推进水资源节约利用。二是政府调控，市场调节。发挥好政府在用水权初始分配和交易监管等方面的作用，保障基本用水需求；充分发挥市场机制优化配置水资源的作用，激发节水内生动力。三是因地制宜，分类施策。根据水资源禀赋条件和经济社会发展实际，明晰区域水权、取水权、灌溉用水户水权等用水权，推进多种类型的用水权交易。四是统一规则，规范交易。建立健全统一的水权交易系统，推进用水权相对集中交易，统一交易规则，规范交易行为。

工作目标：2025 年，用水权初始分配制度基本建立，区域水权、取用水户取水权基本明晰，用水权交易机制进一步完善，用水权市场化交易趋于活跃，交易监管全面加强，全国统一的用水权交易市场初步建立。2035 年，归属清晰、权责明确、流转顺畅、监管有效的用水权制度体系全面建立，用水权改革促进水资源优化配置和节约安全利用的作用全面发挥。

具体举措：加快推进区域水权分配，明确取用水户的取水和用水权。明晰灌溉用水户的用水权，明晰公共供水管网用户的用水权。推进区域水权交易，推进取水和用水权交易。创新水权交易措施，建立健全水权交易系统。强化取用水监测计量，强化水资源用途管制，强化用水权交易监管。加强组织领导，强化部门协作，加大宣传引导，做好信息报送。

十五、制定机关节水评价规范

2022 年 10 月，中国水利学会发布《机关节水评价规范》（T/CHES 68—2022），为各类机关和事业单位推进节水工作提供了明确的评价标准。机关和事业单位是城市重要的用水户，发挥节水示范引领作用。该规范以用水定额为标尺，量化评分细则，从软硬件两方面提出人均用水量、用水总量、水计量率、节水型器具普及率、管网漏损率、中央空调冷却补水率等 6 项技术指标，规章制度、计量统计、管理维护、非常规水源利用、宣传教育、检查考核等 6 项管理指标，以及特色创新指标。该规范自 2022 年 12 月 1 日起施行，进一步推动节水型机关建设，提升节水管理水平，引领带动全社会形成爱护水、节约水的良好风尚和自觉行动。

十六、公民节约用水行为规范

1. 树立节水观念

懂得水是万物之母、生命之源，知道水是战略性经济资源、控制性生态要素，明白节水即开源增效、节水即减排降损；了解水情水价，关注家庭用水节水。提升节水文明素养，履行节水责任义务；强化节水观念意识，争当节水模范表率；以节约用水为荣，以浪费用水为耻。

2. 掌握节水方法

按需取用饮用水，带走未尽瓶装水；洗漱间隙关闭水龙头，合理控制用水量和时间；洗衣机清洗衣物宜集中，小件少量物品宜用手洗；清洗餐具前擦去油污，不用长流水解冻食材；正确使用大小水按钮，不把垃圾扔进坐便器；洗车宜用回收水，控制用水量和频次；浇灌绿植要适量，多用喷灌和滴灌；适量使用洗涤用品，减少冲淋清洗水量；家中常备盛水桶，浴前冷水要收集；暖瓶剩水不放弃，其他剩水再利用；优先选用节水型产品，关注水效标识与等级；检查家庭供用水设施，更换已淘汰用水器具。

3. 弘扬节水美德

在特定的建筑给排水设备条件下，人们的用水时间、次数、强度、方式等，直接取决于其用水行为和习惯，通常用水行为和习惯是比较稳定的。因此，一些人或家庭用水较少，而另一些人或家庭用水较多。但是人们的生活行为和习惯往往受某种潜意识的影响。必须加强正确观念，改变不良行为或习惯成为一种自觉行动，正确观念的形成需要正面宣传和教育。通过宣传教育达到节水目的，是一种长期行为，应坚持不懈。

宣传节水理念，传播节水经验知识；倡导节水惜水行为，营造节水护水风尚。志愿参与节水活动，制止用水不良现象；发现水管漏水，及时报修；发现水表损坏，及时报告；发现水龙头未关紧，及时关闭；发现浪费水行为，及时劝阻。

复 习 思 考 题

1. 国家是如何对用水实行总量控制和定额管理相结合的制度的？
2. 如何做好城市水资源重复利用管理？
3. 城市用水定额与考核包括哪些方面？
4. 简要说明城市节水工作具体措施。
5. 小组情景讨论：作为市节约用水办公室节水管理科的科长，利用所学知识，与科室相关人员讨论你是如何管理好全市建筑施工用水的？

案例 12　F 市城市供水漏损治理合同节水管理项目

参 考 文 献

［1］ 倪欣业，郝天，王真臻，等. 我国非常规水资源利用标准规范体系研究［J］. 中国给水排水，2022，38（14）：52 - 59.

［2］ 胡庆芳，王银堂，邓鹏鑫，等. 对雨洪资源利用的再认识［J］. 水利水运工程学报，2022，9：1 - 11.

［3］ 2021 年度《中国水资源公报》发布［EB/OL］. 中华人民共和国水利部网站，2022 - 06 - 16.

［4］ 夏季春，陈冠益. 江南污水处理厂托管运营维修方案介绍［J］. 给水排水，2013，39（2）：115 - 118.

［5］ 河海大学《水利大辞典》编辑修订委员会. 水利大辞典［M］. 上海：上海辞书出版社，2015.

［6］ 《环境科学大辞典》编委会. 环境科学大辞典（修订版）［M］. 北京：中国环境科学出版社，2008.

［7］ 孔海南，吴德意. 环境生态工程（ECOLOGICAL ENGINEERING OF ENVIRONMENT）［M］. 上海：上海交通大学出版社，2015：154 - 155.

［8］ 王冠. 我国水环境保护制度完善研究［J］. 公民与法（法学版），2011（7）：23 - 25.

［9］ 沈百鑫. 现代生态环境治理体系，应以合作与信任为基础［J］. 中国生态文明，2021.

［10］ 夏季春，夏天. 污水处理厂托管运营［M］. 北京：中国建筑工业出版社，2018.

［11］ 曹俊. 关于绿色民法典的十个为什么和是什么［J］. 中国生态文明，2020.

［12］ 侯晓虹，张聪璐. 水资源利用与水环境保护工程［M］. 北京：中国建筑工业出版社，2015.

［13］ 常纪文，井媛媛，耿瑜，等. 推进市政污水处理行业低碳转型，助力碳达峰/碳中和［J］. 中国环保产业，2021（6）：9 - 17.

［14］ 周俊，梁鹏. 如何防范应对突发性地下水污染［EB/OL］. 中国环境修复网，2015 - 08 - 17.

［15］ 生态环境部印发《人工湿地水质净化技术指南》［EB/OL］. 中华人民共和国生态环境部网站，2021 - 06 - 15.

［16］ 陈宏. 福州市城市供水漏损治理合同节水管理项目案例［EB/OL］. 水利部综合事业局网站，2022 - 06 - 22.

［17］ 陶志佳，王斌，张勤. 基于再生水利用的合肥市中心城区河湖生态需水量优化配置［J］. 给水排水，2020，46（10）：52 - 58.

［18］ 夏季春，夏天. 环保投资并购管理［M］. 北京：中国建筑工业出版社，2021.

［19］ 关于发布《水回用指南 再生水分级与标识》（T/CSES 07—2020）的公告［EB/OL］. 中国环境科学学会网站，2020 - 07 - 14.

［20］ 在线"种植珊瑚"走红 超 1000 万人一起守护蔚蓝海岸［EB/OL］. 中国新闻网，2022 - 03 - 22.

案例 13 第 1 版案例汇总

示例 1 合肥市蜀峰湾
体育公园湖长制示例

示例 2 连云港市东盐河
河长制示例